ABITUR-TRAINING GEOGRAPHIE

Kremsler • Lamberty • Sickinger

Geographie

STARK

ISBN 978-3-86668-248-1

Inhalt

Autoren: Thomas Kremsler (Wirtschaftsstrukturen und -prozesse, Kapitel 2.5 und 3), Kay Sickinger (Wirtschaftsstrukturen und -prozesse, Kapitel 4), Michael Lamberty (übrige Kapitel)

Vorwort

Liebe Schülerinnen und Schüler,

mit diesem Abitur-Training Geographie halten Sie eine **kompakte Zusammenfassung** in den Händen, mit der Sie sich effektiv auf den Unterricht, auf Klausuren und besonders auf die schriftliche Abiturprüfung im Fach Geographie vorbereiten können. Dieses Buch umfasst den **gesamten prüfungsrelevanten Unterrichtsstoff** der **Schwerpunktthemen** für das **Abitur 2011/2012**.

Das Kapitel **Reliefsphäre** stellt die grundlegenden physikalischen und chemischen Verwitterungsprozesse auf die prüfungsrelevanten Aspekte reduziert dar. Anschließend werden Küstenlandschaften in Europa als Ausdruck der räumlichen und zeitlichen Differenzierung geomorphologischer Prozesse intensiv thematisiert.

Um die durch Verknappung der elementaren Ressource Süßwasser entstehenden Gefahren und Konflikte geht es im Kapitel **Hydrosphäre**.

Das Kapitel **Atmosphäre** fasst die Grundlagen zu zentralen Themen (z. B. Aufbau der Atmosphäre, Strahlungs- und Wärmehaushalt) zusammen. Im Anschluss werden thermisch und atmosphärisch bedingte Zirkulation umfassend erläutert. Ein Abschnitt zur Klimazonierung erlaubt durch seine übersichtliche Gestaltung als Tabelle die schnelle Wiederholung relevanter Aspekte. Das Kapitel wird abgerundet durch Informationen zum Stadtklima.

Aus dem Themenbereich **Wirtschaftsstrukturen und -prozesse** werden die prüfungsrelevanten Themenfelder „Unternehmerische Standortwahl und ihre Auswirkungen im Raum“, „Entwicklungszyklen der Wirtschaft“, „Wirtschaftsregionen in Europa“ und „Globalisierung“ umfassend und aktuell behandelt.

Anhand zahlreicher **Statistiken, Grafiken, Karten, Texte, Bilder und Karikaturen** wird das komplette prüfungsrelevante Wissen leicht nachvollziehbar dargestellt und anschaulich erklärt.

Abwechslungsreiche **Übungen** im Anschluss an die Teilkapitel und Aufgaben, die sich in Art und Schwierigkeitsgrad an den **Abituraufgaben** in Baden-Württemberg orientieren, ermöglichen es Ihnen, Ihr erworbenes Wissen sofort anzuwenden und zu überprüfen. Die **vollständigen Lösungen am Ende des Buchs** erlauben die sofortige Kontrolle Ihres Lernerfolges.

Ein **Stichwortverzeichnis** ermöglicht das gezielte Nachschlagen und hilft, Wissenslücken schnell und effektiv zu schließen.

Das Abitur-Training Geographie beschränkt sich auf die im Abitur 2011/2012 verbindlichen Schwerpunktthemen und bietet im Zusammenspiel mit den originalen Abituraufgaben der letzten Jahre (Stark Verlag, Best.-Nr. 85901) und dem Training Methoden (Stark Verlag, Best.-Nr. 94901) eine **optimale Vorbereitung** auf Klausuren und die Abiturprüfung.

Viel Erfolg in Ihren Prüfungen wünschen Ihnen

Thomas Kremsler Michael Lamberty Kay Sickinger

Reliefsphäre

Endogene Kräfte aus dem Erdinnern wie Plattentektonik, Orogenese (Gebirgsbildung), Epirogenese (Hebungs- und Senkungsvorgänge) und Vulkanismus formen die Erdoberfläche in ihren Grundstrukturen. Gleichzeitig werden diese Strukturen von außen durch **exogene Kräfte** (Verwitterung, Abtragung und Sedimentation) überprägt. Die heutigen Oberflächenformen lassen sich also aus dem Zusammenspiel von verschiedenen endogenen und exogenen Kräften erklären; mitunter sind auch noch anthropogene Eingriffe zu berücksichtigen.

Dieser Trainingsband konzentriert sich auf die Prüfungsthemen **Verwitterungsprozesse** und **Küstenlandschaften in Europa**. Andere Themenfelder werden nur dann mit einbezogen, wenn sie für das Verständnis der Prüfungsthemen notwendig sind.

1 Verwitterung

Verwitterung umfasst die Prozesse, die zur Lockerung, Aufbereitung und Zerstörung des Mineralgefüges im Gestein führen. Dabei unterscheidet man **physikalische Verwitterung** und **chemische Verwitterung**. Bei der physikalischen Verwitterung wird festes Gestein durch mechanische Prozesse gelockert und zerkleinert, ohne dass sich die chemische Zusammensetzung ändert. Bei der chemischen Verwitterung dagegen kommt es zu Reaktionen der im Gestein vorhandenen Minerale mit der Luft bzw. dem Wasser. Die Minerale werden chemisch aufgelöst oder zu neuen Mineralen verändert.

In der Regel greifen chemische und physikalische Verwitterung ineinander. Grad und Art der Verwitterung sind abhängig von Gesteinsart und -gefüge, der Temperatur und Feuchtigkeit, der Bodenbedeckung, der biologischen Aktivität und vom Faktor Zeit. Besonders intensiv ist die chemische Verwitterung z. B. in den immerfeuchten Tropen.

1.1 Physikalische Verwitterung

Die **physikalische Verwitterung** der Gesteine setzt mit der Druckentlastung infolge der Abtragung aufliegender Schichten ein. Durch die Druckentlastung reißen Klüfte und Spalten auf, in denen meist die weitere Verwitterung ansetzt.

Bei häufigem Frostwechsel und ausreichender Feuchtigkeit wirkt die **Frostsprengung**. Wasser, das in die Risse eingedrungen ist, dehnt sich beim Gefrieren zu Eis um ca. 10 % seines Volumens aus und sprengt das Gestein mit hohem Druck (200 N/mm²). Ähnlich wirkt in wechselfeuchten Gebieten die **Salzsprengung**. Dabei kristallisieren durch die Abfolge von Verdunstung und Wiederbefeuchtung im Wasser gelöste Salze in den Spalten aus (M 1).

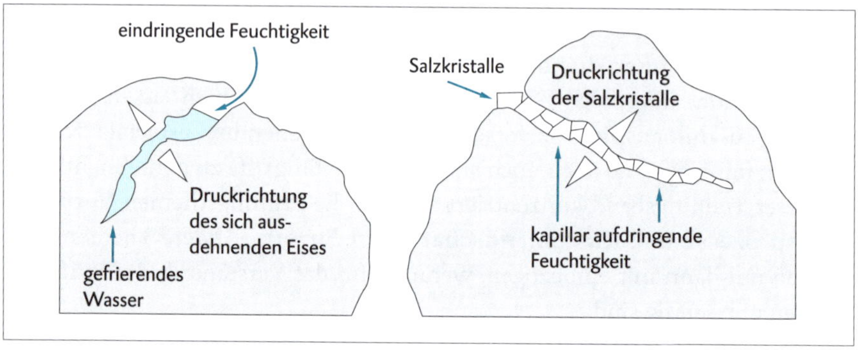

M 1: Frost- und Salzsprengung

In heißen Wüsten kommt es zwischen Tag und Nacht zu raschen und starken Temperaturschwankungen von bis zu 60 °C und zu enormen Temperaturunterschieden zwischen Sonnen- und Schattenseite. Diese sorgen in den Gesteinen für große Spannungen zwischen Oberfläche und Innerem. Das kann zum Zerspringen (Kernsprung) der Gesteine führen. Diese **Temperaturverwitterung** kann aber auch unabhängig von angelegten Klüften erfolgen, indem sich besonders bei grobkörnigen Gesteinen wie Granit und Sandstein zwiebelschalenartig große Flächen ablösen (Schalenverwitterung). Bei einzelnen Blöcken kann diese Form der Verwitterung auch konzentrisch vorgehen, es kommt zum Abblättern und Abschuppen dünnerer Gesteinsplättchen. Da sich verschiedenartige Minerale bei Erwärmung des Gesteins unterschiedlich ausdehnen, führt das zu einer Zerrüttung des Mineralzusammenhangs, die Bruchstücke zerfallen zu grobem Sand, man spricht auch von **Vergrusung**, die typisch für Granit ist. Zum Zusammenspiel von physikalischen und chemischen Prozessen (u. a. Druckentlastung, Temperaturverwitterung und Hydrolyse) kommt es in klüftigen Gesteinen (z. B. Granit) bei der Wollsackverwitterung.

Bei der **biologisch-physikalischen Verwitterung** dringen Pflanzenwurzeln in Gesteinsspalten und Klüfte ein und das Wachstum der Wurzeln (Wurzeldruck) kann zur Lockerung bzw. Sprengung des Gesteins führen.

1.2 Chemische Verwitterung

Je größer die Oberfläche des Gesteins ist, das heißt, je stärker es bereits durch die physikalische Verwitterung zerkleinert ist, desto intensiver kann die **chemische Verwitterung** angreifen. Sie hängt von einer Reihe begünstigender Faktoren ab und kann sehr unterschiedlich verlaufen:

Lösungsverwitterung

Leicht lösliche Gesteine wie z. B. Gips und Steinsalz können sogar von reinem Wasser gelöst werden. Aufgrund ihres Dipolcharakters lagern sich Wassermoleküle an die äußeren Ionen von Kristallen an, drängen sich auch zwischen diese und lockern so das Gefüge (M 2). Wenn dann das Kristallgitter aufreißt, driften die freigesetzten Kationen in das umgebende Wasser ab. Man spricht von **Lösungsverwitterung** oder **Hydratation**. Eine chemische Reaktion im eigentlichen Sinne findet nicht statt. Die Hydratation herrscht in kühlhumiden Regionen vor.

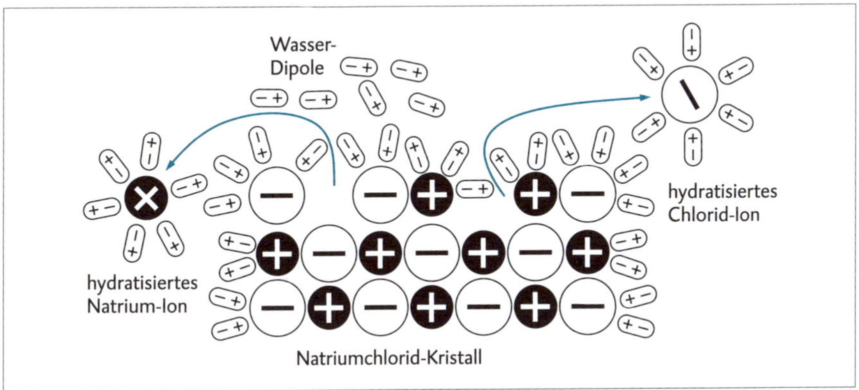

M 2: Lösungsverwitterung

Kohlensäureverwitterung

Die Löslichkeit verschiedener Gesteine in Wasser variiert stark. Während Steinsalz und Gips relativ leicht löslich sind, würde die Verwitterung von Kalkgesteinen (Carbonaten) in reinem Wasser viele Tausend Jahre dauern. Rasant beschleunigt wird sie, wenn Kohlendioxid hinzukommt und sich im Regenwasser Kohlensäure bildet. Auch Huminsäuren aus der Biomasse können wirksam werden. Die Kohlensäure bedingt eine höhere Konzentration von H^+-Ionen im Wasser. Durch die Säure kann der Kalkstein (Calciumcarbonat/Calcit) in leicht lösliches Calciumhydrogencarbonat umgewandelt werden.

$$CaCO_3 + H_2CO_3 \leftrightarrow Ca(HCO_3)_2$$

Diese **Kohlensäureverwitterung** (Teilreaktion der Hydrolyse) ist jedoch ein umkehrbarer (reversibler) Vorgang. Führen Temperaturanstieg oder Druckabfall zur Verringerung des CO_2-Gehaltes der Lösung, fällt der gelöste Kalk wieder aus, es kommt zur Kalksinterbildung.

Feldspat- und Oxidationsverwitterung

Nicht umkehrbar ist die für die Bodenbildung wichtige **Feldspatverwitterung.** Das Silikat Feldspat ist Hauptbestandteil zahlreicher magmatischer, metamorpher und sedimentärer Gesteine. Bei unverwittertem Granit oder Gneis ist das Gestein hart und fest. Der Mineralverband aus Feldspat-, Quarz- und Glimmerkristallen hält mit starken Kohäsionskräften fest zusammen. Kohlensäurehaltiges Wasser löst Kalium-Ionen und Kieselsäure aus dem Feldspat. Beides wird vom Wasser weggespült, an ihrer Stelle lagern sich Wasserstoff-Ionen an. Dadurch zerfällt der harte Feldspat zu weichem Kaolinit, einem Tonmineral, der geschwächte Gesteinsverband zerbricht bei physikalischer Einwirkung.

Bei der **Oxidationsverwitterung** reagieren Gesteinsbestandteile mit Sauerstoff aus dem Wasser oder der Luft. Die Oxidation von zweiwertigem zu dreiwertigem Eisen hat eine deutliche Rotfärbung zur Folge, z. B. bei tropischen Verwitterungsböden.

Alle Tiere und Pflanzen setzen organische Säuren frei, wie die Huminsäure, die zur chemischen Veränderung der Gesteinsstrukturen führen. Physikalische und chemische Verwitterung bewirken schließlich eine vollständige Auflösung der Ausgangsminerale in ihre Grundbausteine.

Aufgabe 1 M 3 a und b zeigen eine granitische Oberflächenform in Nordaustralien, die als „Eier der Regenbogenschlange Wanambi" oder als „Devil's Marbels" (Teufelsmurmeln) bezeichnet werden. Erläutern Sie die Genese dieser Oberflächenform als Zusammenspiel verschiedener geomorphologischer Prozesse.

M 3 a: Das Aussehen der „Teufelsmurmeln" heute

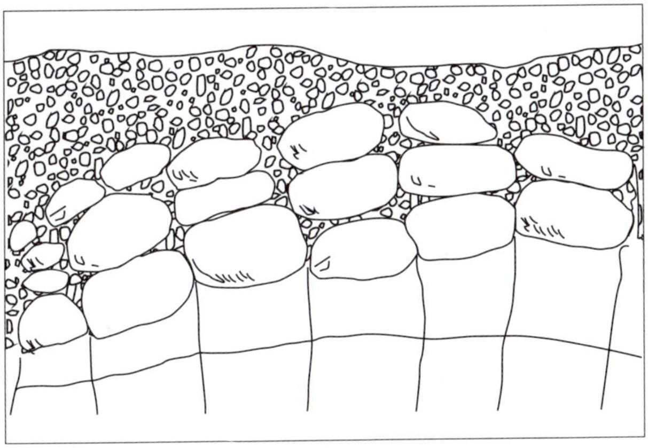

M 3 b: Das Massiv im Mesozoikum

Aufgabe 2 Die Sahara besteht zu 70 % aus Felswüste (Hammada). Ihre Oberfläche ist von scharfkantigen Steinen und Steinsplittern übersät. Erklären Sie, welche Verwitterungsprozesse zu ihrer Entstehung geführt haben.

Aufgabe 3 Karren sind kleine Verwitterungsformen auf Kalksteinflächen. Die folgende Skizze zeigt ihre Entwicklung. Erklären Sie die Genese dieser typischen Verwitterungsformen.

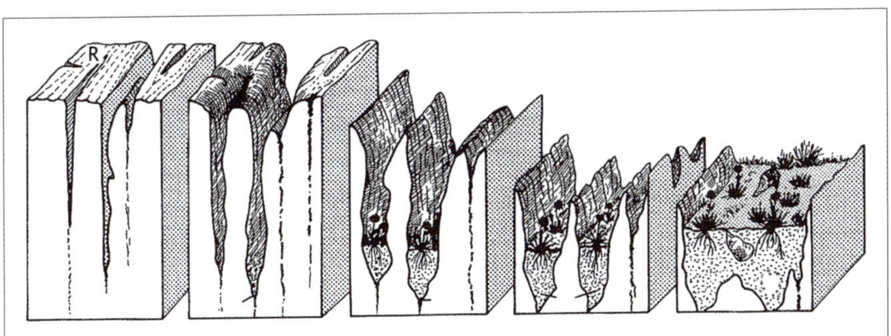

M 4: Karren

2 Küstenlandschaften in Europa

Als **Küste** bezeichnet man die Zone, in der Meer und Festland aufeinandertreffen. Die Küste erstreckt sich beiderseits der Uferlinie.

Die Gestaltung der Küste hängt von unterschiedlichen Faktoren ab: Vom Meer her wirken Wellen, Meeresströmungen, Gezeiten und Meeresspiegelschwankungen auf das Land ein. Vom Land her tragen die tektonische und morphologische Struktur des Reliefs, Art und Härte des Gesteins sowie einmündende Flüsse wesentlich zur Küstenform bei. Die klimatischen Verhältnisse setzen Rahmenbedingungen.

Je nachdem, ob Material abgetragen oder abgelagert wird, kann zwischen einer **Abrasionsküste** und **Akkumulationsküste** unterschieden werden. Häufig wechseln an einer Küste Abschnitte, in denen Erosion überwiegt, mit solchen, in denen Sedimentation dominiert.

2.1 Meereswellen

Entstehung und Eigenschaften von Wellen

Um die Dynamik am Strand bzw. an der Küste zu verstehen, muss man die Entstehung und Wirkung der Wellen kennen. Wellen entstehen durch den Wind, der die Bewegungsenergie der Luft auf das Wasser überträgt. Die **Wellenhöhe** ist abhängig von der Windgeschwindigkeit und der Dauer des Windes sowie von der Strecke, über die der Wind weht. Stürme erzeugen hohe unregelmäßige Wellen, die sich radial ausbreiten und mit zunehmender Entfernung vom Sturmzentrum in regelmäßigere niedrigere und gerundetere Wellen, die sogenannte **Dünung**, übergehen.

Die Kraft des Windes treibt das Wasser in die Höhe, ein **Wellenberg** mit **Wellenkamm** entsteht. Die Schwerkraft zieht das Wasser wieder zurück ins **Wellental.** Wie an einem Federpendel „schwingt“ das Wasser hin und her und erzeugt so die Wellenbewegung. Der Wind treibt die Wellen an. Dabei pflanzt sich nur die Auf- und Abbewegung der Wasseroberfläche fort, während die Wasserteilchen jeweils stationär bleiben. So schiebt der Wellenkamm ein Holzstück ein wenig nach vorne, während das folgende Wellental es wieder zurücksinken lässt.

Die Wasserteilchen bewegen sich in gleichen runden vertikalen Umlaufbahnen (vgl. M 6) ungeachtet ihrer Tiefenlage. Die Radien der Kreisbahnen sind in Oberflächennähe groß; mit zunehmender Tiefe nimmt ihre Größe ab. Bei einer Wassertiefe von etwa einer halben Wellenlänge hört die Kreisbahnbewegung auf. In dieser Tiefe endet die Wellenbewegung.

Seegang	See	Wellen	Windstärke	Wind in km/h
0	glatt	keine	0	< 2
1	ruhig	gekräuselt	1	2–5
2	schwach bewegt	kurz	2/3	6–9
3	leicht bewegt	klein, Schaumköpfe	4	20–29
4	mäßig bewegt	lang, Schaumköpfe, brechend	5	30–39
5	grobe See	groß, Schaumkämme bilden größere Schaumflächen	6	40–49
6	sehr grobe See	brechend	7	50–61
7	hohe See	Wellenberge, Gischt, Schaumstreifen, rollend	8	62–74
8	sehr hohe See	Wellenberge mit langen brechenden Kämmen, See weiß von Schaum	9	75–87
9	außergewöhnlich schwer	Wellenberge, Schiffe verschwinden in Wellentälern, See weiß von Schaum, keine Sicht mehr	10, 11	88–117
			12	> 118

M 5: Zusammenhang zwischen Wind und Wellen

Die typische Wellenform entsteht, wenn sich viele Wasserteilchen auf den höchsten Punkt ihrer Umlaufbahn zubewegen. Da die Teilchen auf ihrer Bahn bleiben, pflanzt sich die Welle fort. Entsprechend entsteht das Wellental, wenn die Teilchen durch den tiefsten Punkt ihrer Kreisbahn laufen.

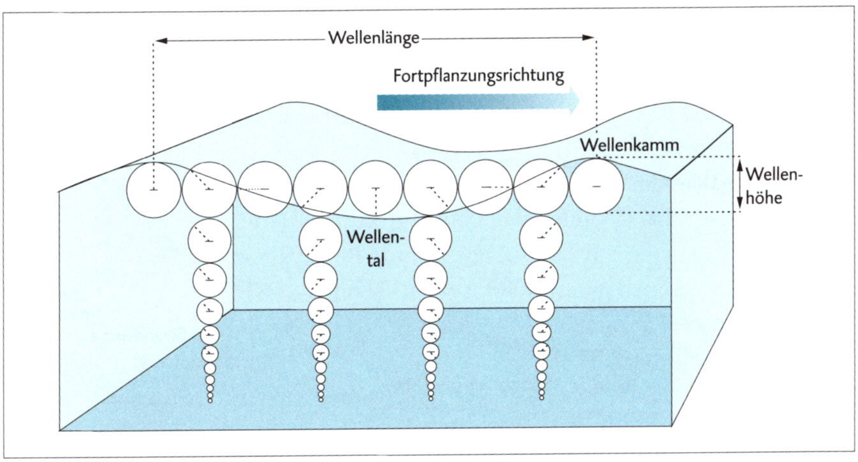

M 6: Wellenbewegung

Als **Wellenlänge** bezeichnet man den Abstand zwischen zwei Wellenkämmen. Unter **Wellenhöhe** versteht man dagegen den senkrechten Abstand zwischen Kamm und Wellental.

Die Periode, also der Zeitraum zwischen dem Eintreffen aufeinanderfolgender Wellenkämme, beträgt zwischen wenigen Sekunden und 20 Sekunden. Dabei variieren die Wellenlängen zwischen 6–60 m. Die meisten Wellen haben eine Geschwindigkeit zwischen 3–30 m/s.

Nähern sich Wellen der Küste, wird die Dünung höher. Man spricht von **Brandung,** wenn die Wellen brechen und eine schaumig-blasige Wasseroberfläche bilden. In der Brandungszone entwickeln sie ihre stärkste Erosionskraft.

Dort, wo die Wassertiefe geringer als die halbe Wellenlänge der Dünung ist, werden die bodennahen Wellenteilchen in ihrer Kreisbahn behindert. Es erfolgt Grundberührung. Die Kreisbewegung wird in eine elliptische Bahn verwandelt, da ein Ausweichen der Wasserteilchen nur nach oben möglich ist, und die Welle versteilt sich. Da die Wellenfortbewegung am Grunde abgebremst wird, an der Oberfläche die Dünungsgeschwindigkeit jedoch gleich bleibt, neigt sich die Achse der elliptischen Wasserkreisel zum Strand, bis die Schwerkraft zu groß wird: Die Welle bricht, sie brandet.

Die Wirkung der Wellen am Strand

An steilen Felsküsten brechen sich die Wellen unmittelbar am Gestein mit Kräften je nach Windstärke von bis zu mehreren Hundert Tonnen pro m^2, wobei das Spritzwasser dieser **Brecher** hoch in die Luft geschleudert wird. Bei flachen Meeresküsten befindet sich die Brandung bereits weiter draußen.

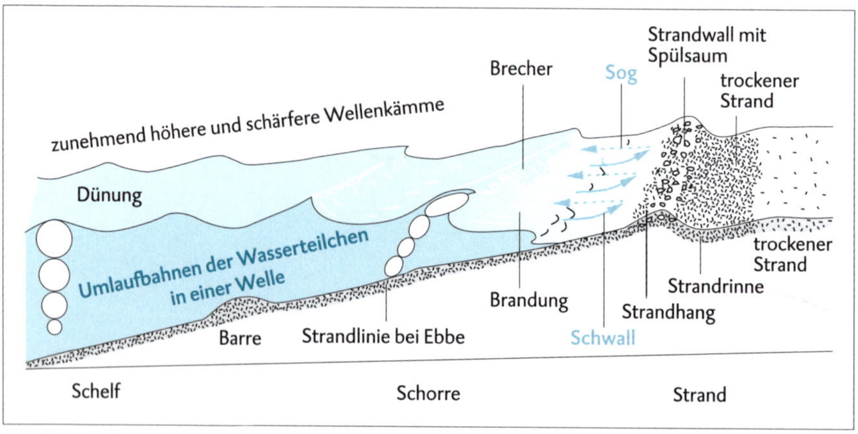

M 7: Das Brechen einer Welle am Strand

Durch den Aufprall der brechenden Welle wird Bewegungsenergie verbraucht. Nach dem Branden läuft die in ihrer Höhe reduzierte Welle weiter, bis sie auf der flacher werdenden **Schorre** (vgl. M 7) erneut bricht. Oft folgen mehrere Brandungszonen, bis die Welle auf den Strand bis zum Spülsaum in einem Schwall aufläuft. Der **Schwall** ist in der Lage, Sand und Gerölle zu transportieren. Das rücklaufende Wasser, sofern es nicht im Sandstrand versickert, nimmt als **Sog** das feinere Material wieder mit.

Gewöhnlich läuft die Dünung unter irgendeinem Winkel schräg zur Küstenlinie. Über der Schorre biegen die Wellen allmählich in eine küstenparallele Richtung um. Das geschieht, weil die vorauslaufenden Teile der Welle zuerst abgebremst werden, die nachlaufenden jedoch noch eine höhere Geschwindigkeit haben. Diese Richtungsänderung bezeichnet man als **Wellenbrechung** oder **Wellenrefraktion.** Dieses Phänomen führt an Landzungen zu einer intensiveren Wellentätigkeit mit verstärkter Abtragung (M 8).

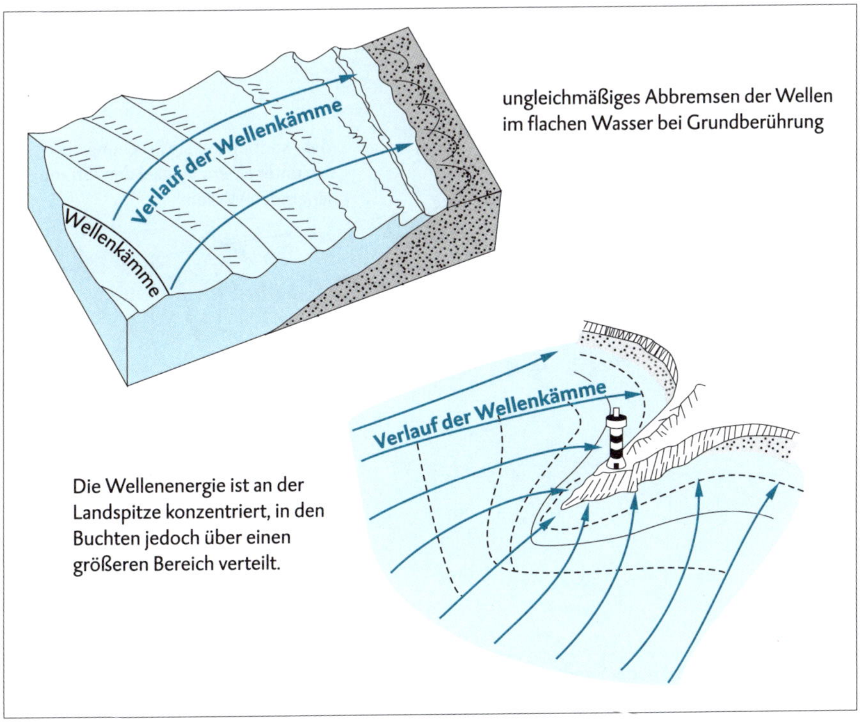

M 8: Wellenbrechung

Obwohl die Wellenfronten aufgrund der Brechung weitgehend parallel zur Küste verlaufen, treffen viele Wellen noch mit einem geringen Winkel auf. Wenn sie sich brechen, läuft der Schwall in diesem Winkel schräg den Strandhang hinauf. Der Sog dagegen fließt, der Schwerkraft folgend, weitgehend senkrecht zum Ufer hinab. Aus der Kombination beider Richtungen ergibt sich eine bogenförmige Bewegungsbahn am Strand entlang, in der auch Sedimentationsmaterial, das durch Schwall und Sog transportiert wird, seitwärts wandert. Diesen Vorgang bezeichnet man als **Strand-** oder **Küstenversetzung**.

Wellen, die unter einem gewissen Winkel auftreffen, verursachen eine küstenparallele Strömung im Flachwasser, den **Küstenlängsstrom**. Dieser kann zusammen mit der Küstenversetzung große Materialmengen über weite Strecken transportieren. Durch den Küstenlängsstrom kann sich das vom Strand abfließende Wasser anstauen, bis ein kritischer Punkt erreicht wird. Dann bricht das Wasser als **Rippströmung** in einem schmalen Bereich Richtung Meer durch auflaufende Wellen hindurch. Solche Rippströmungen mit einer Geschwindigkeit von 2 m/s können für Schwimmer gefährlich werden.

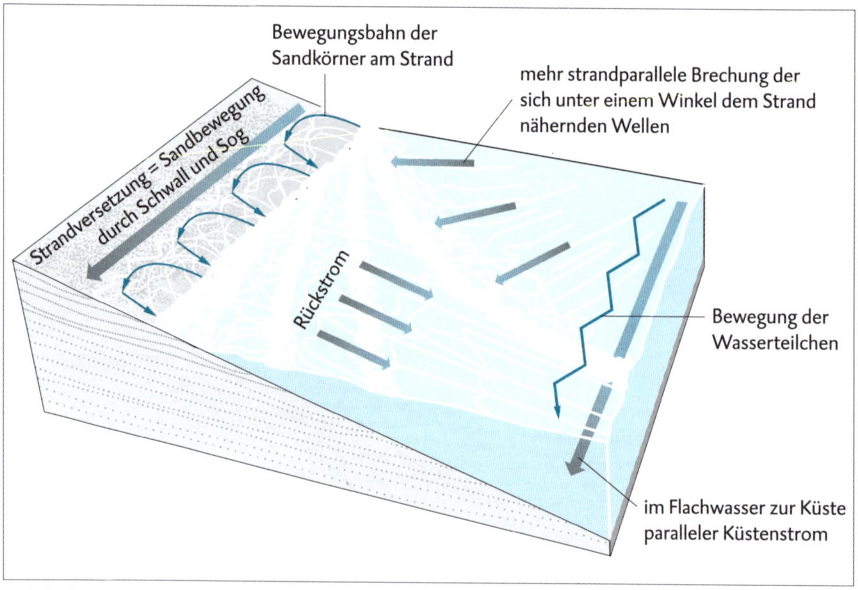

M 9: Sedimenttransport durch Strandversetzung

Aufgabe 4 Wellen laufen auch bei stärker strukturierten Küsten annähernd strandparallel auf. Erklären Sie dieses Phänomen.

Aufgabe 5 Erklären Sie, was man unter dem Begriff Strandversetzung versteht.

Monsterwellen und Tsunamis

Lange hat man das Phänomen von **Monsterwellen** oder **Freak Waves** als Seemannsgarn abgetan. Erst seit etwa zehn Jahren werden sie intensiv erforscht. Diese Wellen mit langem Rücken und steiler Front erreichen Höhen zwischen 25 und 50 m. Sie sind wohl verantwortlich für den Untergang von über 200 Großschiffen in den letzten 20 Jahren. Monsterwellen können verschiedene Entstehungsursachen haben:

- Treffen normale Wellen auf gegenläufige Meeresströmungen, können die Wellen umgelenkt und – wie Licht in einem Brennglas – in einem Punkt gebündelt und verstärkt werden. Das kann auch bei gutem Wetter passieren.
- Bei lang anhaltenden Stürmen können sich Wellen aufschaukeln, wenn sie durch die gleiche Richtung und Geschwindigkeit eine Rhythmisierung erfahren. Das ist oft bei Herbst- und Winterstürmen in der Nordsee der Fall. Wellen bis 30 m Höhe wurden hier beobachtet.
- Treffen von verschiedenen Winden angeschobene Wellen aus verschiedenen Richtungen aufeinander, entsteht ein unruhiges Wellenmuster, eine sogenannte Kreuzsee (vgl. M 10). Dabei können sich Wasserberge in Sekundenschnelle hoch auftürmen, wenn eine schnelle Welle eine langsamere überläuft und sich die Wassermassen addieren.

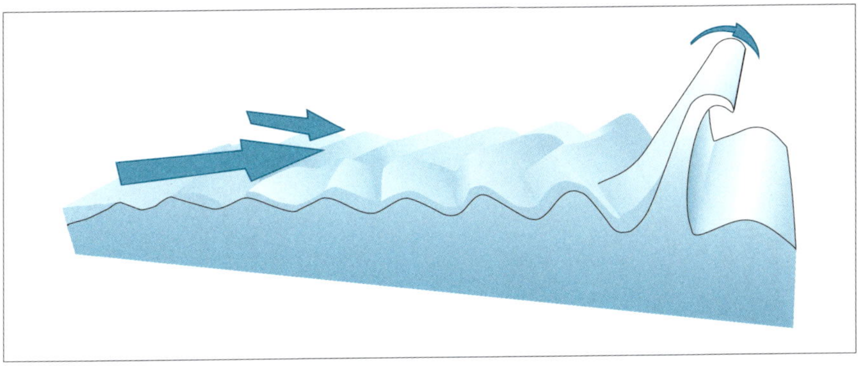

M 10: Freak Wave/Monsterwelle

Für **Tsunamis** (jap. „tsu“ = Hafen; „nami“ = Welle) sind dagegen keine Winde oder Strömungen verantwortlich, sondern Erschütterungen des Seebodens bei Seebeben, Vulkanausbrüchen, Felsstürzen, Rutschungen oder Meteoriteneinschlägen. Bei durch solche Ereignisse ausgelösten Erschütterungen des Meeresbodens werden ruckartig große Mengen Wasser bewegt. Dadurch entstehen Wellen, die nicht wie die durch Wind entstandenen Wellen an der Wasseroberfläche bleiben, sondern die bis auf den Grund reichen und sich in alle Richtungen mit Geschwindigkeiten von 500–1 000 km/h ausbreiten. Je tiefer das Meer ist, umso höher ist die Wellengeschwindigkeit.

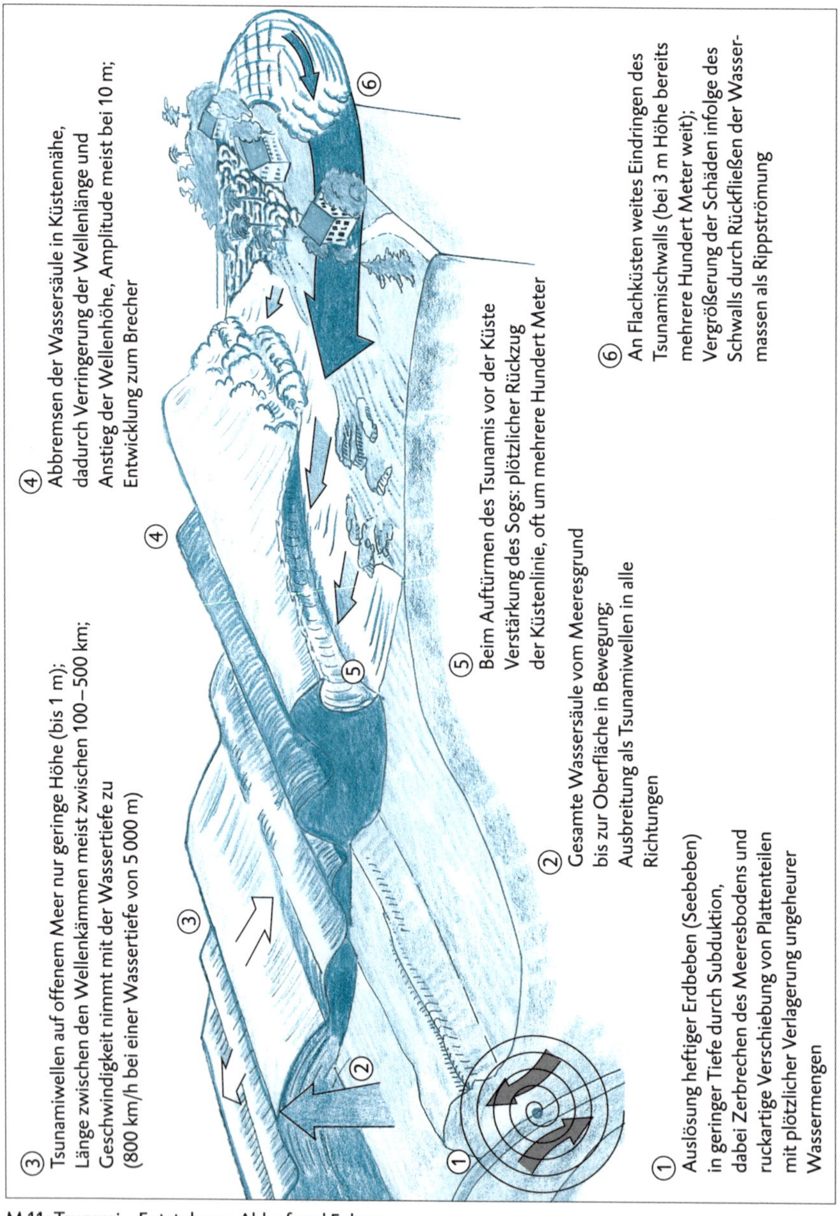

M 11: Tsunami – Entstehung, Ablauf und Folgen

Tsunamiwellen sind auf offener See sehr lang und selten höher als einen Meter, deshalb nimmt man sie an Bord von Schiffen allenfalls als sanftes Schaukeln wahr. Erst in Ufernähe werden sie schlagartig gefährlich (vgl. M 10): An flachen Küsten wird die vordere Front des Tsunamis stark abgebremst, nachfolgendes Wasser läuft auf und staut sich in Extremfällen bis 85 m hoch (so geschehen 1971 in Japan). Küstennahes Wasser wird dabei mit angesaugt, die Küste fällt plötzlich trocken, bevor die Wasserwand auf die Küste zurast und verheerende Verwüstungen anrichtet wie am 26. 12. 2004 in Südostasien, als über 230 000 Menschen getötet wurden.

Dass auch die Küsten Europas von Tsunamis gefährdet sind, zeigte sich z. B. vor rund 300 000 Jahren, als ein Teil der kanarischen Insel El Hierro ins Meer rutschte. Der dadurch ausgelöste Tsunami war so gewaltig, dass er an der Ostküste der heutigen USA hausgroße Felsen mehrere Hundert Meter weit ins Landesinnere trug. Auch von der Kanareninsel La Palma könnte eine vergleichbare Gefahr ausgehen: Wissenschaftler stellten fest, dass sich unmittelbar nach dem letzten Vulkanausbruch auf dieser Insel im Jahr 1949 entlang eines tiefen Risses beinahe die Hälfte des Vulkans auf einer Länge von 20 km um bis zu vier Meter westwärts in Richtung Meer verschoben hat. Bei einer erneuten Eruption könnte sich dieser Teil des Vulkans lösen und ins Meer stürzen. Dies könnte einen über 100 m hohen Tsunami auslösen, der vor allem die dicht besiedelte amerikanische Ostküste bedrohen würde.

Aufgabe 6 Nennen Sie die wesentlichen Unterschiede zwischen einem Tsunami und einer Freak Wave.

2.2 Die Gezeiten

Das zweimal tägliche Ansteigen und Fallen des Meeresspiegels bezeichnet man als **Gezeiten** oder **Tiden**. Sie entstehen einerseits durch sich überlagernde Massenanziehungskräfte von Sonne, Mond und Erde und andererseits durch Fliehkräfte bei der Erdrotation um ihre eigene Achse und zusätzlich durch die Fliehkräfte bei der Revolution des Systems Erde-Mond um den gemeinsamen System-Schwerpunkt. Auf der mondzugewandten Seite kommt es zu einem Flutberg wegen des Überwiegens der Anziehungskräfte, auf der mondabgewandten Seite zu einem zweiten Flutberg infolge des Überwiegens der Fliehkräfte. Diese beiden **Flutberge** wandern infolge der Erddrehung von Osten nach Westen um die Erde und werden durch Lage, Größe und Tiefe der

Meeresbecken, durch submarine Morphologie, Inseln, Meerengen und Küstenformen modifiziert.

Während der **Tidenhub** auf hoher See gering ist (55 cm), entstehen im Küstenbereich oft erhebliche Abweichungen bis über 10 m. Die Phase des auflaufenden Wassers bis zum Höchststand (Hochwasser) bezeichnet man als **Flut**, die Phase des ablaufenden Wassers bis zum Tiefststand (Niedrigwasser) als **Ebbe**. Da die Gezeitenwirkungen von Sonne und Mond nicht synchron sind, verschieben sich die Gezeiten jeweils um ca. 25 Minuten. Die genauen Zeiten der Wasserstände werden im Tidekalender festgehalten.

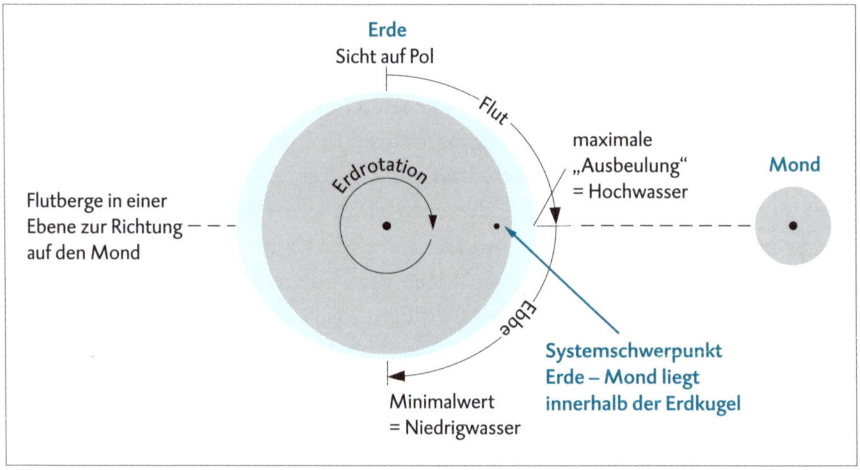

M 12: Flutberge durch Massenanziehungskraft des Mondes

Wenn Mond, Erde und Sonne in einer Linie stehen, überlagern sich die Anziehungskräfte. Dies führt zu besonders hohen **Springfluten,** die alle zwei Wochen bei Vollmond und Neumond auftreten. Dazwischen treten **Nippfluten** mit geringem Tidenhub auf, wenn Sonne und Mond im rechten Winkel zur Erde stehen.

Zieht während der Springtide in Küstennähe ein starker Sturm mit auflandigen Winden durch, kommt es zu einer **Sturmflut** mit extremer Verstärkung des Tidenhubs. Dann droht **Land unter.** Das Zusammenwirken von Gezeiten und Wellentätigkeit kann besonders bei Sturmfluten zu einer erheblichen Abtragung der Küste führen.

Die **Gezeitenströme** können im Küstenbereich erhebliche Fließgeschwindigkeiten erreichen. In den **Seegatten,** großen Prielen im Wattenmeer, sind sogar 20 m/s möglich. Gezeitenströme können deshalb große Mengen von Sedimenten transportieren.

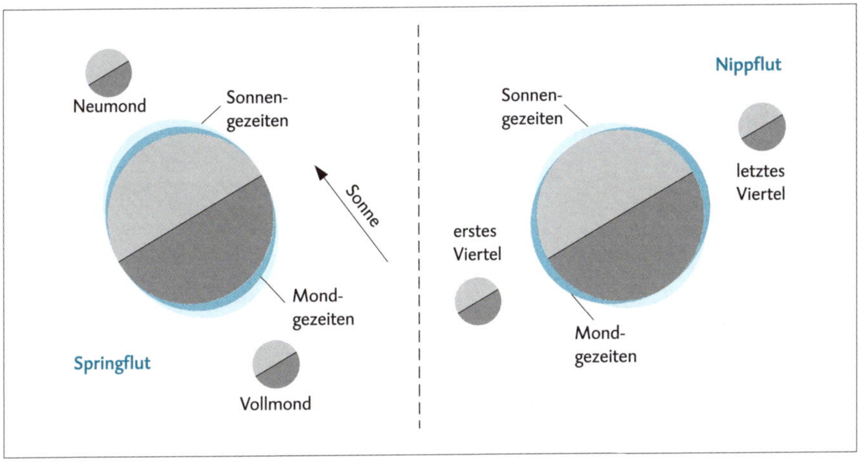

M 13: Fluthöhen bei unterschiedlicher Konstellation von Erde, Mond und Sonne

Aufgabe 7 Definieren Sie die Begriffe „Gezeiten“, „Ebbe“ und „Flut“.

Aufgabe 8 Der Sturm „Kyrill“ erreichte am 18. 01. 2007 gegen 18 Uhr die Insel Sylt und blieb relativ harmlos. Wäre er gegen Mitternacht eingetroffen, wäre es vermutlich zu einer Katastrophe gekommen. Erklären Sie, warum.

2.3 Flachküsten

Flachküsten bestehen im Wesentlichen aus Sand und Geröllen (Kiesen). Die Strände können ihr Aussehen durch Wellen und Gezeiten innerhalb weniger Wochen verändern: Verbreiterung infolge von Sedimentanspülung oder Verkleinerung infolge von Erosion. Solche Strände können als kleine Buchten zwischen Felsvorsprüngen oder als bis über 100 km lange Sandstreifen auftreten. Viele Flachküsten werden landeinwärts von Dünenfeldern begrenzt.

An einem **Sandstrand** besteht normalerweise ein Gleichgewicht zwischen Anlieferung und Abtransport von Sand. Der **Vorstrand** oder die **Schorre** umfasst die **Brandungszone,** eventuelle Wattgebiete sowie die kleine Böschung des **Strandhangs** (vgl. M 7). In der Brandungszone können Strömungen schmale **Sand-** und **Kiesbänke (Barren)** bilden. Näher am Ufer entstehen **Gezeitensandrücken,** die bei Niedrigwasser trockenfallen. In der dahinterliegenden Einsenkung bilden sich durch die Gezeitenströmungen **Rippelmarken.**

Der Sandstrand wird von Schwall und Sog beherrscht. Durch die stärkere Transportkraft des Schwalls entsteht landeinwärts am Spülsaum ein **Strandwall** aus gröberem Material (Sand, Kies, Muschelschalen). Sandige Komponenten werden durch Strandversetzung und Küstenstrom weitertransportiert.

Bei reicher Sandzufuhr entstehen lange, ausgedehnte Strände. Ausdauernder küstenparalleler Materialversatz füllt kleinere Buchten auf und führt zu einer **Ausgleichsküste** wie an der Ostseeküste von Pommern/Polen oder an der Toskana-Mittelmeerküste (M 14).

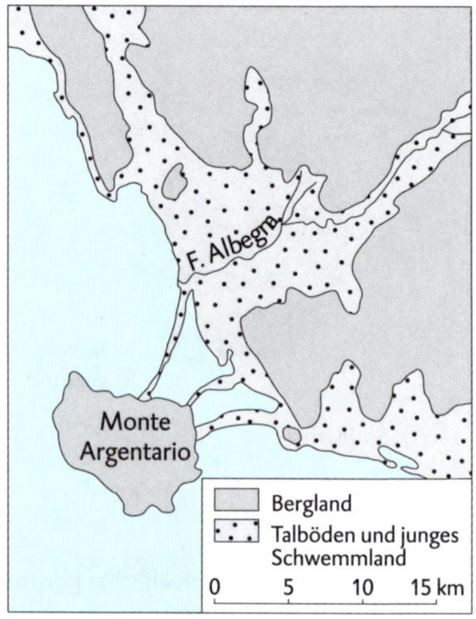

M 14: Ausgleichsküste

Am Ende des Strandes wird der Sand abgetragen und im tieferen Wasser abgelagert. Dort häuft er sich als submarine Barre auf, bis diese mit der Zeit über den Meeresspiegel aufsteigt und den Strand in Form eines **Hakens** erweitert. Erreicht ein solcher Haken irgendwann die Gegenküste einer Bucht, entsteht eine **Nehrung** (M 15).

Die abgeschnittene Meeresbucht wird zum **Haff**. Oft werden diese **Strandseen** auch als **Lagunen** oder am Schwarzen Meer als **Limane** bezeichnet.

Aus küstenparallelen Sandbarren können sich **Düneninseln** entwickeln, wenn sich auf den aufgetauchten Sandbänken Vegetation ansiedelt und die Insel stabilisiert. Düneninseln schützen die eigentliche Küste bei Stürmen vor der Wellenerosion. Zwischen den Düneninseln und dem Festland bilden sich seichte Lagunen oder Wattgebiete.

Typische Düneninseln bilden die niederländisch-ostfriesische Inselkette von Texel bis Wangerooge. Ist der Bereich hinter dem trockenen Sandstrand, der nur gelegentlich überflutet wird, flach, kann Wind von der Küste her Sand ausblasen und ausgedehnte **Dünenfelder** schaffen.

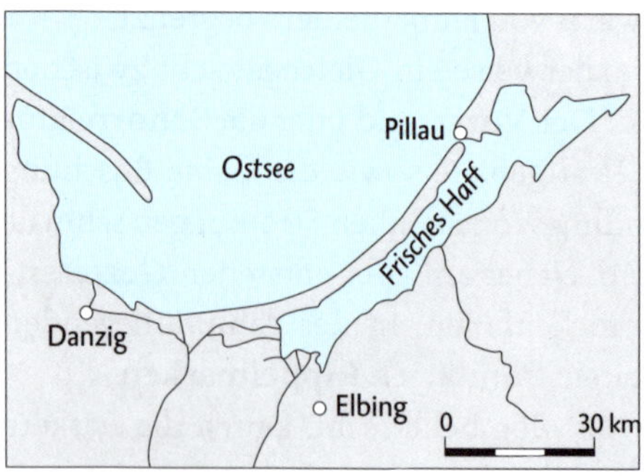

M 15: Nehrungsküste

Um den Strand vor der natürlichen Abtragung zu schützen, wurden vielerorts Wellenbrecher und Molen gebaut. Meist führen diese Maßnahmen zum **Strandschutz** jedoch zu unerwünschten Erscheinungen: Wellen und Strömungen werden abgebremst und lagern den Sand auf der Luvseite der Mole ab. Auf der Leeseite nehmen die Strömungen wieder Geschwindigkeit und Sand auf und erodieren dort den Strand. Nur durch eine Beseitigung der Mole könnte sich der Strand erholen und wieder in seinen ursprünglichen Zustand übergehen. Den charakteristischen Formenschatz an Küsten bezeichnet man als **litorale Serie** (vgl. M 7).

Litorale Serie an Flachküsten

- **Schorre** (eventuell mit Sand- und Kiesbänken (Barren) und/oder Wattflächen)
- **Strandwall** mit **Strandrinne**
- **Strand**
- **Sandkliff, Dünen**

2.4 Steilküsten

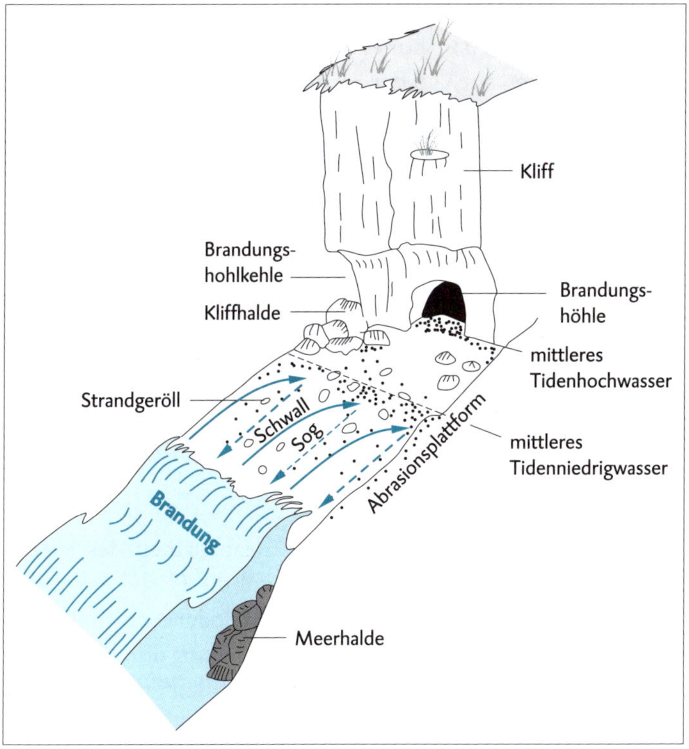

M 16: Steilküste

Wo Meereswellen an steil ansteigendes Festland anbranden, entstehen charakteristische Erosionsformen der **Steilküste.** Die Brecher schlagen mit großer Kraft gegen die Steilwände. Zusätzlich reißen sie Luft mit und pressen sie mit starkem Druck ins Gestein. Sie entweicht durch den Sog des Wellenrücklaufs zischend aus den Klüften. Das **Kliff** wird so ständig in seinen Grundfesten erschüttert und das Gesteinsgefüge gelockert. Deshalb können die Wellen und Brecher Blöcke aus den steilen Felswänden lösen. Losgebrochene Felsbrocken lagern sich am Fuße des Kliffs an, werden von den Brandungswellen mitgerissen und immer wieder mit großer Kraft gegen die Steilwände geschmettert. Dadurch entstehen Höhlungen, die zu **Brandungshohlkehlen** mit überhängendem Dach und halbrunder Rückwand zusammenwachsen. Auf diese Weise wird das Kliff unterminiert, bis die Überhänge herabstürzen. Der Schutt bildet dann neue Erosionswaffen und der Erosionsprozess geht weiter.

Oft bilden sich tiefe **Brandungshöhlen**. An schmalen, vorspringenden Felsspornen können diese völlig durchbrochen werden, sodass **Brandungsfenster** oder **Brandungstore** entstehen. Brechen diese ein, bleiben **Brandungsgassen** und isolierte **Pfeiler** zurück. Zwischen Le Havre und Fécamp gibt es 200 m vor der Küste ein 70 m hohes Brandungstor. Besonders ausgeprägt sind diese Felsformationen auch an der Küste von Capri/Italien.

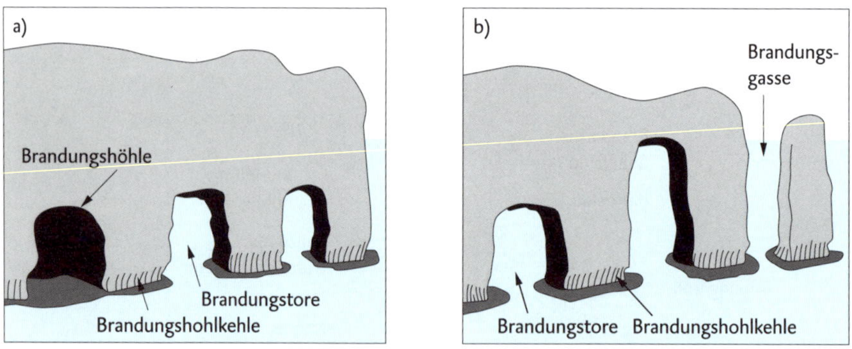

M 17: Brandungsfelsen

Die Steilwand des Kliffs wird durch die ständige Erosionsarbeit des Meeres allmählich zurückverlegt (rückschreitende Erosion) und die Fläche davor eingeebnet, sodass im Bereich der Schorre eine Brandungs- oder Abrasionsplattform entsteht. **Abrasion** nennt man die flächenhafte Abtragung durch das Meer. Auf der zum Meer hin geneigten **Abrasionsplattform** laufen die Wellen gegen das Kliff an. Bei Niedrigwasser kann sie trockenfallen. Zum tiefen Wasser hin bricht sie mit der geröllbedeckten **Meerhalde** ab (vgl. M 16).

Dauert die Erosion über lange Zeiträume an, werden Landvorsprünge beseitigt und die Küstenlinie begradigt; die Küste wird insgesamt zurückverlegt. Irgendwann gelangt das Kliff dabei aus dem Aktivitätsbereich der Wellen und wird zum **„toten" Kliff**, wie z. B. der Königsstuhl auf Rügen, der nur noch bei starken Stürmen von den Wellen erreicht wird. Von einem **fossilen Kliff** spricht man dagegen, wenn das Kliff durch Hebung der Küste oder eine Meeresspiegelsenkung aus dem Bereich der aktiven Erosion genommen wurde.

Besonders rasch verlaufen die Erosionsprozesse dort, wo weiches Gestein (z. B. Kreidefelsen von Jasmund auf Rügen) oder weiche Sedimente (z. B. „Rotes Kliff" an der Westküste von Sylt) die Küste aufbauen. Hier sind auch die Hänge sanfter geböscht und weniger hoch als an Felsküsten.

Aufgabe 9 Stellen Sie die litorale Serie an Steilküsten zusammen.

2.5 Küstentypen

Nicht nur das Ineinandergreifen von Abtragung und Sedimentation prägt das Erscheinungsbild einer flachen oder steilen Küste. Auch die geomorphologische Vorprägung der späteren Küstenlandschaft und der **postglaziale** oder **eustatische Meeresspiegelanstieg,** verursacht durch das Abschmelzen der eiszeitlichen Gletscher, haben dazu beigetragen.

Im Bereich des glazial gestalteten Reliefs finden sich sehr unterschiedliche **Küstentypen,** je nachdem, ob sie im anstehenden Gestein oder im Bereich glazialer Sedimentation vorkommen.

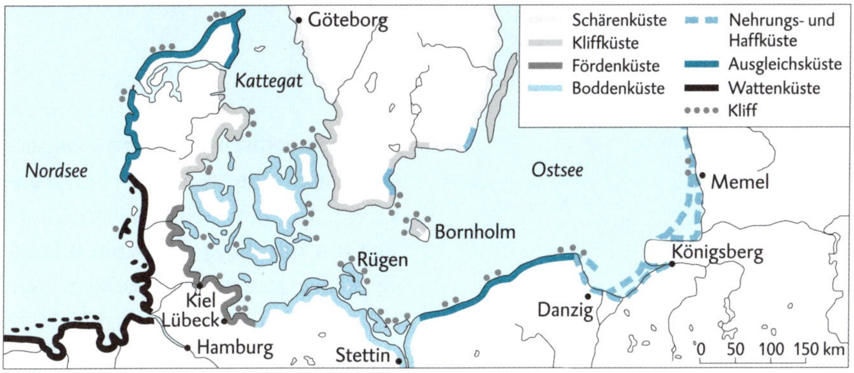

M 18: Küstenformen an der Nord- und Ostsee

Fjord- und Firthküsten

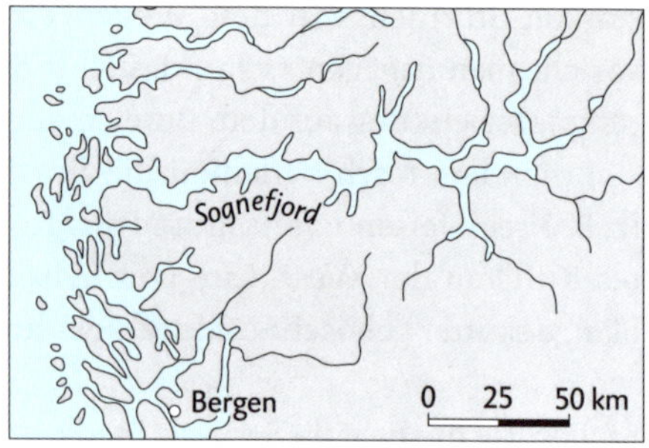

M 19: Fjordküste (Westküste Norwegens)

Fjordküsten entstehen dort, wo vergletscherte Hochgebirge ans Meer grenzen. Man findet sie heute z. B. in Norwegen, Grönland, Neuseeland und Chile. **Fjorde** sind steilwandige Trogtäler, die infolge des postglazialen Meeresspiegelanstiegs „ertrunken" sind. Sie zeigen eine extreme Übertiefung (bis zu 1 300 m unter dem heutigen Meeresspiegel) und enden meerwärts mit einer Schwelle, die oft von einem mit Moränenschutt bedeckten Felsriegel gebildet wird. Die starke Übertiefung hat zwei Ursachen: Bei dem extrem starken Gefälle drückten die von der Hochfläche, dem Fjell, herabströmenden Eismassen stark auf den Untergrund. Erosionswaffen brachten die Gletscher reichlich mit. Zudem wurden bei den ins Meer mündenden Gletschern subglaziale Schmelzwasserströme bei Flut gestaut. Bei Ebbe senkte sich die schwimmende Gletscherzunge und das komprimierte Wasser entwich unter hohem Druck und mit starker Erosionskraft.

Die **Firthküsten** der Britischen Inseln und Schwedens zeigen ähnliche Formen im Mittelgebirgsrelief. Aufgrund der geringeren Reliefenergie sind Firths weniger übertieft.

Schärenküsten

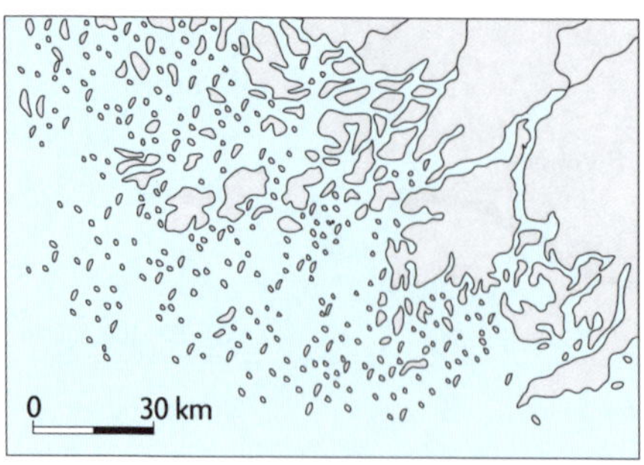

M 20: Schärenküste (Finnland)

Die schwedisch-finnische Ostseeküste ist eine typische **Schärenküste**. Bei den Schären handelt es sich um flachbuckelige, vom Inlandeis überformte Gesteinsmassen (Rundhöcker), die durch den Meeresspiegelanstieg zu Inseln wurden. Die Rundhöcker bilden Tausende von kleinen Inseln (Größe: zwischen wenigen m^2 bis zu einigen km^2).

Fördenküsten

Schmale, lang gestreckte Meeresbuchten und breite Buchten im glazialen Aufschüttungsbereich sind für die **Fördenküste** Schleswig-Holsteins typisch. Verschiedene Gletscherzungenbecken des ehemaligen großen Ostseegletschers bilden tief ins Land eingreifende Meeresarme, die an ihrem Ende jeweils von Endmoränenwällen umgeben sind.

Die Schlei ist kaum übertieft. Sie weist eine schmale, bajonettartig versetzte Form auf. Hier handelt es sich um eine ehemalige, „ertrunkene" Schmelzwasserrinne.

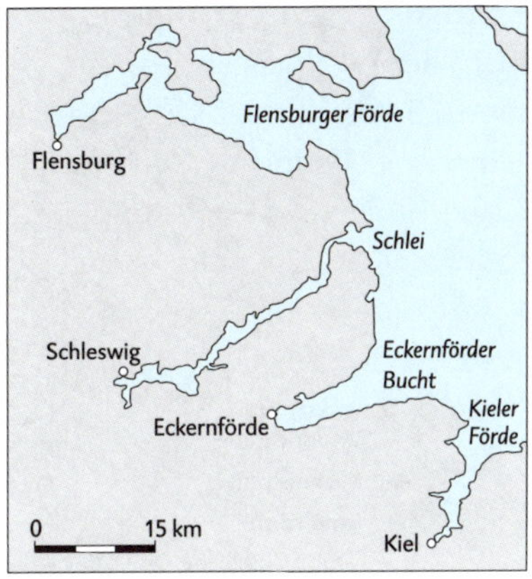

M 21: Fördenküste

Ausgleichsküsten

Die Küste Hinterpommerns ist eine bereits „reife" **Ausgleichsküste**. Vorragende Hochgebiete wurden weit zurückerodiert, die Buchten durch Nehrungen geschlossen, die ausgesüßten Strandseen verlandeten oft zu Strandmooren. Die Küstenlinie verläuft ausgeglichen in flachen Bögen (vgl. M 22).

Boddenküsten

Bei der Boddenküste handelt es sich um eine flachkuppige Grundmoränenlandschaft, die durch den postglazialen Meeresspiegelanstieg der Ostsee überflutet wurde. Die Küstenlinie setzt sich zusammen aus stark zerlappten, rundlichen Buchten, den **Bodden**, zwischen Moränenkuppen, die aus dem Wasser aufragen. Diese Buchten wurden bzw. werden durch Haken und Nehrungen von der offenen Ostsee abgetrennt und entwickeln sich bei vollständiger Abtrennung zu Strandseen und bei Verlandung zu Mooren (vgl. M 22). Die Boddenküste erstreckt sich von der Lübecker Bucht bis zur Odermündung.

Nehrungsküsten

Östlich an die Ausgleichsküste schließt sich mit der Danziger Bucht eine ausgeprägte Nehrungsküste an. **Strandhaken** wie die Halbinsel Hela haben sich zu lang gestreckten **Nehrungen** mit Wanderdünen verlängert. Einmündende Flüsse (Nogat, Pregel, Memel) verhindern mit ihrer starken Strömung, dass die Nehrungen das jeweilige Haff völlig abschließen (vgl. M 15).

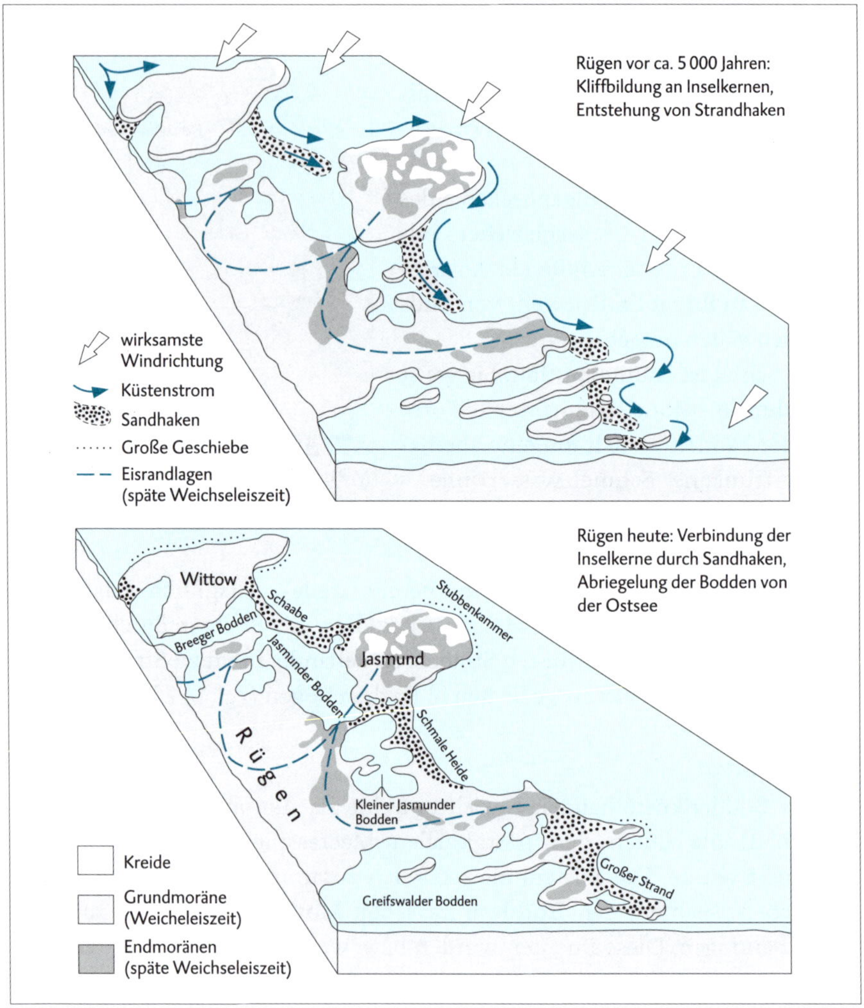

M 22: Ausgleichsküste von Rügen

Wattenküsten

Die Nordseeküsten der Deutschen Bucht sind von den Gezeiten geprägt. Der ständige Wechsel von Flut- und Ebbstrom formte die **Watten- und Marschenküste**. Der Gezeitenstrom transportiert im Flachwasser vor der Küste Sand, Schluff und Ton hin und her. Im Übergang vom auflaufenden Flut- zum ablaufenden Ebbstrom kommt die Transportkraft zum Erliegen und die Sedimente setzen sich flächenhaft ab. So werden die Wattflächen von einigen Hundert Metern bis mehreren Kilometern Breite langsam aufgehöht.

Bei Niedrigwasser fallen dann ausgedehnte Bereiche des küstennahen Watts trocken. Wo sich Ebbströme als mäandrierende **Priele** und ortsfesten **Seegatten** sammeln, schneiden sie sich tief in den weichen Untergrund ein.

Am Außenrand des Wattenmeeres herrschen starke Strömungen und Brandung. Hier lagern sich Sande zu Sandplatten **(Sandwatten)** ab. Diese verlagern sich mit der Drift ostwärts. Sie können sich zu Düneninseln weiterentwickeln. Die Sandplatten werden gerne von Seehunden als Ruheplätze aufgesucht.

Dort, wo das Wasser ruhiger ist, also in Buchten und in Küstennähe, werden vorwiegend Schluff und Ton abgelagert. Es bilden sich tiefgründige **Schlickwatten**. Der **Schlick** setzt sich aus Sand und Schluff zusammen; er ist meist kalkreich und mit organischen Bestandteilen durchsetzt. Wenn sich die Schlickwatten über die mittlere Hochwasserlinie aufgehöht haben, kann sich eine Gras- und Kräutervegetation **(Salzwiesen)** ausbilden: Die Watten werden zu **Marschen**. Diesen Prozess hat der Mensch über Jahrhunderte mit Landgewinnungsmaßnahmen beschleunigt und so dem Meer wieder Land abgerungen, das bei den verheerenden Sturmfluten von 1238, 1362 und 1634 verloren ging.

Reste dieses alten Marschlandes sind die Inseln Pellworm und Nordstrand sowie die **Halligen**, die im Wattenmeer liegen. Die Halligkanten sind zwar heute mit Steinen befestigt, aber Sturmfluten sorgen immer wieder für „Land unter". Dann ragen nur noch die **Warften** (Wurten), künstliche Hügel, auf denen die Häuser stehen, aus dem Wasser. Heute wird die Marschenküste von Nordfriesland bis in die Niederlande durch hohe **Deiche** geschützt.

Ästuarküsten

Im Bereich von Flachküsten mit starkem Tidenhub entstehen an Flussmündungen Flussmäander. Bei Ebbe summiert sich hier der ablaufende Ebbstrom mit dem rückgestauten Flusswasser und fließt in der Strömungsrichtung des Flusses ab. Bei auflaufender Flut werden die Mäander schwächer in umgekehrter Richtung durchströmt. Ebbstrom und Flutstromprallhänge liegen dabei einander gegenüber. Dadurch weiten sich die Flussauen zu trichterförmigen Mündungen, sogenannten **Ästuaren.** Wo starker Tidenhub herrscht, können sich an den Flussmündungen keine Deltas bilden, da die vereinten Wasser von Ebbstrom und Fluss die Mündung bis in große Tiefe sedimentfrei fegen.

Ästuare finden sich z. B. bei Elbe, Weser, Themse und Garonne. Sie bieten im Binnenland geschützte Lagen für Häfen. Aufgrund des Materialtransports ist jedoch immer wieder ein Ausbaggern des Flussbettes erforderlich.

Deltaküsten

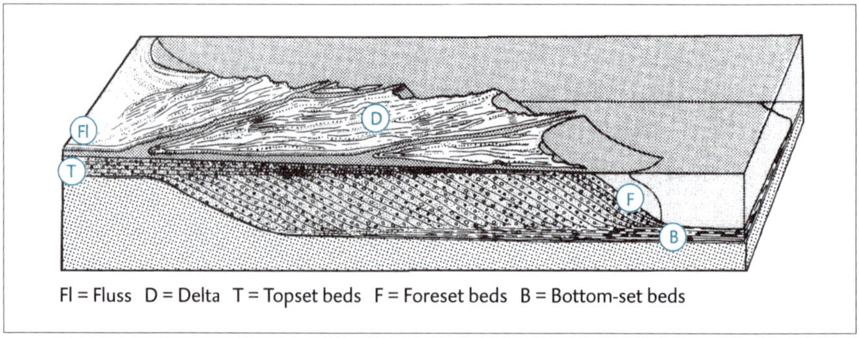

M 23: Deltamündung

An gezeitenarmen Küsten bilden sich bei stark sedimentierenden Flüssen (z. B. Rhein, Donau, Rhône, Nil, Mississippi) Deltamündungen aus. Der Verlust der Transportkraft des Flusses führt zur Ablagerung der mitgeführten Sink- und Schwebstoffe. Die Flussmündung wächst ins offene Meer hinaus. Der Strom teilt sich im Deltabereich in mehrere Arme, die sich oftmals verlagern, weil sie ihren Mündungsbereich immer wieder durch Sedimente verschließen. Die Sedimente eines Deltas (D) lagern sich in typischer Weise ab. Der Fluss (Fl) lagert auf den älteren Sedimenten horizontale Topset beds (T) ab, auch als Deltaplattformsande bezeichnet. Sie überlagern die schräg geschichteten Foreset beds (F), die feinkörnigen Sedimente des Deltahangs. Diese wiederum lagern auf den tonigen Bodensedimenten des Bottom-set beds (B).

Canaleküsten

Infolge von Landsenkungen oder eustatischem Wasserspiegelanstieg kann das Meer in die Formen des festen Landes eindringen. Im Bereich junger Faltengebirge werden Synklinalen überflutet. Die „ertrunkenen" Längstäler bilden lange Meeresschläuche, Kanäle. Die Rücken der Antiklinalen ragen als lang gestreckte (Halb-) Inseln aus dem Wasser.

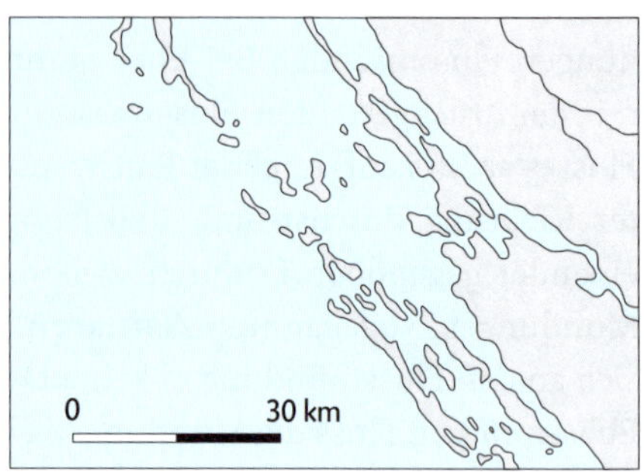

M 24: Canaleküste von Dalmatien

Riasküsten

In Glazialzeiten sank der Meeresspiegel stark ab. Flüsse mussten dadurch im Mündungsbereich ein steiles Gefälle überwinden, entwickelten starke Erosionskräfte und schufen tiefe schlauchförmige Mündungen. Diese wurden in interglazialen Überflutungsphasen des Meeres unter Wasser gesetzt. Bei besonders hohen interglazialen Meeresspiegelständen wurden zwischen den Riasmündungen wenige Meter über dem heutigen Meeresniveau gelegene marine Abrasionsterrassen geschaffen.

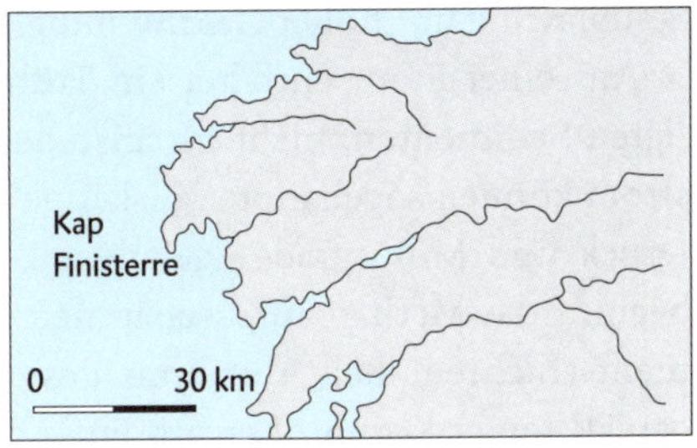

M 25: Riasküste von Galizien, Nordwest-Spanien

2.6 Marine Morphologie

Grundlagen

Die vor der Küste liegenden flachen Meeresbereiche (bis ca. 200 m Wassertiefe) bezeichnet man als **Kontinentalschelf**. Der **Schelf** ist der überflutete Teil des Kontinents. An einem passiven **Kontinentalrand**, weit entfernt vom geotektonischen Geschehen an Plattengrenzen, ist er relativ eben und breiter ausgeprägt. Die Nordsee ist z. B. ein flaches Schelfmeer. Während der pleistozänen Vereisung lagen die gesamten Schelfgebiete unter 100 m über dem Meeresspiegel, in hohen Breiten vom Inlandeis bedeckt, was zu einem Relief mit flachen Tälern, Becken und Höhenzügen führte. Die subaerische Formung lässt sich für die Nordsee anhand von Torflagerstätten und prähistorischen Funden (z. B. Resten von Landtieren) nachweisen.

Der **Schelfrand** hat eine ausgeprägte **Schelfkante**. Der steilere **Kontinentalhang** ist mit Ton und Silt (Blauschlick) bedeckt und von Erosionsrinnen und mehrere Hundert Meter tiefen **submarinen Canyons** zerschnitten. Teilweise sind diese Canyons Fortsetzungen großer terrestrischer Flusstäler, wie z. B. von Ganges, Kongo oder Tejo. Die meisten Canyons haben jedoch keine solchen Entsprechungen am Festland. Ihre Genese hängt mit **Trübeströmen** oder **Suspensionsströmen** zusammen: Haben sich am Rande des Schelfs oder auf dem Kontinentalhang mächtige Sedimente abgelagert, können sie instabil werden. Auch Erdbeben oder Stürme können Sedimentrutschungen auslösen. Dabei wird das Sediment in Bodennähe aufgewirbelt und es entsteht ein Trübestrom, ein dichtes Wasser-Schlamm-Gemisch. Da ein solcher Trübestrom eine höhere Dichte hat als das klare Wasser darüber, fließt er wie eine Staublawine mit hoher Geschwindigkeit (bis 100 km/h) den Hang hinunter.

An seiner Front entfaltet ein Trübestrom große Erosionskraft in unverfestigten Sedimenten, nicht im anstehenden Gestein. Auslöser für einen Trübestrom können sogenannte „Eiskäfige“ sein, in denen Methan durch den hohen Druck und Minusgrade „gefangen“ ist. Durch Störungen verschiedener Art beginnt das Methan aufzuschäumen und destabilisiert die oft nur losen Sedimentschichten. Bei Abnahme des Gefälles wird das mitgeführte Material gemäß seiner Korngrößen am Fuße des Kontinentalhangs abgelagert. Mehrere so übereinander abgelagerte Sedimente, auch **Turbidite** genannt, bilden einen submarinen Schwemmfächer.

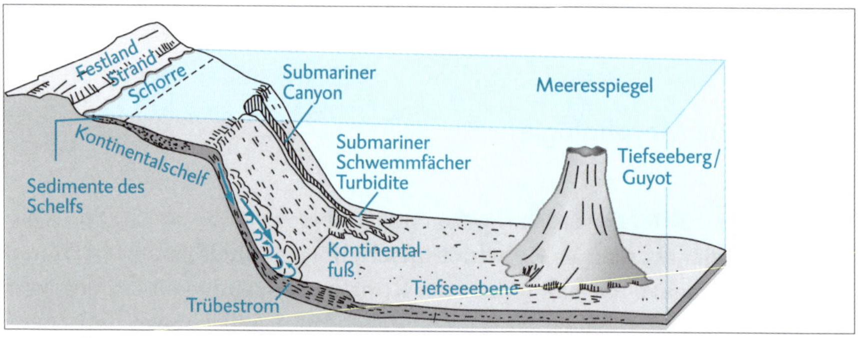

M 26: Profil durch den passiven Kontinentalrand

In einer Tiefe von 2 000–3 000 m geht der Kontinentalhang über in den mehrere Hundert Kilometer breiten **Kontinentalfuß**, eine Sedimentansammlung, die in die **Tiefseeebene** und dann ab 3 000 m ins **Tiefseehügelland** übergeht. Das Tiefseehügelland stellt vermutlich die ursprüngliche Form des Meeresbodens dar. Hier sind die Reliefunterschiede noch nicht von Sedimenten überdeckt wie in der Tiefseeebene. **Tiefseeschwellen**, lang gestreckte Erhebungen bis 4 000 m Höhe und 4 000 km Länge gliedern den Tiefseeboden in große Kammern. Eventuell handelt es sich um fossile ozeanische Rücken, allerdings gibt es keine Spuren von seismischer Aktivität. Diese Schwellen lenken die marinen Bodenströmungen.

Aus dem Tiefseeboden ragen submarine Hot-Spot-Vulkane als **Tiefseeberge** oder **Guyots** auf. Sie treten isoliert, in Gruppen oder als Ketten auf. Einige ragen als Inseln über die Meeresoberfläche (z. B. Hawaii). Guyots können auch ehemalige Vulkaninseln sein, die unter den Meeresspiegel gerieten, als der Plattenteil, auf dem sie entstanden sind, absank, bzw. weil sie in die entleerte Magmakammer abgesunken sind, nachdem sich die vom Hot Spot entfernte.

Entlang divergierender Plattengrenzen erheben sich von Längsspalten durchzogene **mittelozeanische Rücken** mit tief eingesenkten **Rift Valleys**. Hier treten aktiver submariner Vulkanismus und heiße Quellen auf. Meerwasser dringt kilometertief in Spalten ein, erhitzt sich und reichert sich mit Mineralien an. Als hydrothermale Lösung kann es bei niedrigen Temperaturen aus Spalten ausfließen **(White Smokers)** oder als überhitztes, minerralreiches Wasser mit hohen Geschwindigkeiten aus Schloten hervorschießen. Beim Kontakt mit dem kalten Meerwasser kommt es zur Ausfällung der gelösten Minerale. Dadurch bilden sich im Laufe der Zeit schornsteinartige Strukturen um die Quelle. Diese hydrothermalen Schlote, **Black Smokers**, bilden wichtige neue Erzlagerstätten auf dem Meeresboden: sulfidische Erze mit hohem Gehalt an Zink, Kupfer, Mangan und Eisen. Hier existieren auch ungewöhnliche Bakterien, die ihre Energie ausschließlich aus dem Schwefelwasserstoff, Kohlendioxid und Sauerstoff der hydrothermalen Lösungen beziehen. Innerhalb von 8 Mio. Jahren zirkuliert der gesamte Ozean durch solche hydrothermalen Systeme. Dabei wird der Chemismus des Meerwassers entscheidend beeinflusst.

Ozeanische **Transformstörungen** an den mittelozeanischen Rücken bilden lang gestreckte Höhenrücken mit parallel verlaufenden Rinnen, etwa im rechten Winkel zu den Rücken. Im Bereich der **Subduktionszonen**, wo ozeanische Platten abtauchen, finden sich **Tiefseerinnen**. Vulkanische Tätigkeiten und häufige Erdbeben haben hier den Meeresboden und die Kontinentalränder tektonisch stark deformiert. Die Schelfbereiche sind nur sehr schmal ausgebildet und oft von vulkanischem Material bedeckt.

Marine Sedimente

Der am mittelozeanischen Rücken gebildete Basalt wird mit zunehmendem Alter und zunehmender Entfernung vom Rücken von Sedimenten bedeckt. Man unterscheidet **biogene Sedimente** wie Kalkablagerungen aus Schalematerial der im Meer lebenden Organismen (Muscheln, Schnecken, Schwämme, Korallen) und **terrigene Sedimente** (von den Kontinenten abgetragener Sand, Silt und Ton). Beide Sedimentarten werden im Schelfbereich abgelagert. 99 % der terrigenen Sedimente bleiben hier liegen.

Die Sedimente des tiefen Ozeans, sogenannte **pelagische Sedimente**, bestehen aus staubförmigen Eintragungen durch Winde (Wüstenstaub) und äolisch transportierten vulkanischen Aschen. Dazu kommen als biogene Sedimente in niederen Breiten Gehäuse und Skelettteile von Kalkalgen und Foraminiferen (Plankton), die zu Boden sinken und zusammen mit Kalkausfällungen **Kalkschlamm** bilden. In Meerestiefen unter 4 000 m löst sich der Kalk wieder auf. Hier überwiegen **roter Tiefseeton** und **Kieselschlämme**. Sie entstehen aus Organismen, deren Gehäuse aus amorpher Kieselsäure besteht, z. B. aus Diatomeen (grünen Kieselalgen) in polaren Bereichen oder Radiolaren (Strahlentierchen) in tropischen Gewässern.

Einige Bestandteile der Tiefsee-Sedimente entstehen durch chemische Reaktionen zwischen dem Meerwasser und den Sedimenten, wie z. B. die **Manganknollen**, die große Gebiete des Tiefseebodens bedecken. In ihnen konzentrieren sich Mangan, Eisen, Nickel, Kobalt, Zink und weitere Metalle. Sie bilden wichtige Rohstoffressourcen, wenn sie mit wirtschaftlichen Technologien gefördert werden können.

Die **Nordsee** (mittlere Tiefe 93 m) ist ein sauerstoffreiches Schelfmeer mit regelmäßigem Wasseraustausch mit dem Atlantik. Seine heutige Form verdankt dieses Meer den Gestaltungskräften der Eiszeiten. Während der Saale-Eiszeit lag ein großer Teil der heutigen Nordsee unter dem Eis. Die Gletscher brachten riesige Massen von Moränenschutt aus Skandinavien mit und ließen dieses Material nach dem Abtauen zurück. Dieser Landschaftstyp im Bereich der heutigen Altmoränen wird als **Geest** bezeichnet. Parallel zum Abschmelzen des Eises stieg der Meeresspiegel an, und große Teile des Nordseebodens wurden überflutet.

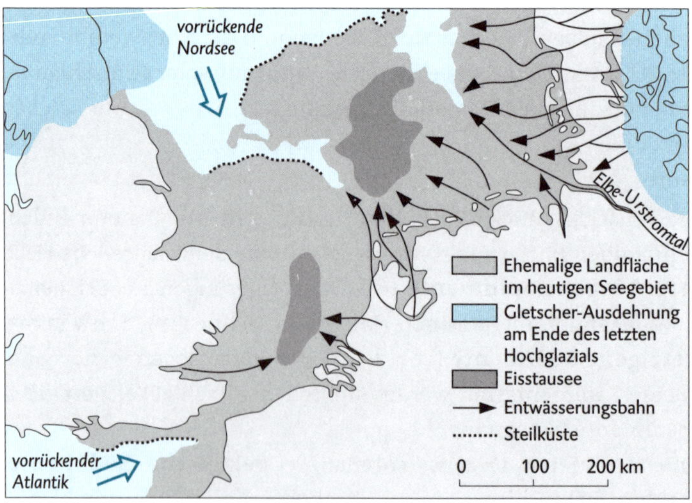

M 27: Das Nordseebecken vor 12 000 Jahren

Die Vereisung des Weichselglazials war im Bereich der Nordsee nicht so ausgedehnt wie zur Saale-Eiszeit. Dennoch waren ungeheure Wassermengen im Eis gebunden, sodass der Meeresspiegel über 100 m tiefer als heute lag. Die Küste verlief nordwestlich der Doggerbank (vgl. M 27).

Das Schmelzwasser der norddeutschen Vereisung konnte über das Elbe-Urstromtal ungehindert nach Norden in den Atlantik abfließen. Fast die ganze südliche Nordsee war periglaziales Festland, der nördliche Teil war von Schelfeis bedeckt.

Das Bodenrelief der Nordsee ist also vom glazialen und periglazialen Formenschatz geprägt. Der rezente Sedimenteintrag durch Flüsse ist gering. Gezeitenströme und Stürme können den Grund jedoch bis zu Tiefen von 60 m aufwühlen und die pleistozänen Sedimente umlagern. Eine küstenparallele Meeresströmung vom Kanal her hat große Sandmassen in den Küstensaum befördert. Seewärts herrscht graublauer sandiger Schlick vor, mit Anteilen von organischem Kalk (3 %) und organischen Stoffen (1 %).

Das **Schwarze Meer**, bis 2 244 m tief, ist ein Randmeer des Mittelmeeres und nahezu überall von Land umgeben. Nur wenig Salzwasser dringt über den Bosporus ein, der Salzgehalt ist deshalb gering. Zwei starre Wasserstockwerke haben sich ausgebildet: Eine etwa 150 m mächtige, sauerstoffreiche Deckschicht wird von Wind und Strömungen gut durchmischt. Darunter liegt eine lebensfeindliche Schicht, in der Sauerstoff und höheres Leben fehlen. Anaerobe Bakterien spalten hier aus herabsinkenden Organismenresten Schwefelwasserstoff und Sulfate ab. Am Meeresboden wird ein schwarzgrauer Faulschlamm, mit hohem Anteil halb zersetzter organischer Stoffe sedimentiert. Aus solchen Ablagerungen entstehen z. B. Kupferschiefer und Methanoxid.

Durch Flusseinträge mit hohem Nitratgehalt (besonders von der Donau und dem Dnjepr) ist das nördliche Schwarze Meer stark eutrophiert. Zusammen mit der Sedimentfracht trüben Plankton- und Algenblüte das Wasser und verringern den Lichteinfall in der Tiefe. Auf dem Schelfboden kam es zu starkem Sauerstoffschwund mit tödlichen Folgen für die Bodenfauna und Bodenfische.

fgabe 10 Erläutern Sie, weshalb sich die Nordsee als Wattenmeer ausbilden konnte.

fgabe 11 Begründen Sie, weshalb Ölbohrinseln stets in großem Sicherheitsabstand zur Schelfkante gebaut werden sollten.

2.7 Meerwasser

Physikalische und chemische Eigenschaften

97,3 % der globalen Wassermenge sind Meerwasser. Gleichmäßig verteilt, würde eine 2 400 m mächtige Wasserschicht die Erde überziehen. Tatsächlich sind 70,8 % der Erdoberfläche von Wasser bedeckt.

Das Wasser der Nordsee hat einen durchschnittlichen Salzgehalt (Salinität) von 3,5 %. Abgesehen von den primär im Urozean enthaltenen Stoffen und denen, die direkt durch Vulkanismus ins Meerwasser gelangten (große Mengen von CO_2), stammen alle gelösten Stoffe, auch das Salz, von den Kontinenten.

Im Meerwasser gelöst sind eine Reihe von Hauptkomponenten sowie Spurenstoffe (70 der 92 in der Natur vorkommenden chemischen Elemente) und in geringem Maße gelöste Gase wie Sauerstoff und CO_2. Welche Stoffe aus dem Wasser ausgeschieden und sedimentiert werden, hängt von den chemischen Gegebenheiten des Gesamtsystems ab. Steigen Temperatur oder Salinität, reduziert das z. B. die Löslichkeit von Sauerstoff. Wasser mit einer Salinität von 3,5 % enthält in der Regel 0,54 Vol.-% gelösten Sauerstoff bei 20 °C und 0,8 Vol.-% bei 0 °C. Sinkt der Sauerstoffgehalt unter 0,4 %, können die meisten Fischarten nicht mehr überleben (wobei ein Fisch bei 20 °C Wassertemperatur doppelt so viel Sauerstoff braucht wie bei 10 °C).

Chlor (Cl)	55,04 %	Calcium (Ca)	1,16 %	Borsäure (H_3BO_3)	0,07 %
Natrium (Na)	30,61 %	Kalium	1,10 %	Strontium (Sr)	0,04 %
Sulfate (SO_4)	7,69 %	Bicarbonate ($NHCO_3$)	0,41 %	Spurenelemente	0,01 %
Magnesium (Mg)	3,69 %	Brom (Br)	0,19 %	Fluor (F)	0,10 %

M 28: Zusammensetzung des Meerwassers

Je geringer die Wassertemperatur ist, desto höher ist die **Dichte des Wassers.** Warmes Wasser ist also spezifisch leichter als kaltes. Das Dichtemaximum wird von reinem Wasser bei +4 °C erreicht. Das gilt aber nicht für Salzwasser: Mit steigendem Salzgehalt erhöht sich die Dichte und der Gefrierpunkt sinkt. Der Salzgehalt im offenen Meer schwankt zwischen 3,2 % und 3,7 %. In verdunstungsreichen Nebenmeeren kann er 4,0 % betragen (östliches Mittelmeer), in solchen mit starkem Süßwasserzufluss weniger (Ostsee 0,4–2,0 %, Schwarzes Meer 1,7 %). Die **Salinität** zeigt größere Abweichungen, wenn durch Verdunstung oder Ausfrieren von Eis der Salzgehalt im übrigen Meerwasser erhöht wird oder wenn durch Niederschlag, Süßwasser von Flüssen oder Abtauen von Eis die Konzentration herabgesetzt wird. Diese Prozesse finden an der Oberfläche statt.

Die Dichte von Meerwasser ist ein wichtiger Parameter in der Ozeanographie, weil bereits geringe klimatisch aufgeprägte Dichteunterschiede zu **Salzausgleichsströmungen** führen. Diese sind abhängig von der Temperatur, der Salinität und dem Druck.

Von besonderer Bedeutung sind auch die thermischen Eigenschaften des Meerwassers. Seine **Wärmespeicherkapazität** ist etwa tausendmal höher als die der Luft. Bei gleicher Wärmezufuhr erwärmt sich Wasser langsamer als das Land, denn nur 73 % der eingestrahlten Energie dringen bis in 1 m Tiefe, 22 % erreichen 10 m und nur 0,5 % 100 m Wassertiefe. Deshalb entsteht bei Windstille eine stark erwärmte, spezifisch leichtere Schicht auf kaltem Wasser. An ihrer Grenze, der sogenannten **thermischen Sprungschicht**, entwickelt sich reiches Planktonleben. Die Sprungschicht wirkt auch als Sperre für den vertikalen Austausch, z. B. von Nährstoffen aus dem nährstoffreichen Tiefenwasser.

Meerwasser zeigt ein charakteristisches **Tiefenprofil**:

Oberflächenwasser	bis 300 m Tiefe
Thermische Sprungschicht	300–1 000 m (bei 550 m ca. 5 °C)
Tiefenwasser	1 000–3 000 m
Grundschicht	unter 3 000 m

Wind und **Konvektion** können für eine Durchmischung der oberen Wasserschichten sorgen: Wasser strahlt Wärme ab. Dabei sinken die abgekühlten Wassermoleküle aufgrund ihrer höheren Dichte bis in eine Tiefe ab, in der das umgebende Wasser die gleiche Dichte aufweist. Im Ausgleich steigen andere Moleküle auf. Diese thermische Vertikalkonvektion kann mehrere Hundert Meter mächtige Wasserschichten durchmischen.

Die thermischen Unterschiede zwischen Tag und Nacht und zwischen den Jahreszeiten werden so durch das Meer ausgeglichen. Durch den Transport von Luftmassen, die über dem Meer Wasserdampf aufgenommen haben, wie auch durch die Meeresströmungen selbst werden große Wärmemengen über weite Strecken transportiert.

2.8 Meeresströmungen

Oberflächenströme

Meeresströmungen können sehr unterschiedliche Ursachen haben. Gemeinsam ist ihnen, dass sie genau wie die Luftmassen in der Atmosphäre durch die **Corioliskraft** abgelenkt werden, auf der Nordhalbkugel im Uhrzeigersinn, auf der Südhalbkugel dagegen.

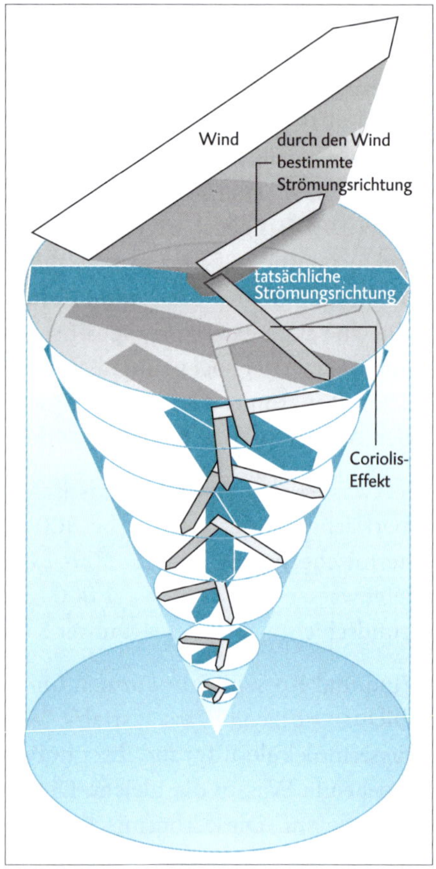

M 29: Die Ekmann'sche Strömungsspirale

Strömungssysteme an der Meeresoberfläche werden durch die globalen Windsysteme angetrieben. Die Kraft des Windes bewirkt nicht nur direkt ein horizontales Strömen des Wassers, sondern staut an Landhindernissen größere Wassermassen auf. Die dadurch entstehenden Druckunterschiede sind wiederum Ursache für starke Strömungen. Die Strömungen werden zudem von kompliziert wirkenden Reibungskräften und der breitenkreisabhängigen Corioliskraft beeinflusst. Hinzu kommen außerdem noch die Wirkungen der Gezeitenströme. Sobald sich das Wasser in Bewegung setzt, wirkt die Corioliskraft ablenkend ein. Die tieferen Wasserschichten werden durch die Reibung mitbewegt und durch die Corioliskraft immer weiter nach rechts gedreht. Dieser Prozess setzt sich von Schicht zu Schicht nach unten fort, bis er in etwa 200 m Tiefe aufhört. Das bedeutet auch, dass zwischen den Oberflächenströmungen und den Tiefenströmungen keine wesentlichen Zusammenhänge bestehen. Die Oberflächenströmungen sind um 45° zur Windrichtung abgelenkt und erreichen nur etwa 3 % der Windgeschwindigkeit, trotzdem sind sie im Vergleich mit Tiefenströmungen recht schnell und haben eine zentrale Funktion beim Wärmetransport von niedrigen in hohe Breiten. Es entsteht im Zusammenwirken mit der Landverteilung ein kompliziertes Muster von großen und kleinen Ringströmungen.

Die Westwinddrift der gemäßigten Breiten und die Passate erzeugen im Zusammenspiel große **subtropische Wasserwirbel**, auf der Nordhalbkugel rechts-, auf der Südhalbkugel linksdrehend. Dort, wo die Wassermassen zusammenströmen (Konvergenz), bilden sich „Wasserhügel" mit hohem Auflastdruck. An Stellen, an denen Wassermassen auseinanderströmen (Divergenz), entstehen „Wassersenken" mit geringerem Wasserdruck. Im Inneren dieser Gebiete bilden sich Auftriebs- bzw. Absinkbewegungen. Das Druckgefälle zwischen den Gebieten bzw. die Neigung der Meeresflächen beeinflusst wiederum das Strömungsverhalten.

Diese Strömungsmuster transportieren aus den westlichen Randbereichen der Ozeanbecken warmes Wasser aus niedrigen Breiten polwärts **(western boundary currents)** wie der Golfstrom und der Kuro-Schio. Kaltes Wasser strömt aus den östlichen Randbereichen Richtung Äquator **(eastern boundary currents)** wie der Humboldt-, der Benguela- oder der Kanarenstrom.

Da an den Westküsten der Kontinente warmes Oberflächenwasser durch den Passatwind weggetrieben wird, entsteht hier eine Wassersenke. Als Massenausgleichsströmung steigt 10–12 °C kaltes Wasser aus einer Tiefe von 100–300 m Tiefe auf **(Upwelling)**. Da dieses Wasser sehr nährstoffreich ist, entwickelt sich reiches Phytoplankton, die Nahrungsbasis für reiche Fischbestände. Wegen der höheren Lufttemperaturen kommt es über dem Wasser zur Bildung von Nebel **(Küstennebel)**. Niederschläge bleiben aus, da die vom Land wehenden Winde sehr trocken sind.

Das vielschichtige und eng verzahnte Zusammenspiel zwischen den Oberflächenströmungen und dem atmosphärischen Geschehen ist noch nicht vollständig erforscht.

Golfstrom

Im Atlantik fließt der Nordäquatorialstrom, angetrieben vom Nordostpassat, westwärts und transportiert über 25 °C warmes Wasser zwischen den Antillen und dem amerikanischen Festland (vgl. Hurrikanzugbahnen) in den Golf von Mexiko. Hier staut sich das Wasser auf und fließt dann als Gefälleströmung mit hoher Geschwindigkeit von über 2,5 m/s durch die nur 220 km breite Floridastraße.

Dieser sogenannte **Golfstrom** folgt dem Schelfrand von Nordamerika, bevor er mäandrierend den Atlantik durchquert. Einzelne Mäander können sich als Strömungswirbel abtrennen.

Östlich der Neufundlandbank spaltet sich der Golfstrom in drei Arme auf. Der Hauptarm transportiert große Wärmemengen nach Nordosteuropa und sorgt dort für ein mildes Klima und eisfreie Küsten (vgl. M 29). Die Strömungsringe schließen sich auf den Ostseiten der Ozeane mit äquatorwärts gerichteten kalten Meeresströmungen.

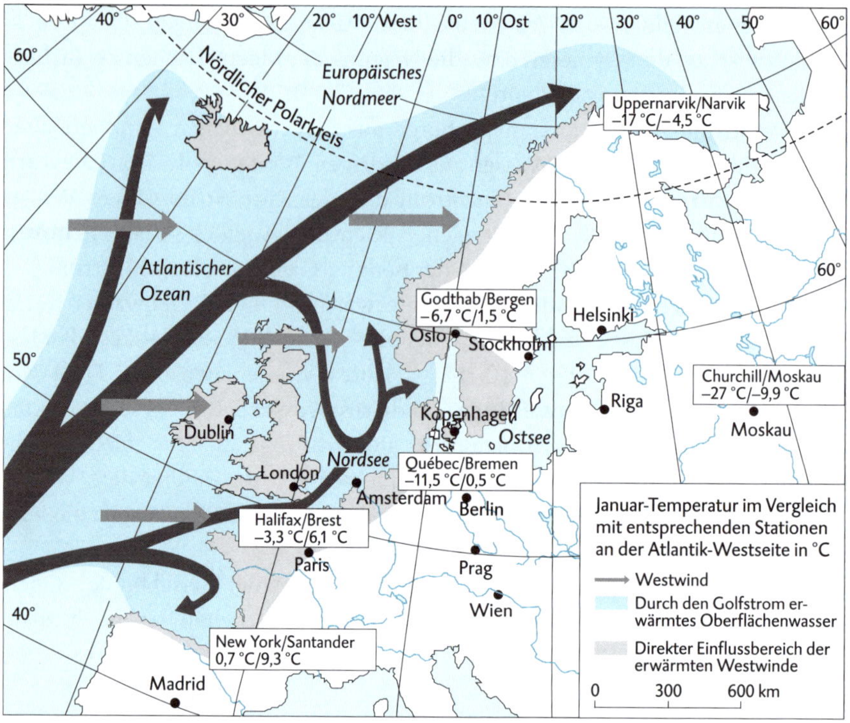

M 30: Der Golfstrom und Europa

Tiefenströme

Neben dem Wind wirken die **Dichteunterschiede des Wassers** als Antrieb von Meeresströmungen. Sie sind Hauptursache für die **tiefen Umwälzungen** der Ozeane.

Dichteunterschiede haben vor allem klimatische Ursachen (z. B. Verdunstung, Erwärmung), die wiederum die Salinität beeinflussen. Die so entstehenden thermohalinen Strömungen bewegen sich langsam, erfassen aber die gesamte Wassersäule und führen zur globalen Umwälzung der Wassermassen.

Damit Oberflächenwasser bis auf den Meeresgrund absinken kann **(Downwelling)**, muss sich die Dichte deutlich erhöhen. Dies geschieht entweder durch Abkühlung oder durch Erhöhung des Salzgehaltes. Ein Anstieg der Salinität erfolgt durch starke Verdunstung in Konzentrationsbecken wie dem Mittelmeer, besonders in dessen östlichem Teil, wo es kaum Frischwasserzufuhr gibt. Obwohl die sommerliche Erwärmung des Mittelmeeres der Bildung von sehr dichten Wassermassen entgegenwirkt, kommt es zum Absinken eines Teils des Oberflächenwassers und somit zu einer beständigen Umwälzung des Tiefenwassers, das über die Gibraltarschwelle in den Atlantik ausfließt. Zum Ausgleich strömt frisches Oberflächenwasser aus dem Atlantik ins Mittelmeer.

Die Abkühlung des Oberflächenwassers in höheren Breiten reicht für größere Downwelling-Prozesse noch nicht aus. Allerdings werden besonders im Winter aufgrund der Temperaturannäherung die Dichtedifferenzen zwischen dem Oberflächenwasser und dem Tiefenwasser geringer und die Schichtung wird labiler. Kommt nun ein Ausfrieren von Meerwasser hinzu, wird dem Meer an der Oberfläche Süßwasser entzogen, weil das Salz des Meeres nicht in das Kristallgitter des Eises eingebaut wird. Das Salz wird an das übrige kalte Meerwasser abgegeben, wodurch dessen Salzgehalt steigt. Dieses schwere Wasser kann bis auf den Meeresboden absinken, ein Prozess, den man als **thermohaline Zirkulation** bezeichnet. Solche tiefen Konvektionen geschehen z. B. rund um die Antarktis, im Nordpolarmeer und in der Grönlandsee.

In der Tiefe des Nordatlantikbeckens sammelt sich das **North-Atlantic-Deep-Water** (NADW) mit einer Temperatur von ca. 2 °C. Diese Wassermassen strömen am Mittelatlantischen Rücken entlang nach Süden, wo sie auf den **antarktischen Zirkumpolarstrom** treffen, dem eigentlichen Motor der globalen thermohalinen Zirkulation.

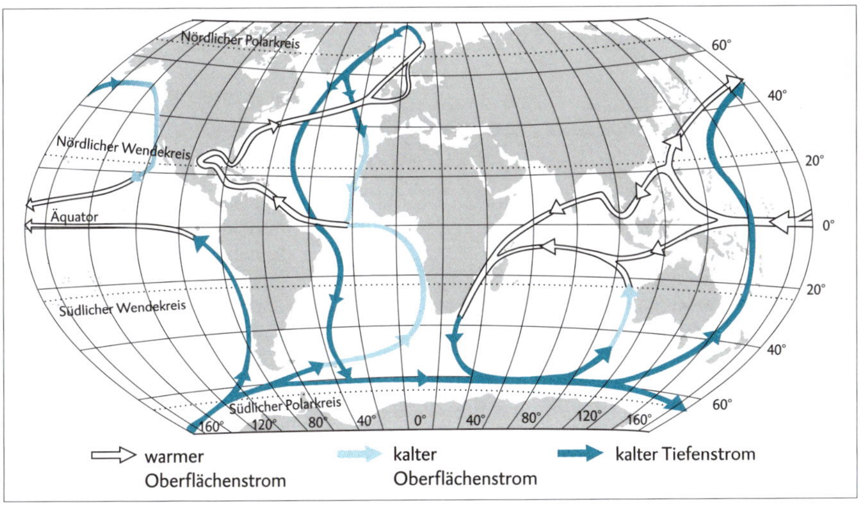

M 31: Modell des globalen Strömungskreislaufs

Im antarktischen Zirkumpolarstrom vermischen sich die Tiefenwasser aus dem Atlantik mit dem **Antarctic Bottom Water** und werden vom marinen Förderband in den Indik und Pazifik transportiert.

Dort, wo die Passate das warme Oberflächenwasser verlagern, steigt das Tiefenwasser auf (Upwelling) und wird besonders in den tropischen Breiten erwärmt. So schließt sich das marine Wärmeaustauschband des **globalen Strömungskreislaufs**, das alle Ozeane miteinander verbindet und großen Einfluss auf Klima und Wetter der gesamten Erde nimmt.

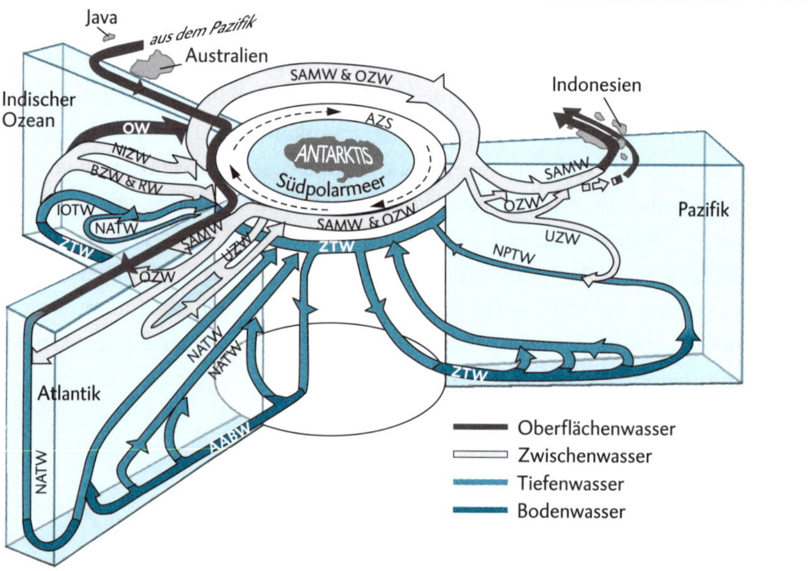

OW	Oberflächenwasser	RW	Rotes-Meer-Wasser
AZS	Antarktischer Zirkumpolarstrom	NATW	Nordatlantisches Tiefenwasser
SAMW	Subantarktisches Mode-Wasser	NPTW	Nordpazifisches Tiefenwasser
OZW	Oberes Zwischenwasser	IOTW	Indischer-Ozean-Tiefenwasser
UZW	Unteres Zwischenwasser	ZTW	Zirkumpolares Tiefenwasser
NIZW	Nordwestindisches Zwischenwasser	AABW	Antarktisches Bodenwasser
BZW	Bandasee-Zwischenwasser		

M 32: Die Funktion des antarktischen Zirkumpolarstroms

CO_2-Senke

Die Meere beeinflussen das globale Klima nicht nur durch Vorgänge des Wärmeaustauschs. Sie fungieren auch als wichtige **CO_2-Senke**, indem sie dem **Kohlenstoffkreislauf** jährlich ca. 3 Mrd. t Kohlenstoff in Form von CO_2 entziehen und als Sediment binden. Dieser Prozess hängt wesentlich von der Temperatur und vom Nährstoffangebot für die Entwicklung von Biomasse, z. B. von Plankton und höheren Tieren mit Kalkskeletten oder -schalen, ab.

Die Meere enthalten 65-mal so viel Kohlenstoff wie die gesamte Atmosphäre. In der terrestrischen Biosphäre sind nur 5 % des im Ozean gelösten Kohlenstoffs enthalten. Wenn CO_2 mit Wasser reagiert, bildet sich Kohlensäure – das Wasser versauert. Das Meerwasser mit einem pH-Wert von 7,8–8,4 konnte bislang aufgrund seines Puffersystems größere Mengen von CO_2 aufnehmen, ohne dass sich erkennbare pH-Schwankungen ergaben. Etwa 25 % des im Meerwasser gelösten Kohlenstoffs sinken in tiefe Schichten und stehen dann den Kohlenstoffkonsumenten im Oberflächenwasser nicht mehr zur Verfügung.

Das Phytoplankton ist aufgrund seiner biologischen Dynamik in der Lage, genauso viel Kohlenstoff photosynthetisch zu fixieren wie die Landbiomasse, die 170-mal größer ist. Viele Planktonarten (Kalkalgen) sind von einer Kalkschale (Kalziumkarbonat) umgeben. Nach ihrem Absterben sedimentieren diese Kalkschalen am Meeresboden. Somit ist der enthaltene Kohlenstoff dem Wasser entzogen und in biogenen Sedimenten dauerhaft gebunden.

Der Ozean hat auch im vom Menschen gestörten Kohlenstoffkreislauf eine wichtige Funktion. Ohne das Meer wäre der CO_2-Anstieg in der Atmosphäre um 60 % größer. Jedoch ist auch die Pufferkapazität des Meeres begrenzt. Forschungen belegen, dass eine Übersättigung des Oberflächenwassers mit CO_2 eingetreten ist. Dies hat bei gleichzeitiger Erwärmung des Wassers zu einer Versauerung geführt, deren Folgen für die Lebewelt und die Funktion der CO_2-Senke noch nicht absehbar sind.

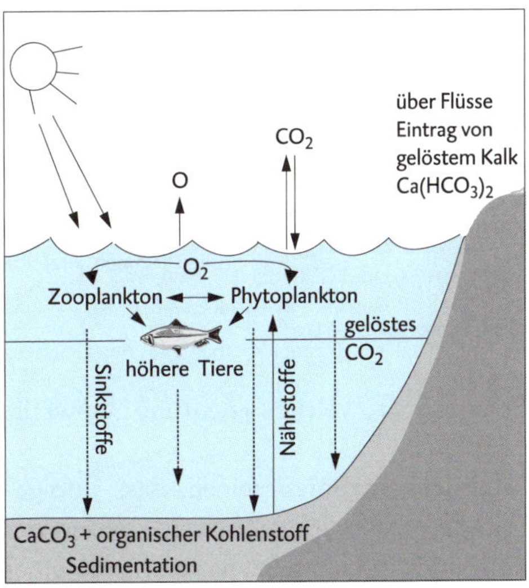

M 33: Rolle des Meeres im globalen Kohlenstoffkreislauf

Aufgaben im Stil des Abiturs: Reliefsphäre

Aufgabe 12 Stellen Sie dar, welche morphologischen Prozesse die Küste im Raum Darß geformt haben.

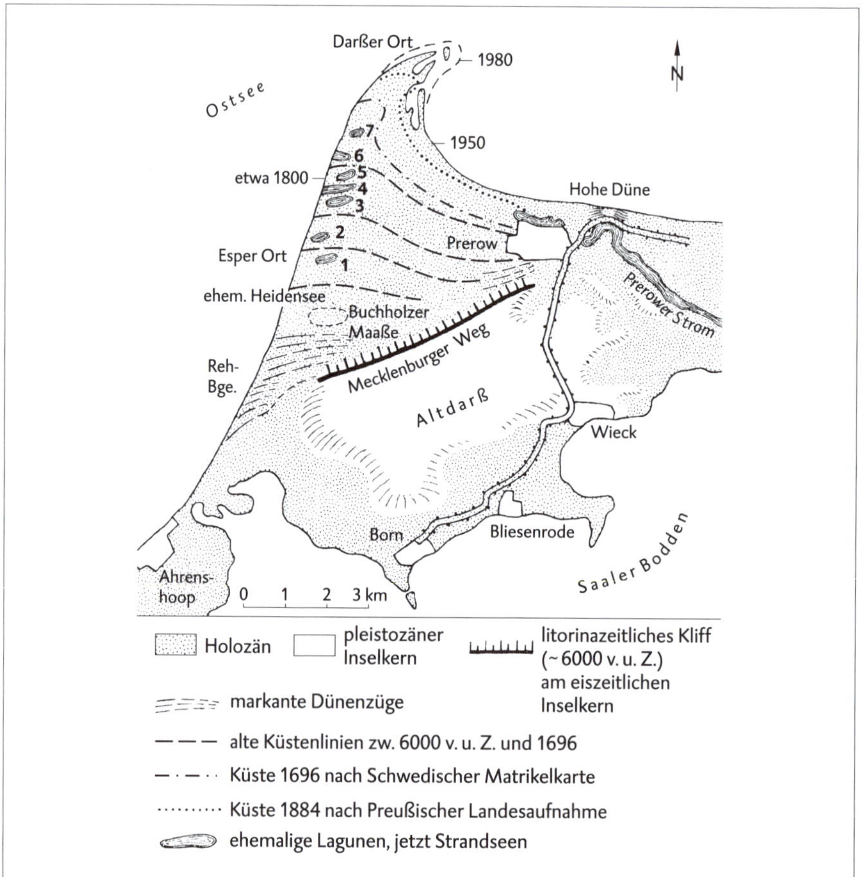

M 34: Ostseeküste bei Darß

Aufgabe 13 Erläutern Sie, welche Bedeutung „Upwelling“-Regionen zukommt.

Aufgabe 14 Satellitenaufnahmen zeigen, dass infolge des Klimawandels bereits größere Flächen des Nordpolareises abgeschmolzen sind.
Zeigen Sie in einem Szenario anhand eines Flussdiagramms mögliche Weiterentwicklungen und deren Auswirkungen auf das Klima in Europa auf.

Hydrosphäre

Die Hydrosphäre (Wasserhülle) der Erde ist wahrscheinlich durch Ausgasung aus Gesteinen und durch Vulkanausbrüche entstanden. Wasser ist wesentlicher Bestandteil des globalen Ökosystems, es übernimmt in seinen verschiedenen Aggregatzuständen (fest, flüssig, gasförmig) im Kreislauf zwischen Atmosphäre, Ozeanen und Kontinenten Wärmespeicher-, Wärmeaustausch- und Steuerungsfunktionen. Wasser ist beteiligt an der Gestaltung der Erdoberfläche und an der Bildung von Böden. Es ist Voraussetzung für alles Leben auf unserem Planeten: Alle Lebewesen bestehen zum Großteil aus Wasser (Mensch 68 %, grüne Blätter 80–90 %). Im Organismus übernimmt das Wasser lebensnotwendige Transport-, Regelungs- und Austauschfunktionen. Wasser ist eine Grundvoraussetzung für landwirtschaftliche Produktion und Lebensmittelversorgung, aber auch eine elementare Ressource für die industrielle Produktion und Energiegewinnung. Alles hängt am Wasser.

1 Süßwasser – eine elementare Ressource

Nur ein geringer Anteil der Wassermenge auf der Erde steht für die Wasserversorgung zur Verfügung. Ungleiche Verteilung des Wassers und regionaler Wassermangel führen zu Auseinandersetzungen um die Nutzung des Wassers.

1.1 Das Wasser der Erde

Wasser scheint es im Überfluss zu geben: 70 % der Erdoberfläche sind von Wasser bedeckt.

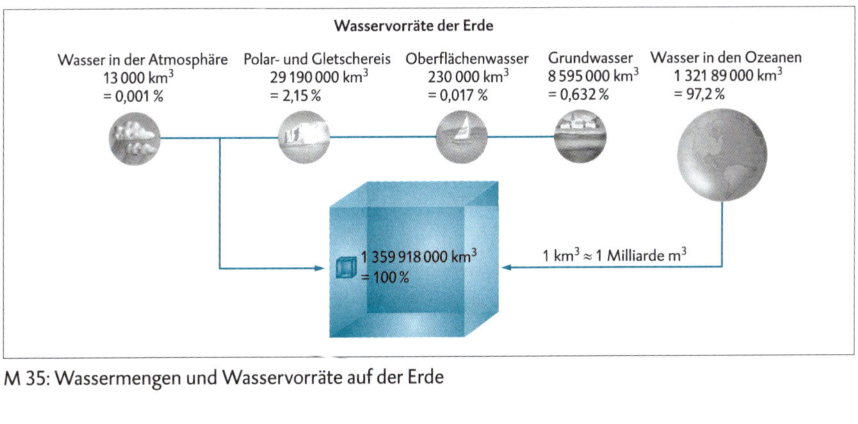

M 35: Wassermengen und Wasservorräte auf der Erde

Das **Salzwasser** der Meere bildet mit 97,2 % den Hauptanteil der gewaltigen Wassermenge. Das **Süßwasser** (2,8 %) ist in Gletschern und Eisbergen gebunden, als **Oberflächenwasser** in Flüssen, Seen oder als **Grundwasser** unter der Erdoberfläche gespeichert, befindet sich als Wasserdampf oder Wolken in der Atmosphäre und ist in der Biosphäre gebunden (M 35). Ein Vergleich verdeutlicht die Verhältnisse: Wenn ein Eimer voll Wasser (10 l) die gesamte Wassermenge der Erde repräsentierte, würden Gletscher und Polareis eine Tasse füllen, das Grundwasser noch eine Vierteltasse, das Oberflächenwasser einen Fingerhut. Das als Luftfeuchtigkeit in der Atmosphäre gespeicherte Wasser entspräche nicht mehr als einem Wassertropfen.

Das Wasser bewegt sich in einem ständigen Kreislauf von Verdunstung, Niederschlag und Abfluss zwischen Himmel und Erde (M 36), angetrieben von der Sonneneinstrahlung.

Wasserkreislauf

Der **globale Wasserkreislauf** ist ein permanenter Prozess, der in zwei Teilkreisläufen stattfindet. Ca. 90 % des über den Meeren verdunsteten Wassers regnen dort auch wieder ab. Nur 10 % gehen als Niederschlag über dem Land nieder. Die Landniederschläge werden zudem aus Wasser, das über dem Land verdunstet, gespeist. Der globale Wasserhaushalt wird im Wesentlichen durch die unterschiedliche Sonneneinstrahlung, die globalen und regionalen Windsysteme, das Relief und die Vegetation bestimmt. Die Wasserbilanz des hydrologischen Kreislaufs ergibt sich aus der Formel: Niederschlag = Abfluss + Verdunstung. In Regionen, in denen die Niederschlagsmenge größer ist als die Verdunstung, herrscht **humides Klima**, dort, wo die Verdunstung höher ist als der Niederschlag, herrscht **arides Klima**. Für die Menschen garantiert der globale Wasserkreislauf die kontinuierliche Erneuerung des Wasserdargebots.

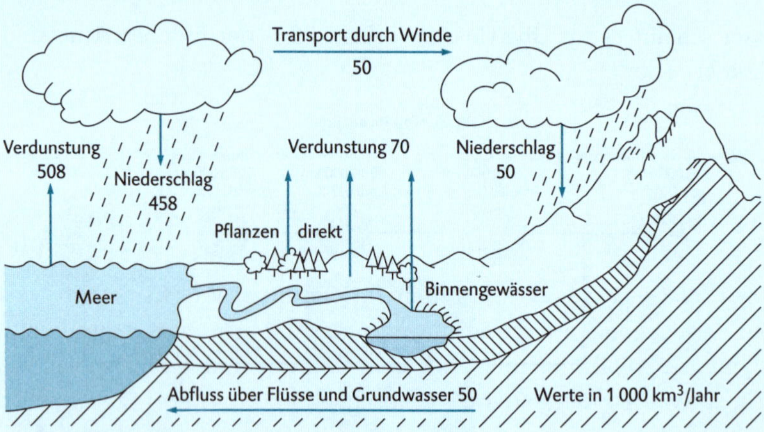

M 36: Schema des Wasserkreislaufs der Erde

Für die Wasserversorgung stehen nur etwa 0,03 % der gesamten Wassermenge als Süßwasser zur Verfügung. Die nutzbaren Wasservorräte verringern sich seit Millionen von Jahren praktisch nicht, da Wasser einem ständigen Kreislauf unterliegt. Wasser kann bei entsprechender Reinigung/Selbstreinigung immer wieder verwendet werden. Dieser natürliche Reinigungsprozess wurde erst durch die intensive Landwirtschaft und die industrielle Tätigkeit der letzten 150 Jahre gestört. Dabei ist Wasser durch nichts ersetzbar.

1.2 Das Wasserdargebot

Das weltweite Wasserdargebot, die für die Menschen nutzbare Wassermenge, ist ungleich über den Globus verteilt und die Verteilung der Niederschläge entspricht nicht der Verteilung der Weltbevölkerung.

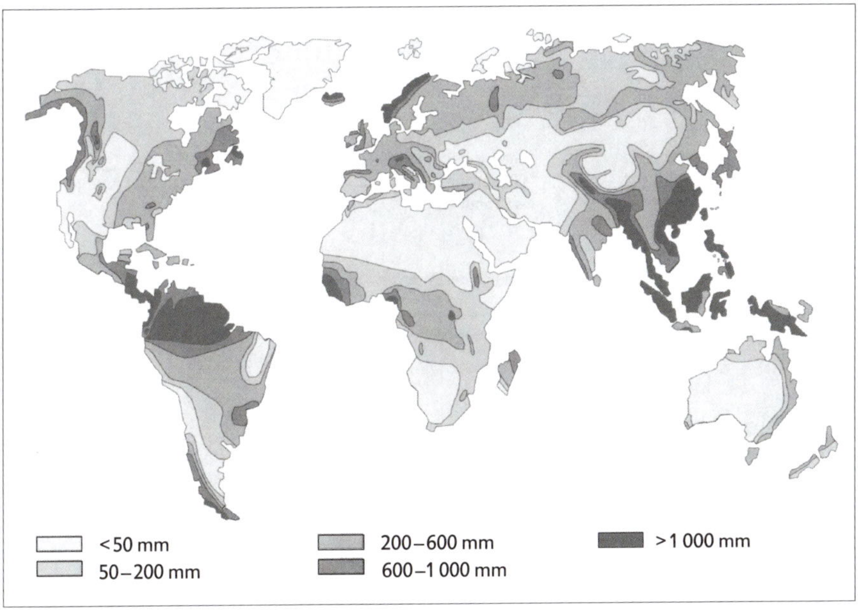

M 37: Verteilung des erneuerbaren Wasserdargebots (mm)

Für den **Wassermangel** in bestimmten Regionen (M 37) sind neben natürlichen Gegebenheiten auch ein unangepasstes Wassermanagement und eine zunehmende Verschmutzung von Oberflächen- und Grundwasser verantwortlich. Zwar ist der Anteil der Menschen, die Zugang zu sauberem Trinkwasser haben, weltweit von 77 % im Jahr 1990 auf 86 % im Jahr 2008 gestiegen, dennoch haben rund 915 Mio. Menschen keinen Zugang zu sauberem Wasser und ca. 2 Mrd. Menschen (31 % der Weltbevölkerung) müssen ohne sanitäre Grundversorgung leben. Verschmutztes Trinkwasser löst Durchfallerkrankungen wie Cholera, Ruhr und Typhus aus, die bei Kindern in Entwicklungsländern tödlich verlaufen.

Der Mensch beeinflusst durch sein Wirtschaften den natürlichen Wasserkreislauf (M 38). Missmanagement mit Wassermangel und Wasserverschmutzung führen auch zu erheblichen Landverlusten infolge von Versalzung und Desertifikation.

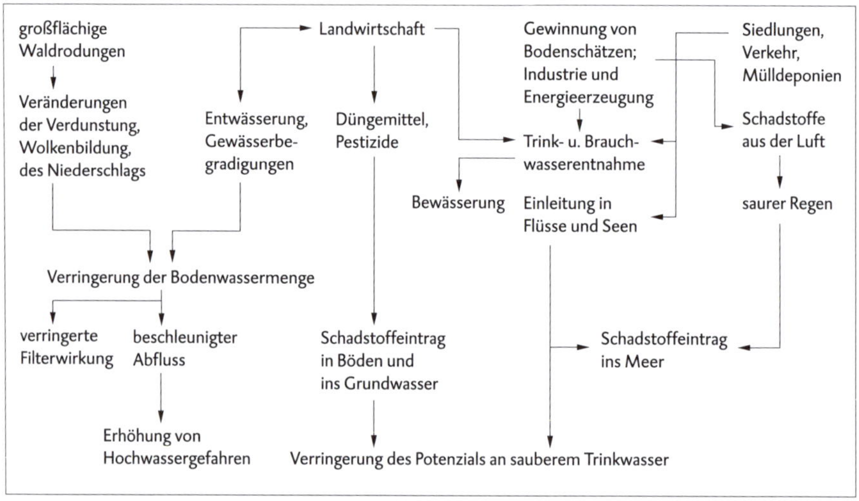

M 38: Anthropogene Einflüsse auf den Wasserkreislauf

1.3 Die Ressource Trinkwasser in Mitteleuropa

In Mitteleuropa sickern durchschnittlich etwa 13 % der Niederschläge in den Boden ein. In den oberen Bodenschichten wird ein Teil dieses Wassers durch molekulare und elektrostatische Kräfte an den Bodenteilchen, ein Teil durch Kapillarkräfte in den Poren festgehalten. Dieses Haftwasser steht den Landpflanzen zur Verfügung. Das übrige Wasser sinkt langsam nach unten ab, bis es auf eine wasserundurchlässige Schicht trifft. Über diesem Grundwasserstauer füllt es alle Hohlräume im Gestein und bildet das **Grundwasser**. Unter besonderen geologischen Bedingungen können auch mehrere Grundwasserhorizonte stockwerkartig übereinanderliegen. Das Grundwasser fließt bei Gefälle der wasserführenden Schicht langsam unterirdisch ab. Große Grundwassermengen sind im Lockergestein (Sand, Kies, Schotter) z. B. in der Oberrheinebene anzutreffen. Das obere Grundwasser bis in eine Tiefe von 800 m ist in den

Wasserkreislauf eingebunden und gelangt gewöhnlich über Quellen an die Erdoberfläche. Tiefer liegendes Wasser (bis 4 800 m) tritt nicht mehr von selbst zutage und wird in der Regel nicht genutzt.

Grundwasser ist ein wichtiger **Bodenschatz**. In Deutschland werden 66,8 % des Trink- und Brauchwassers dem Grundwasser entnommen, 7,9 % stammen aus Quellen, 25,3 % aus Oberflächenwasser. In Verdichtungsräumen reichen die natürlichen Grundwasservorkommen zur Versorgung der Bevölkerung oft nicht aus. Deshalb reichert man das Grundwasser künstlich an: Bei der Uferfiltration werden Flüsse aufgestaut, um ihren Wasserspiegel anzuheben, damit Wasser durch die Uferbereiche ins Grundwasser eindringt. Der Boden wird dabei als Filter genutzt. Auch durch Verrieselungen von Oberflächenwasser kann die Bildung von Grundwasser gefördert werden. Quellgebiete und Landschaften mit hohen Grundwasservorkommen, die für die Versorgung besonders wichtig sind, werden als **Wasserschutzgebiete** ausgewiesen. Hier sind alle Aktivitäten gesetzlich verboten, die zu einer Verschmutzung der Wasservorräte führen könnten, wie Bautätigkeiten, Lagerung gefährlicher Stoffe (Öl und Chemikalien) und die Düngung landwirtschaftlicher Flächen. Das Grundwasser wird streng kontrolliert und auf Salze, Chemikalien, Schwermetalle und organische Substanzen untersucht. Werden die in der **Trinkwasserverordnung** festgelegten Grenzwerte überschritten, muss das Wasser in den Wasserwerken aufbereitet werden.

Nach einem Wasserverbrauchsanstieg der privaten Haushalte in Deutschland bis 1990 auf 147 l/Tag/ Kopf hat ein verändertes Bewusstsein zu Wasser sparenden Maßnahmen geführt, sodass der Wasserverbrauch auf 122 l (2007) gesenkt werden konnte. Davon wurden nur 5 l tatsächlich als Trinkwasser verbraucht. Der Rest wird zur Körperpflege (45 l), zum Geschirr spülen und Wäsche waschen (22 l) verwendet und zum Putzen, für Autowäsche und Gartenbewässerung (7 l) sowie zum Wegspülen von Fäkalien (33 l) missbraucht. Noch kann sich das jeder leisten, denn Trinkwasser ist mit einem Preis von 2,36 € pro 1 000 l (1 m^3) preiswert. Haushalte und Kleingewerbe verbrauchten 2007 rund 80 % des Trinkwassers in Deutschland, die Industrie 14 %.

ufgabe 15 Stellen Sie dar, wo Sie im privaten Bereich noch Wassereinsparungsmöglichkeiten sehen, ohne dass sich Ihre Lebensqualität verschlechtert.

2 Süßwasser als Rohstoff

Süßwasser ist ein existenzieller Produktionsfaktor. In der Landwirtschaft ist das ganz offensichtlich. Ohne Wasser ist landwirtschaftliche Produktion nicht möglich, infolgedessen ist die Landwirtschaft auch der größte Wasserverbraucher (M 39) mit ca. 70 % des globalen Wasserverbrauchs. Entscheidend für die künftige Verfügbarkeit von Süßwasser werden also die Intensität der Bewässerung und die Effektivität der Bewässerungstechnologie hinsichtlich der Reduzierung der benötigten Wassermenge sein. Zudem ist Wasser wichtiger Rohstoff der Lebensmittel- und Getränkeindustrie. Das Wasser wird in der Landwirtschaft wie in der Industrie vielfach verunreinigt und vergiftet.

2.1 Wasserverbrauch

Der Wasserverbrauch steigt noch stärker an als die Weltbevölkerung. Die Hauptursachen dafür liegen in der wachsenden industriellen Produktion, in der Verbesserung des Lebensstandards, den hygienischen Verhältnissen und den veränderten Ernährungs-, Lebens- und Konsumgewohnheiten.

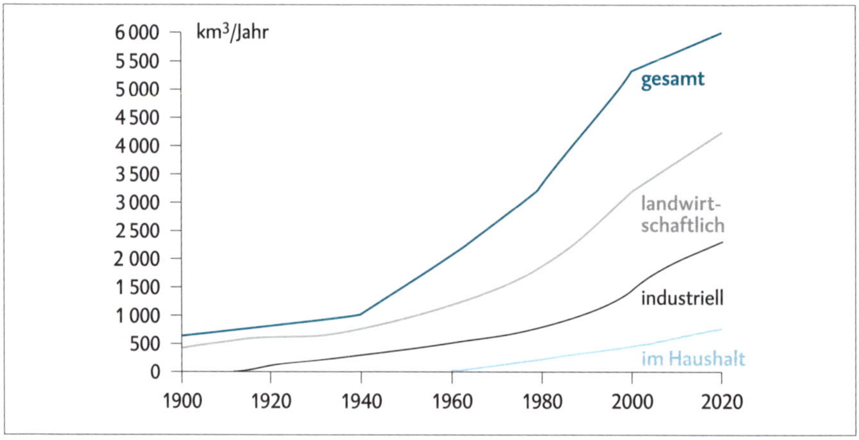

M 39: Globaler Wasserverbrauch

Je höher der Lebensstandard ist, desto mehr Wasser wird in Haushalten verbraucht und verschwendet. In den Industrieländern verbraucht jeder Mensch im Durchschnitt täglich etwa 4 000 Liter Wasser.

Die **direkt verbrauchte Wassermenge** ist dabei relativ gering, in Deutschland 122 l/Tag/Kopf. Der Wasserverbrauch in den Industrieländern steht in direktem Zusammenhang zum Wasserpreis (Deutschland 122 l/Kopf bei 2,36 €/m^3, USA 295 l/Kopf bei 0,47 €/m^3; Stand 2007).

Die **indirekt verbrauchte Süßwassermenge**, auch als **virtuelles Wasser** bezeichnet, die für die Erzeugung von Nahrungsmitteln und Industrieprodukten, für die Energiegewinnung und den Verkehr eingesetzt wird, ist erheblich. Der gestiegene Fleischkonsum und die steigende Nachfrage nach frischem Obst und Gemüse zu jeder Jahreszeit führten zu einem enormen Anstieg des Wasserverbrauchs in der Landwirtschaft. Für die Produktion von 1 l Milch müssen 200 l Wasser eingesetzt werden, für eine Tasse Kaffee (7 g Kaffeepulver) sogar 145 l und für ein 200-Gramm-Steak sogar 3 090 l. Die Herstellung des Papiers für diesen Trainingsband verbrauchte 62 l Wasser (6 Wassereimer voll).

Nach den Richtlinien der Weltgesundheitsorganisation braucht der Mensch direkt und indirekt pro Jahr 1 000 m^3 Süßwasser oder 2 740 l/Tag für einen angepassten Mindestlebensstandard. Bei einer geringeren Menge sind die Gesundheitsbedingungen gefährdet und die wirtschaftliche Entwicklung ist beeinträchtigt. Erst ein Wasserdargebot von 1 700 m^3 erneuerbaren Trinkwassers gilt als ausreichend.

Wasserknappheit lässt sich schwierig definieren und ist nicht an bestimmte Klimate gebunden. Von absolutem Wassermangel spricht man, wenn selbst für die minimalen Bedürfnisse (Trinkwasser, Hygiene) zu wenig Wasser zur Verfügung steht. Kritisch ist die Wasserversorgung in Ländern, die in semiariden und ariden Gebieten liegen, z. B. gehören Nordafrika und der Nahe Osten zu den gefährdetsten Regionen (M 40).

Nur ca. 55 % des entnommenen Süßwassers wird tatsächlich verbraucht, das übrige geht verloren durch Versickerung infolge schadhafter Verteilungsnetze, durch Verdunstung bei der Bewässerung und durch tropfende Wasserhähne.

Mit dem Wasserverbrauch steigt auch die Abwassermenge. Nach Angaben der WHO werden in Entwicklungs- und Schwellenländern 90 % des Abwassers und 70 % der Industrieabfälle unbehandelt „entsorgt". Es gibt dort kaum Umweltauflagen und/oder wirksame Kontrollen, die eine Aufbereitung der Abwässer und Abfälle garantieren. Infolgedessen werden wiederum Oberflächen- und Grundwasser stark verschmutzt und vergiftet.

Region	Land	m³/a
Nordafrika	Ägypten	30
	Libyen	150
	Tunesien	460
Westafrika	Mauretanien	200
Karibik	Barbados	200
Südostasien	Singapur	220
Naher Osten	Bahrein	0
	Israel	370
	Jemen (nördl. Teil)	120
	Jordanien	160
	Kuwait	0
	Katar	60
	Saudi-Arabien	160
	Vereinigte Arabische Emirate	190
Südeuropa	Malta	70

M 40: Länder mit dramatischem Wassermangel

2.2 Wasser als Energieträger

Bis zum Einsatz der Dampfmaschine im 19. Jahrhundert war die Wasserkraft wichtigster Energieträger, um Maschinen anzutreiben, z. B. Hammerwerke oder Mühlen. Heute wird die **Hydroenergie** nahezu ausschließlich zur Gewinnung elektrischer Energie genutzt. Ihr Anteil liegt weltweit bei etwa 20 %.

Die Nutzung des Wassers zur Energiegewinnung verschmutzt zwar das Wasser selbst nicht, aber hydroenergetische Baumaßnahmen bedeuten schwere Eingriffe in den natürlichen Ablauf der Flüsse und Bäche während der Bauzeiten. Zudem werden die Abflussregime und Ökosysteme der Gewässer verändert, besonders bei Großprojekten.

Norwegen	99	Russland	18
Brasilien	83	China	15
Österreich	60	Frankreich	14
Kanada	58	Indien	15
Neuseeland	54	Japan	9
Schweiz	51	USA	7
Schweden	43	Deutschland	5

M 41: Anteil der Wasserkraft an der Stromerzeugung in %, Stand 2007

Bei **Laufwasserkraftwerken**, meist kleinere und mittlere Anlagen, wird das Wasser eines Flusses durch eine Wehranlage streckenweise aufgestaut und dieser erzeugte Höhenunterschied wird zur Stromerzeugung genutzt. Fließgeschwindigkeit und Wassermenge bestimmen die erzeugbare Energiemenge. Die vorgenommene Flussregulierung kann das Abflussregime im Sinne eines Hochwasserschutzes positiv beeinflussen und die Schiffbarkeit von Flüssen durch den regelmäßigen Wasserstand verbessern. Die Staustufen müssen jedoch dann mittels Schleusen überwunden werden.

Von den Stromkonzernen wird immer wieder betont, die Wasserkraftreserven in Deutschland (M 41) seien ausgereizt. Das stimmt aber nur bezüglich großer Anlagen. Moderne Kleinkraftwerke lassen sich heute, mit Hightech-Steuerungen versehen, effizient betreiben. Das Potenzial auch an kleineren Flüssen ist längst noch nicht ausgeschöpft.

Von **hydoenergetischen Großprojekten** spricht man bei einer Staudammhöhe von über 15 m und einem Speichervolumen von über 3 Mio. m^3. Mit einem solchen **Großstaudamm** sind in der Regel mehrere Ziele verknüpft:

- Erzeugung von elektrischem Strom,
- Schaffung von Arbeitsplätzen durch Bereitstellung von günstiger Energie für Industrieunternehmen,
- Bereitstellung von Wasser für die Bewässerung landwirtschaftlicher Flächen oder die Inwertsetzung neuer Nutzflächen besonders in semiariden Gebieten (z. B. Türkei),
- Hochwasserschutz und Verhinderung von verheerenden Überflutungen in Regionen mit periodischen Starkregen (Monsunregionen),
- Versorgung städtischer Bevölkerung.

Großstaudämme setzen also wichtige Impulse für die Verbesserung und/oder Entwicklung von wirtschaftlichen Impulsen in strukturschwachen Regionen. Diesem Nutzen stehen große Risiken gegenüber: Großstaudämme verursachen bereits während der Planungsphase gigantische Kosten. Entwicklungsländer können diese nicht alleine aufbringen, die Großprojekte können nur mithilfe der Weltbank und internationaler Entwicklungshilfe verwirklicht werden. Selbst die Restfinanzierung stellt die Länder vor große Probleme, da hohe Kredite aufgenommen werden müssen, deren Tilgung oft die Realisierung anderer Entwicklungsmaßnahmen blockieren.

Soziale Risiken ergeben sich durch notwendige Umsiedlungen oder Vertreibungen von Menschen im Zuge der Aufstauungen. Häufig geht das einher mit dem Verlust ihrer Existenzgrundlagen und mangelnder Entschädigungen. An der Planung von solchen Großprojekten wurde in der Vergangenheit die

betroffene Bevölkerung in der Regel kaum beteiligt, auch wenn internationale Organisationen Menschenrechtsverletzungen und kulturelle wie ökologische Zerstörungen anprangern.
Die ökologischen Risiken sind vielfältig:
- Gefährdung des ökologischen Gleichgewichts der Flüsse und wichtiger Feuchtgebiete, damit irreversible Zerstörung von Fauna und Flora;
- starke Sedimentation durch Herabsetzung der Fließgeschwindigkeit führt zu einer nachlassenden Energieausbeute und zu einer Verschlechterung der Wasserqualität, auch Giftstoffanreicherungen mangels Wasseraustausch sind möglich;
- Reduzierung der Fischbestände durch Verringerung des Sauerstoff- und Nährstoffgehalts im Fluss;
- potenzielle Gefährdung der Untersassen bei Staudammbrüchen durch Naturkatastrophen (Erdbeben) oder Anschläge.

2.3 Wasserkonflikte

Wenn die existenzielle Ressource Süßwasser knapp ist, kommt es schnell zu Konflikten um die Nutzung des Wassers – innerstaatlich und international. Man unterscheidet **ökologische Auseinandersetzungen** von **ökonomischen** und **sozialen Konflikten**. Letztere können ausgelöst werden durch die Einführung oder Erhöhung des Wasserpreises, betroffen sind hier arme Bevölkerungsteile, durch eine ungerechte Wasserverteilung oder infolge unterschiedlicher Nutzungsinteressen. Bei den ökologischen Konflikten geht es meist um großflächige Überflutungen aufgrund von Staudammprojekten, Raubbau an Wasservorräten oder um massive und nachhaltige Verschmutzung von Süßwasserressourcen. Ökologische sowie ökonomische und soziale Konfliktursachen sind meist miteinander verzahnt.

In zahlreichen Mittelmeerländern kommt es vor allem zu **Nutzungskonflikten** zwischen der **Landwirtschaft** und dem **Massentourismus**. In Spanien versucht man, den trockenen Süden durch Fremdwasser aus den regenreichen Gebirgsregionen im Norden zu versorgen. Das in zahlreichen Talsperren aufgefangene bzw. in Flüssen aufgestaute Regen- und Oberflächenwasser wird z. B. über das Leitungssystem des Tajo-Segura-Kanals zur Huerta von Murcia und in die Küstenregion der Costa Blanca geleitet. Da das nicht mehr ausreicht, soll nun mit dem Ebro-Almeria-Kanal Wasser aus dem Oberlauf des Ebro in die Küstengebiete am Mittelmeer umgeleitet werden. Der Nationale Wasserplan führte zu heftigen und anhaltenden Protesten in der Provinz Aragon, da hier gravierende ökologische Folgen befürchtet werden: Grundwasserabsenkungen und Eindringen von salzigem Meerwasser in das Ebro-Delta infolge des sinkenden Wasserdrucks des Flusses. Man fordert als Konfliktlösung ein besseres Wassermanagement; eine Sanierung der Leitungssysteme könnte erhebliche Wasserverluste senken und erhöhte Wasserpreise könnten der Verschwendung entgegenwirken.

In einigen Trockenräumen (Libyen, Mittlerer Westen/USA) hat man Schichten mit **fossilem Grundwasser** angebohrt. Diese riesigen Aquifere könnten bei einem vernünftigen Wassermanagement das Wasserproblem für viele Jahrzehnte lösen. Die Wassermengen sind gewaltig, aber endlich, da fossile Wasserlagerstätten nicht regeneriert werden. Tatsächlich führte der plötzliche „Überfluss“ an Wasser jedoch zum Raubbau und verschwenderischen Umgang.

Dass das Zusammenspiel von labilen Naturfaktoren und mangelhaftem Wassermanagement in semiariden Räumen innerhalb weniger Jahrzehnte zu ökologischen und ökonomischen Katastrophen führen kann, zeigt das Beispiel des **Aralsees** (M 42). Hier herrscht ein kontinentales Wüstenklima mit Jahresniederschlägen um 125 mm. Die Winter sind kalt und humid, die Monate April bis Oktober arid. Aufgrund der Temperaturen zwischen 23 und 25 °C ist die Verdunstung zwischen Juni und August besonders hoch. Die Lufttemperatur kann im Sommer mittags über 40 °C erreichen.

Vom örtlichen Niederschlag kann der See nicht gespeist werden, er ist auf regelmäßige Zuflüsse (Syrdarja und Amurdarja) angewiesen. Bis 1960 bestand ein Gleichgewicht zwischen Verdunstung und Zufluss, einen Abfluss besitzt der Aralsee nicht. Seit 1960 ist ein ständiges Schrumpfen des Sees zu beobachten, im Jahr 2002 hatte er nur noch 40 % seiner Fläche, der Wasserspiegel war um 16 m (bis 2005 um weitere 9 m) gesunken, das Seeufer hatte sich um 150 km verschoben. Die Austrocknung verlief schneller als erwartet, denn bereits 2000 wurde der für 2010 vorhergesagte Stand erreicht.

Heute ist der ehemals viertgrößte Binnensee der Welt in mehrere kleine Wasserflächen zerfallen. Das Ostbecken ist nahezu verschwunden und zum Salzsumpf geworden. Hier ist der Salzgehalt von ca. 0,9 auf ca. 20–30 % gestiegen, im Westbecken von 0,9 auf etwa 6–8 %, im Nordbecken liegen die Werte zwischen 1,5 und 3 %, nachdem es wieder aufgestaut ist. Insgesamt hat der Aralsee 80 % seines Wasservolumens eingebüßt.

Aufgrund großflächiger Bewässerungsprojekte seit den 1950er-Jahren – man wollte in der ehemaligen Sowjetunion die Wüste in einen Obst- und Gemüsegarten verwandeln und Autarkie bei der Baumwolle erlangen – verdunstete ein Großteil des Wassers der beiden Aralseezuflüsse auf Baumwoll- und Gemüsefeldern. Der Rest versickerte aus schadhaften Leitungen oder wurde von der Industrie und in den Städten verbraucht. Das Zusammenspiel von labilen Naturfaktoren und mangelhaftem Wassermanagement hat in diesem semiariden Raum innerhalb weniger Jahrzehnte zu einer ökologischen und ökonomischen Katastrophe geführt und aus dem Aralsee eine Aralwüste gemacht. Man spricht in diesem Zusammenhang auch vom sogenannten **Aralseesyndrom**.

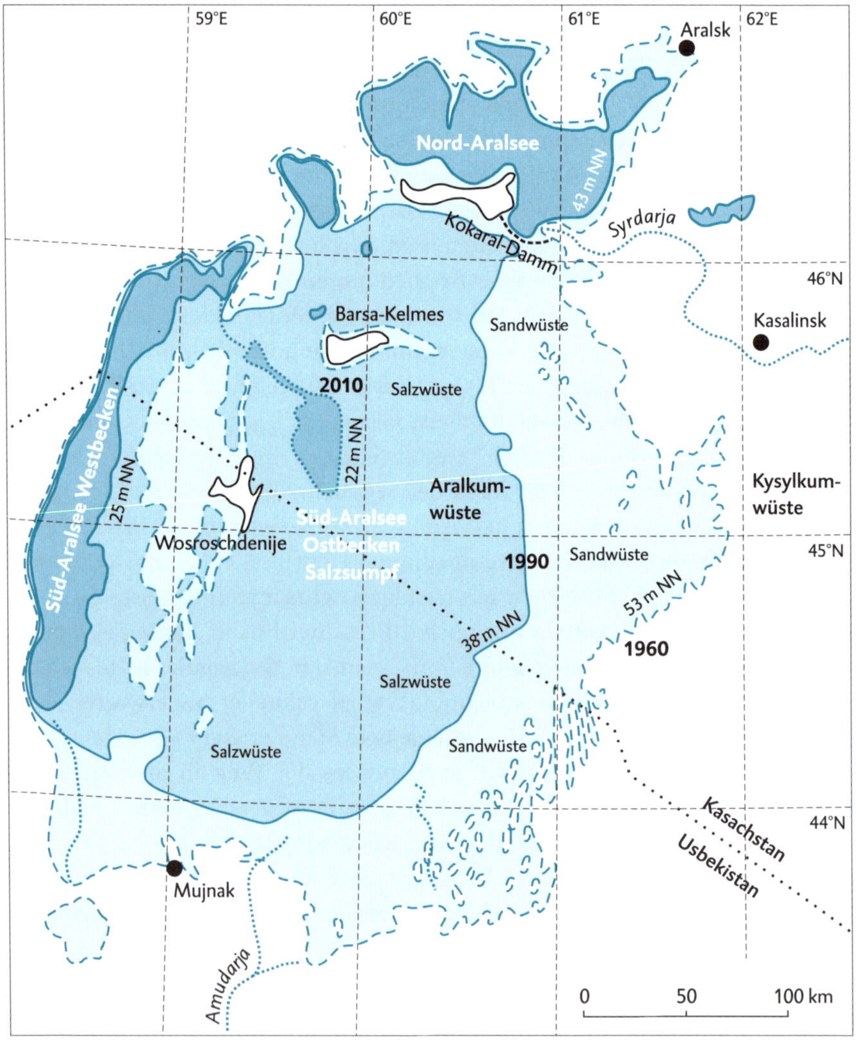

M 42: Die Veränderung des Aralsees

Das Ökosystem des Aralsees ist nahezu tot. Heftige Winde über dem ausgetrockneten Seeboden wirbeln Salze, Pestizide und andere giftige Chemikalien in die Luft. Diese Schadstoffe wurden einst von den Flüssen aus den Bewässerungsgebieten und von den Industrieanlagen in den See getragen. Diese Schadstoffe in Luft und Trinkwasser führen bei den Anwohnern zu Lungenerkrankungen und Krebs. Die Säuglingssterblichkeit ist extrem hoch, die Lebenserwartung liegt 20 Jahre unter dem Durchschnitt in den Anrainerstaaten.

Usbekistan hat den Kampf im Aralkumgebiet aufgegeben, man hält mangels Alternativen am einträglichen Baumwollanbau fest und will zudem unter dem trockengefallenen See nach Erdöl und Erdgas bohren. In Kasachstan dagegen wurde mithilfe der Weltbank für 88 Mio. US-$ ein Damm gebaut, der Wasser aus dem Syrdarja in den Nord-Aralsee leitet. Dieser rund 20 km lange Staudamm zeigt erstaunliche Wirkung: Seitdem steigt der Wasserspiegel wieder. Nachdem die ehemalige Hafenstadt Aralsk bereits 100 km weit landeinwärts lag, ist der Aralsee schon wieder bis auf 25 km herangerückt. Durch den steigenden Wasserstand hat sich die Salzkonzentration im Nord-Aralsee so weit verdünnt, dass sich die Fischbestände erholen konnten. Die Fangmenge hat sich innerhalb von drei Jahren von 52 t im Jahr 2004 auf rund 2 000 t erhöht.

Internationale Wasserkonflikte können entstehen, wenn mehrere Anrainerstaaten einen möglichst großen Anteil eines grenzüberschreitenden Gewässers nutzen wollen. Das Konfliktpotenzial ist dabei abhängig von der in einer Region insgesamt zur Verfügung stehenden Wassermenge, von der Aridität und von den Alternativen der Wasserversorgung.

Als die Türkei im Rahmen des südostanatolischen Bewässerungsprojektes **GAP** begann, die Flüsse Euphrat und Tigris zu stauen, begann ein Streit zwischen der Türkei, Syrien und dem Irak um die Frage nach der Verteilung des Wassers (M 43). Zu einer Einigung ist es bis heute nicht gekommen. Die Haltung der Türkei beschrieb der frühere Ministerpräsident Demirel: „Das Öl gehört dem, der Öl hat, und das Wasser gehört dem, der Wasser hat.“ Diese Äußerung zielt weniger darauf, das Wasser als Waffe einzusetzen, zumal es aufgrund der Wasserspeicherkapazitäten nicht möglich ist, die gesamte Wassermenge zurückzuhalten, sondern auf eine ökonomische Strategie: Die Türkei möchte als Wasserhändler mit ihren zunehmend bedürftiger werdenden Nachbarstaaten ins Geschäft kommen.

Das GAP-Projekt umfasst 21 Staudämme und 19 Wasserkraftwerke. Primäres Ziel ist der Ausbau einer exportorientierten Landwirtschaft auf 1,7 Mio. ha bisher kaum kultivierten Landes, das entspricht einer Fläche von der Größe Schleswig-Holsteins. 1995 wurde die erste Großbaumaßnahme, der Atatürk-Staudamm, errichtet, 2012 wird der Ilisu-Staudamm bei Hasankeyf fertiggestellt sein. Durch das GAP entstanden viele Arbeitsplätze, die Arbeitslosigkeit sank ebenso wie die Abwanderung deutlich, die Infrastruktur konnte erheblich verbessert werden und der Lebensstandard stieg. Diese Strukturverbesserungen haben auch das Ziel, die Konflikte mit der kurdischen Bevölkerung zu entschärfen.

Die Nachbarländer Syrien und Irak befürchten, dass nicht genügend Wasser für ihre Bevölkerung übrig bleibt, weil zu viel Wasser auf den türkischen Bewässerungsflächen verdunste und das weitergeleitete Wasser mit Rückständen aus der Landwirtschaft belastet sein könnte.

	Türkei	Syrien	Irak
Bevölkerung in Mio.			
1975	40,0	7,4	11,0
2000	66,6	16,1	23,1
2007	72,9	19,4	28,5
Jährl. Bevölkerungswachstum in %	1,3	2,7	2,8
Verfügbares Süßwasser in 1 000 m^3 pro Jahr und Kopf			
1975	5,1	6,0	6,8
2000	3,0	2,8	3,3
2007	3,4	1,6	3,3

M 43: Strukturdaten zu Bevölkerungs- und Wasserprognosen

Aufgabe 16 Die klimatischen und hydrologischen Verhältnisse im Grenzgebiet zwischen der Türkei, Syrien und dem Irak führen zu Konflikten bezüglich der Nutzung des Wassers von Euphrat und Tigris (M 44).

a Charakterisieren Sie das Klima in Ostanatolien.

b Untersuchen Sie das Abflussregime des Euphrat und erläutern Sie, wie sich Staudämme künftig auf den Abfluss auswirken.

c Inwiefern könnte sich der Wasserkonflikt weiter zuspitzen?

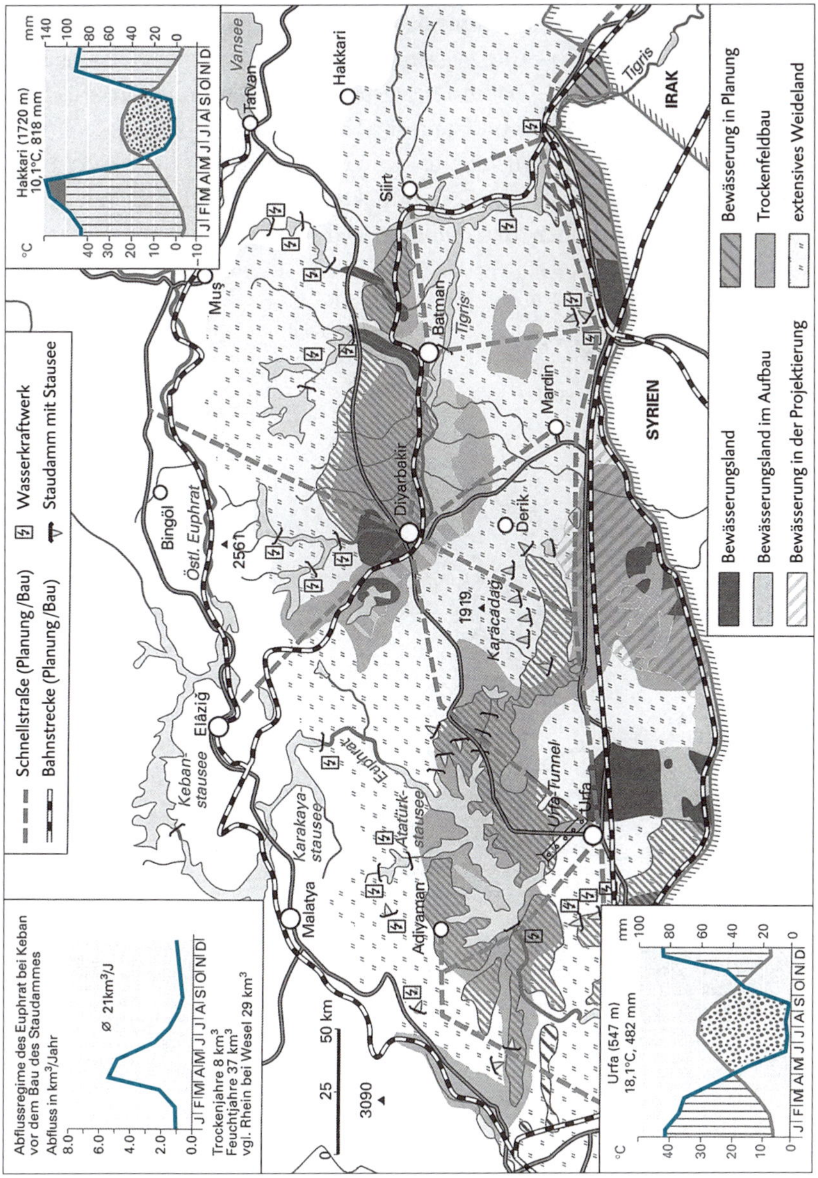

M 44: Das südostanatolische Bewässerungsprojekt GAP (Güneydogu Anadolu Projesi)

Aufgabe 17 Den zentralen Teil von Ghana nimmt das Oval des Volta-Beckens ein, das im Norden durch die Gambaga-Stufe begrenzt wird. Im Süden des Volta-Beckens wurde 1965 der Akosombo-Damm fertiggestellt, der den Volta zum flächengrößten künstlichen See Afrikas aufstaut (M 45).

a Nennen Sie Nutzungsmöglichkeiten des Volta-Stausees.

b Stellen Sie die mit Staudamm-Großprojekten in Entwicklungsländern verbundenen ökonomischen, ökologischen und sozialen Probleme dar.

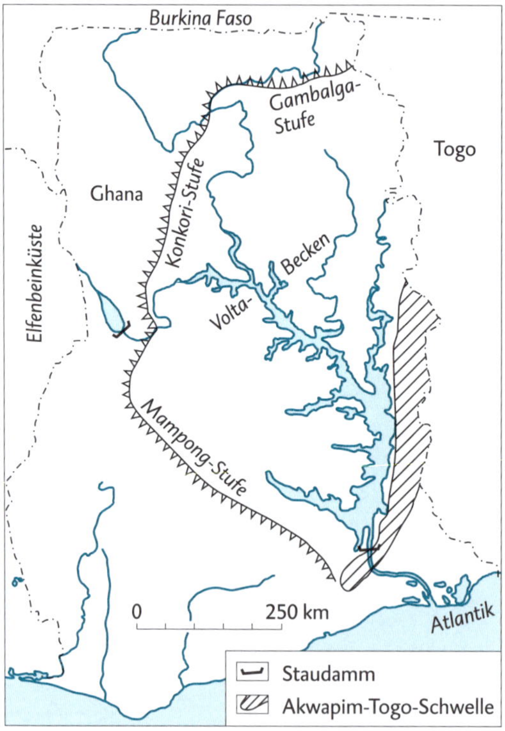

M 45: Ghana, das Volta-Becken und der Volta-Stausee

Aufgaben im Stil des Abiturs: Hydrosphäre

fgabe 18 China ist nahezu jährlich von Hochwasserkatastrophen betroffen, besonders an den Unterläufen der großen Flüsse Huang He und Jangtsekiang. Allerdings liegen hier die Ursachen der Hochwasser etwas anders als in Mitteleuropa (M 46, M 47). Erarbeiten Sie mithilfe der folgenden Materialien und Aufgabenstellungen die Hochwasserproblematik in China.

a Chinas große Flüsse Huang He und Jangtsekiang haben sich an ihren Unterläufen zu Dammuferflüssen entwickelt (M 48). Erklären Sie, wie es dazu kommt und welche Gefahr davon ausgeht.

b Am Mittellauf von Chinas größtem Fluss, dem Jangtsekiang, entsteht in den Jahren 1994 bis etwa 2013 das größte Wasserkraftwerk der Welt, der Drei-Schluchten-Staudamm (M 49). Kurz vor dem Eintritt des Stroms in die Tiefebene wird ein Damm den Jangtsekiang 170 m hoch aufstauen zu einem 600 km langen 1–2 km breiten See mit einem Speichervolumen von 40 Milliarden Kubikmeter.
Erörtern Sie mögliche Vor- und Nachteile des Projekts.

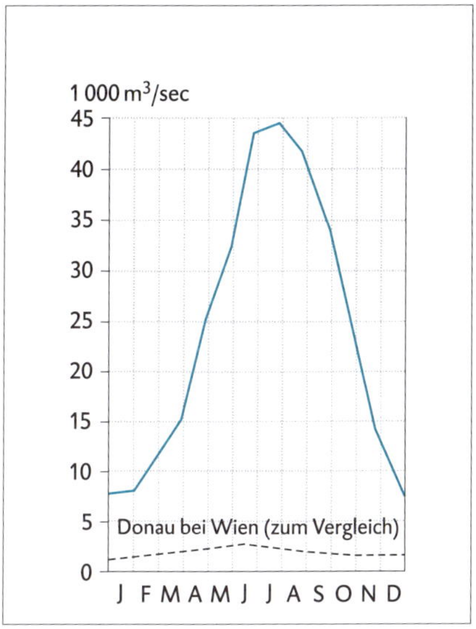

M 46: Mittlere monatliche Wasserführung des Jangtsekiang (1 000 m³/s)

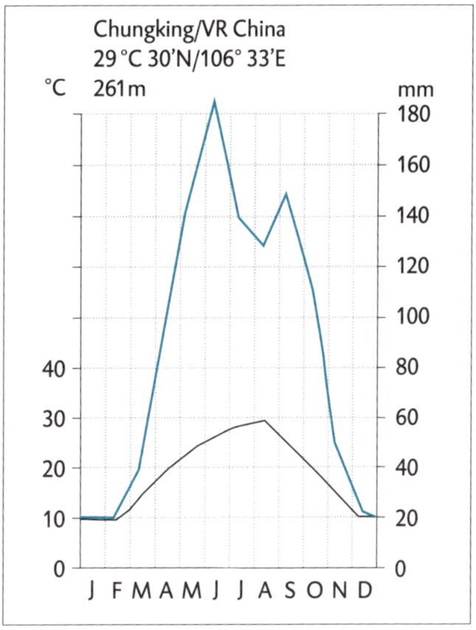

M 47: Klima von Chungking am Mittellauf des Jangtsekiang

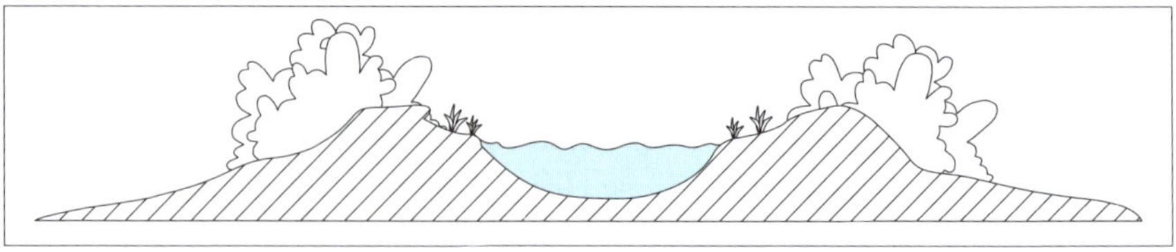

M 48: Dammuferfluss

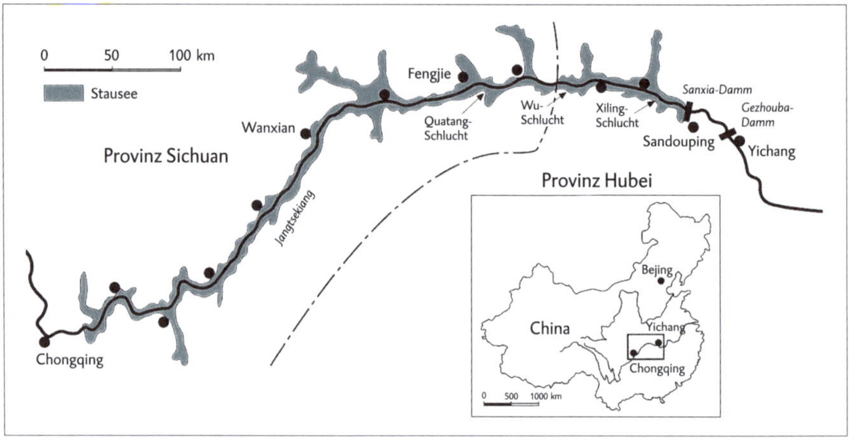

M 49: Das Drei-Schluchten-Projekt

Atmosphäre

1 Grundlagen

Die in der **Atmosphäre** ablaufenden Prozesse Klima und Wetter werden beeinflusst von **Klimafaktoren** (das Klima beeinflussende geografische Eigenschaften: Lage im Gradnetz, Höhenlage, Hangneigung, Exposition, Bodenbedeckung, Land-Meer-Verteilung und Meeresströmungen) und **Klimaelementen** (messbare Einzelerscheinungen in der Atmosphäre, die in ihrem Zusammenwirken das Klima eines Ortes ausmachen: Strahlung, Luftdruck, Luftfeuchtigkeit, Temperatur, Wind, Verdunstung, Niederschlag und Bewölkung). Unter **Wetter** versteht man schließlich das Zusammenwirken der verschiedenen atmosphärischen Elemente an einem bestimmten Ort zu einer bestimmten Zeit.

Das Wetter ist in ständiger Veränderung. Wetterlagen, die typisch für eine Region sind und länger anhalten, nennt man **Witterung**. Im Gegensatz zum Wetter beschreibt das **Klima** die Gesamtheit der für einen Raum typischen Wetterabläufe, die über einen längeren Zeitraum (mehrere Jahrzehnte) konstant bleiben.

Die Messwerte (Klimadaten) der einzelnen Klimaelemente werden in Monatstabellen gesammelt und für längere Zeiträume nach Mittelwerten (Temperatur) oder Gesamtsummen (Niederschläge) ausgewertet. Aus einer Klimatabelle (vgl. M 50) lässt sich auch ablesen, welche Monate arid und welche humid sind: Ist der Zahlenwert für den Niederschlag eines Monats größer als der doppelte Zahlenwert für die Temperatur, ist der Monat humid. Die Klimadaten können in einem Klimadiagramm (vgl. M 51) grafisch dargestellt werden.

	J	F	M	A	M	J	J	A	S	O	N	D	Jahr
°C	24,9	27,8	30,5	31,8	31,2	28,7	26,4	25,6	26,3	27,5	26,6	24,6	27,6
mm	0	0	3	30	49	192	233	276	194	61	4	1	1 043

M 50: Bamako/Mali, 331 m, 12° 40' N, 8° 0' W

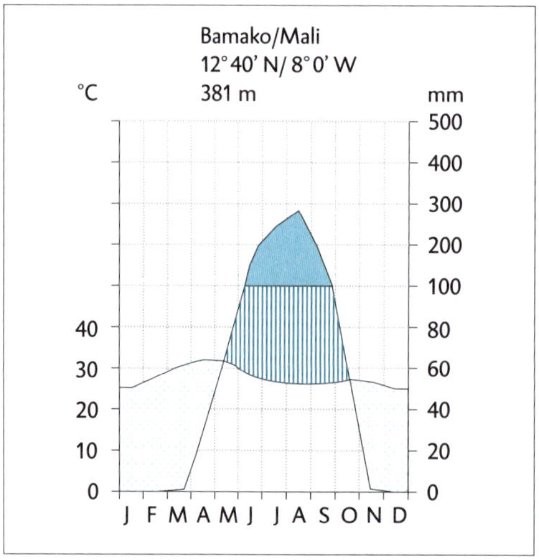

M 51: Klimadiagramm Bamako/Mali

1.1 Aufbau der Atmosphäre

Die **Atmosphäre** ist die Gashülle, die die Erde umgibt, von der Schwerkraft festgehalten wird und mit der Erde rotiert. Sie reicht bis zu einer Höhe von ca. 1 000 km.

Die Erdatmosphäre besteht bis zu einer Höhe von ca. 20 km aus einem Gemisch unterschiedlicher Gase, deren Zusammensetzung zeitlich und räumlich variieren kann. In ihr sind auch Wasserdampf und Aerosolpartikel enthalten.

Gas	Volumen-%
Stickstoff (N_2)	78,08
Sauerstoff (O_2)	20,95
Argon (Ar)	0,93
Kohlendioxid (CO_2)	0,04
Spurengase wie Methan (CH_4), Distickoxid (N_2O), FCKW, Kohlenmonoxid (CO), Ozon (O_3), Krypton	0,03

M 52: Zusammensetzung der Atmosphäre

In den verschiedenen Schichten der Atmosphäre verändern sich Druck und Temperatur, wie in M 53 dargestellt: Die unterste Schicht der Atmosphäre, die **Troposphäre**, reicht an den Polen bis etwa 9 km, am Äquator etwa 18 km hoch. Innerhalb der Troposphäre nimmt die Temperatur im Durchschnitt um ca. 0,65 °C/100 m ab und erreicht an der Tropopause, der Grenzschicht zur Stratosphäre, Werte unter –60 °C. In der Stratosphäre steigt dann die Temperatur wieder. Diese Temperaturumkehr (Inversion) blockt alle Konvektionsvorgänge ab. Auch der Wasserdampf der Troposphäre kann diese Sperrschicht nicht überwinden. In der darüberliegenden Stratosphäre gibt es deshalb weder Luftfeuchtigkeit noch Windgeschehen – ein idealer Raum für Flugbewegungen über den Wolken. In der Troposphäre dagegen spielen sich im Wesentlichen alle Konvektions- und Advektionsvorgänge sowie Wolkenbildung (Kondensation) mit Niederschlägen, also das Wetter- und Klimageschehen ab. Hier verbleibt auch der Hauptanteil der anthropogenen Emissionen.

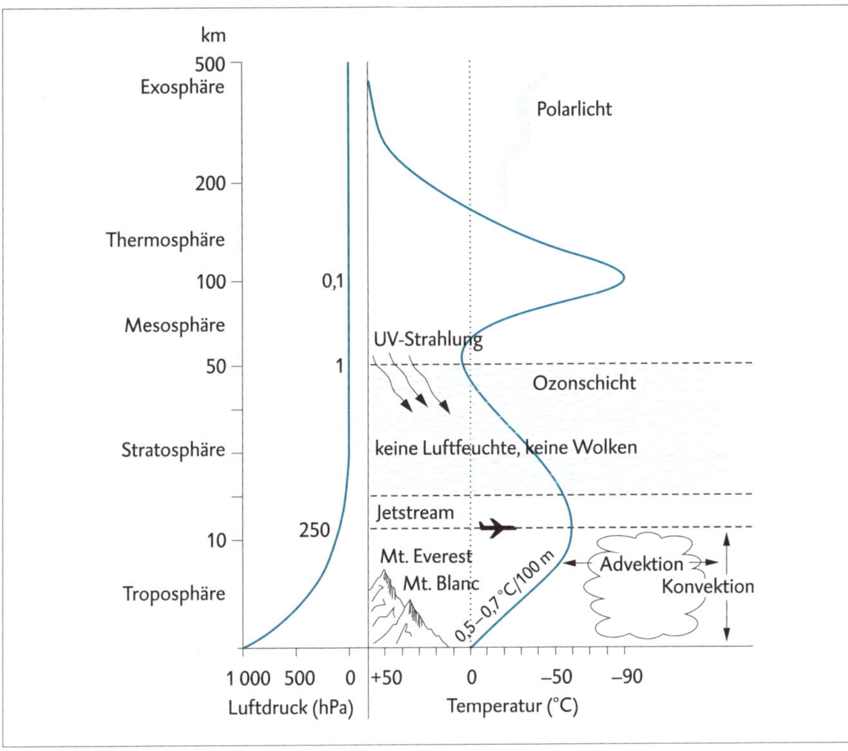

M 53: Stockwerkbau der Atmosphäre

In der **Stratosphäre** zwischen 15 und 50 km Höhe befindet sich die Ozonschicht aus großen Mengen von dreiatomigem Sauerstoff, der auf natürliche Weise durch die solare Bestrahlung von Sauerstoff entsteht. Die Ozonschicht ist für das Leben auf der Erde von existenzieller Bedeutung, da sie die gefährliche UV-B/UV-C Strahlung absorbiert. Diese schützende, lebenserhaltende Schicht nimmt in ihrer Konzentration ab, sodass ein sogenanntes Ozonloch entsteht, weil anthropogene Fluorchlor-Kohlenwasserstoffe (FCKW) den natürlichen Ozonabbau dramatisch verstärken.

Die Ozonzersetzung geschieht verstärkt während der Winterhalbjahre über den Polen, besonders über der Antarktis, da die FCKWs während der Wintermonate nur wenig abgebaut werden und sich ansammeln. Bei steigenden Temperaturen im Frühjahr werden sie rasch freigesetzt und zerstören große Mengen von Ozon. So kommt es vor allem im September und Oktober über der Südhalbkugel zu einem ausgeprägten Ozonloch. Dann gelangt die UV-Strahlung ungehindert auf die Erde. Sie zerstört bei den Pflanzen Zellen und beeinträchtigt die Fotosynthese. Besonders betroffen ist das Phytoplankton (Fotosynthese betreibende ein- und mehrzellige pflanzliche Kleinstlebewesen) in den Weltmeeren. So wird einerseits die Nahrungskette geschädigt und andererseits die Funktion der Weltmeere als CO_2-Senken gemindert. Dadurch steigert sich der **natürliche Treibhauseffekt**. Beim Menschen führt erhöhte UV-Strahlung zu einer Zunahme von Augenerkrankungen und Hautkrebs sowie zur Störung des Immunsystems. Nur wenige Länder (z. B. Deutschland) haben bisher auf diese Klimagefährdung mit einem Verbot von FCKWs reagiert.

Die Konzentration von CO_2 und verschiedenen Spurengasen hat sich seit Beginn der Industrialisierung (CO_2-Ausstoß bei der Verbrennung fossiler Brennstoffe) und der Intensivierung der Landwirtschaft (Freisetzung von Methan aus Reisfeldern und infolge der Massentierhaltung) deutlich verstärkt. Zusammen mit künstlichen Stoffen wie FCKWs wird so der **anthropogene Treibhauseffekt** verursacht.

Die sich über der Stratosphäre anschließenden höheren Schichten der Atmosphäre spielen für das Klima auf der Erde keine unmittelbare Rolle. Aus diesem Grund wird auf sie hier nicht eingegangen.

1.2 Strahlungs- und Wärmehaushalt

Die Sonne ist die wichtigste Energiequelle für das Leben auf der Erde und das Wettergeschehen in der Atmosphäre, obwohl nur ca. 2 Milliardstel der Sonnenenergie die Erde erreichen. Aufgrund der hohen Oberflächentemperatur der Sonne (~ 5 700 °C) liegt die maximale Intensität ihrer Ausstrahlung im kurzwelligen Bereich. Die Strahlung fällt, bedingt durch die große Entfernung zur Erde, annähernd parallel ein. An der Oberfläche der Atmosphäre beträgt die Energiemenge der Einstrahlung 1 376 W/m^2. Dieser Wert wird als **Solarkonstante** bezeichnet.

Die Solarenergie setzt sich zusammen aus
- Röntgenstrahlen
- Licht
  - UV-Licht 9 %
  - sichtbares Licht 45 %
  - Infrarotlicht 46 %
- elektromagnetischen Wellen

Von der ankommenden **kurzwelligen Strahlung** werden 36 % direkt wieder reflektiert. Das Verhältnis von reflektierter zu einfallender Strahlung wird als **Albedo** bezeichnet. Ihre Größe hängt ab von der Farbe der jeweiligen Oberfläche (je heller die Fläche, desto größer in der Regel die Albedo; vgl. M 54) und über Wasser vom Einfallswinkel. Insgesamt kann Wasser viel Energie absorbieren und über längere Zeit speichern, da die Sonnenstrahlen tief eindringen und ein großes Volumen erwärmen können und weil eventuelle Konvektionsvorgänge die Wärme in tiefere Wasserschichten transportieren. Landoberflächen werden meist rasch und stark, aber nur oberflächlich erwärmt, deshalb kühlen sie auch schnell wieder ab.

Wasser	
Sonne nah am Horizont	50–80 %
Sonne nahe Zenit	3–5 %
Wüste	25–30 %
Steppe	20–25 %
unbedeckter, trockener Boden	15–25 %
unbedeckter, feuchter Boden	10 %
Wald	5–10 %
frischer Schnee	80–85 %
dünne Wolke (z. B. Cirrus)	25–50 %
dicke Wolke (z. B. Cumulus)	70–80 %

M 54: Albedowerte eigene Zusammenstellung

An der Erdoberfläche werden 47 % der eintreffenden Energie in **langwellige Wärmestrahlung** umgewandelt. Diese Wärmestrahlung wird an die Atmosphäre abgegeben und erwärmt (Absorption durch H_2O und CO_2) die Luft. Ein Teil der langwelligen Wärmeenergie verlässt die Atmosphäre als Ausstrahlung in den Weltraum. Ein anderer Teil wird von den Wolken als Gegenstrahlung zur Erdoberfläche zurückgestrahlt, steht als Energie für Verdunstung und Wärmetransport zur Verfügung und bildet den natürlichen Treibhauseffekt der Erde.

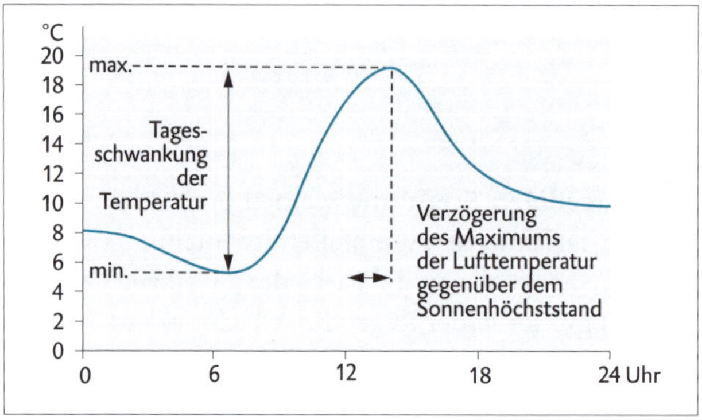

M 55: Tagesgang der Lufttemperatur an einem wolkenlosen Tag im April

Der natürliche Treibhauseffekt

Der **natürliche Treibhauseffekt** der Atmosphäre sorgt für eine Durchschnittstemperatur von +14 °C auf der Erde und dafür, dass flüssiges Wasser die Lebensprozesse ermöglicht. Ohne ihn wären es –18 °C und ein Leben auf der Erde wäre nicht möglich.

Durch die Kugelgestalt der Erde, die Neigung der Erdachse um 23,5° und die Rotation ist die **Strahlungsbilanz** in Teilen der Erde unterschiedlich. Die Pole erhalten im jeweiligen Sommer mehr Energie als im Winter und der äquatoriale Bereich ganzjährig mehr Energie als die höheren Breiten. Das führt zu einem Wärmetransport aus den Energieüberschussgebieten zu den Defizitgebieten und setzt wesentliche klimatische Prozesse in Gang.

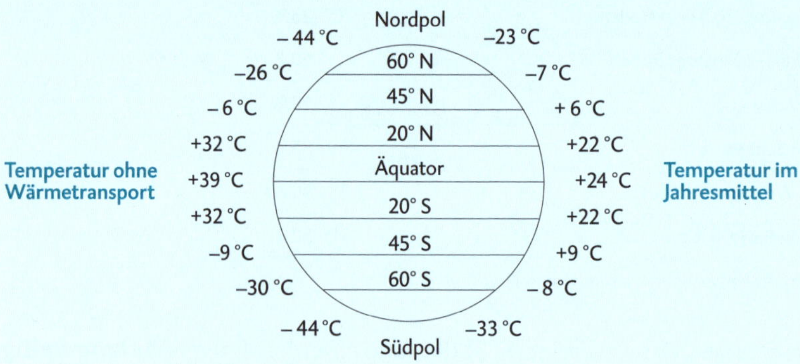

M 56: Strahlungstemperatur und tatsächliche Temperatur

1.3 Wasser in der Atmosphäre

Nur 0,001 % der globalen Wassermenge (das entspricht der 300-fachen Wassermenge des Bodensees) befinden sich in der Atmosphäre. In nur 10–12 Tagen wird diese Wassermenge durch den **Wasserkreislauf** ausgetauscht.

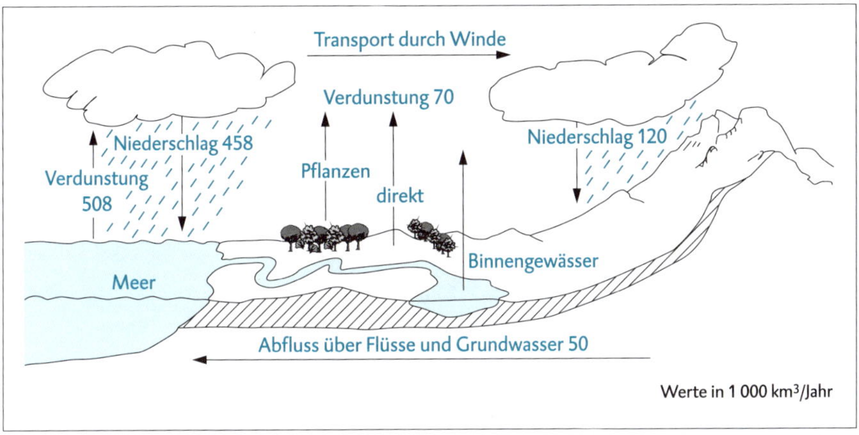

M 57: Schema des Wasserkreislaufes der Erde in 1 000 km^3/Jahr

Wasser kommt in der Atmosphäre in drei **Aggregatzuständen** vor (vgl. M 58): als unsichtbarer Wasserdampf (Luftfeuchte), als flüssiges Wasser (Wolken- und Regentropfen) und als Eis (Eiswolken, Schnee, Hagel). Beim Übergang vom einen zum anderen Aggregatzustand werden große Energiemengen umgesetzt.

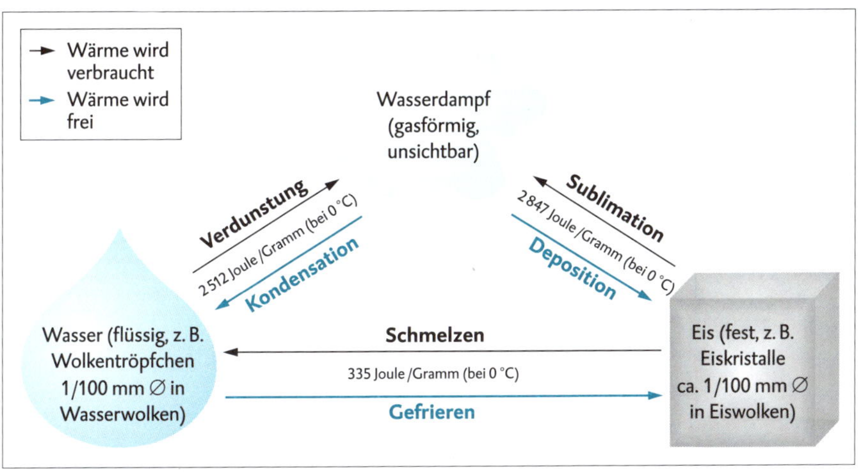

M 58: Wasserumwandlungsprozesse in der Atmosphäre

Die Wasseraufnahme-Kapazität hängt von der Temperatur der Luft ab: Je wärmer sie ist, desto mehr Wasserdampf kann sie aufnehmen, bis sie gesättigt ist.

Die **absolute Luftfeuchte** gibt den tatsächlich in der Luft enthaltenen Wasserdampf in Gramm Wasser pro m^3 Luft an. Die **relative Luftfeuchte** gibt dagegen das Verhältnis der in der Luft vorhandenen Wassermenge zu der bei der gerade herrschenden Temperatur möglichen Wassermenge in Prozent an.

Bei 100 % relativer Feuchte hat die Luft die maximal mögliche Menge an Wasserdampf aufgenommen: Sie ist gesättigt, der **Taupunkt** ist erreicht.

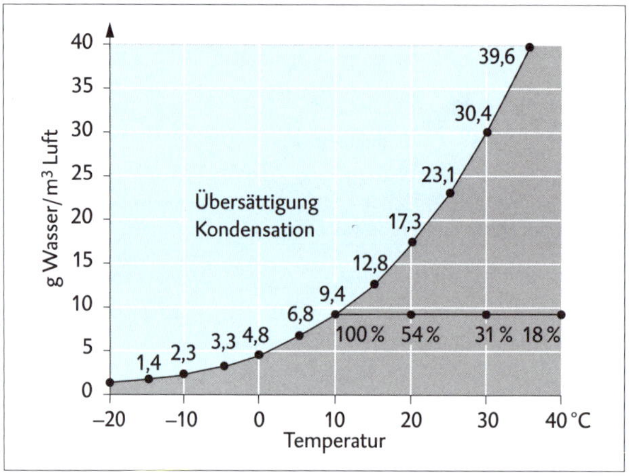

M 59: Taupunktkurve

Wenn sich warme, ungesättigte Luft abkühlt, steigt die relative Feuchte bis zum Taupunkt. Bei weiterer Abkühlung kondensiert der überschüssige Wasserdampf zu Tröpfchen, die sich an Aerosole als Kondensationskerne anlagern und Wolken bilden. Am Boden entsteht so Nebel bzw. Tau oder Reif an Gräsern und Blättern.

Temperaturabnahme mit der Höhe

Solange sie nicht gesättigt ist, kühlt sich warme Luft beim Aufsteigen **trockenadiabatisch** um ca. 1 K/100 m Höhe ab.

Bei gesättigter Luft beträgt die **feuchtadiabatische** Temperaturabnahme nur ca. 0,6 K/100 m, denn bei der Kondensation von Wasserdampf zu Wasser wird Wärme freigesetzt (vgl. M 59).

1.4 Steigungsregen und Föhn

Die wetterwirksamen Auswirkungen von Kondensations- und Verdunstungsvorgängen lassen sich am Beispiel des Föhns gut verfolgen. Voraussetzungen für den **Föhn** sind Luftmassen, die aufgrund der Luftdruckverhältnisse ein Gebirge überqueren müssen. Im Luv des Gebirges erfolgt zunächst eine trockenadiabatische Abkühlung, bis das **Kondensationsniveau** (abhängig von der absoluten Feuchte und der Temperatur) erreicht ist. Unter Kondensationsniveau versteht man die Höhenlage, an der der Taupunkt erreicht wird. Beim weiteren Aufsteigen kühlt sich die Luft nun feuchtadiabatisch nur noch um 0,6 K/100 m ab. Es kommt zur Kondensation und zum **Steigungsregen** (orografischer Niederschlag). Nach dem Überqueren des Gebirgskamms sinken die Luftmassen auf der Leeseite ab und erwärmen sich trockenadiabatisch um 1 K/100 m, weil die relative Feuchtigkeit durch die Erwärmung sinkt. Wolken lösen sich auf. Die absinkende erwärmte und trockene Luftmasse (Fallwind) wird Föhn genannt. Bei Föhnlagen kommt es zur Verdunstung, da die wärmere, trockenere Luft wieder vermehrt Feuchtigkeit aufnehmen kann.

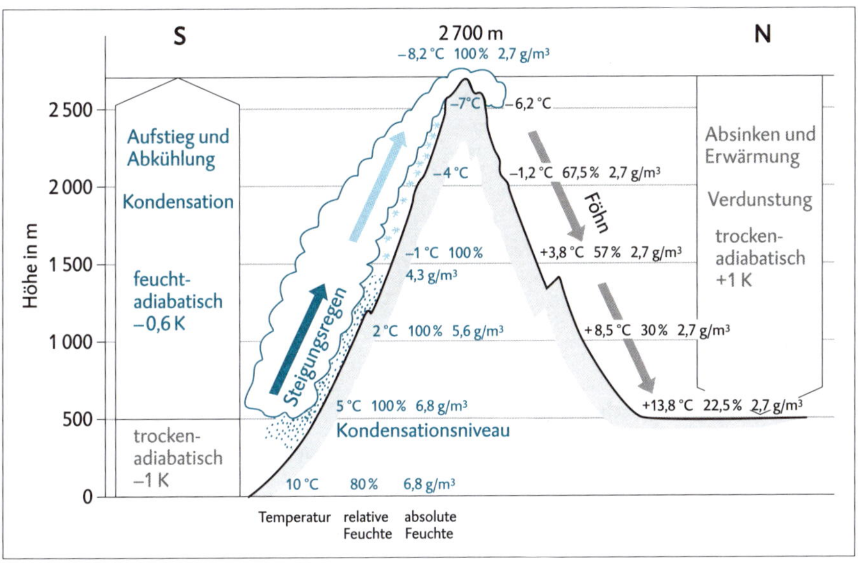

M 60: Steigungsregen und Föhn

1.5 Wolken

Wolken sind das sichtbare Kondensationsprodukt des unsichtbaren Wasserdampfs. Sie bestehen aus Eiskristallen oder feinsten Wassertröpfchen.

Zwar können alle Wolkenformen nahezu überall auf der Erde vorkommen, jedoch sind bestimmte Wolkenarten typische Kennzeichen bestimmter Wetterlagen und künftiger Wetterentwicklung (z. B. Wolkenfolge beim Durchzug einer Zyklone, vgl. M 80).

Amerikanische Forscher erklären die Entstehung von Regentropfen durch **Nukleation**: Ausgelöst durch Turbulenzen in der Luft bilden sich in einem Wechselspiel von Kondensation und Verdampfen Wassertröpfchen unterschiedlicher Größe. Bei der homogenen Nukleation geschieht das ohne, bei der heterogenen Nukleation an Kondensationskernen. Die Wassertröpfchen fallen erst dann als Niederschlag zur Erde, wenn ihr Gewicht größer ist als der Auftrieb durch aufsteigende Luft. Das erklärt, warum nicht aus jeder dunklen Wolke Regen fällt.

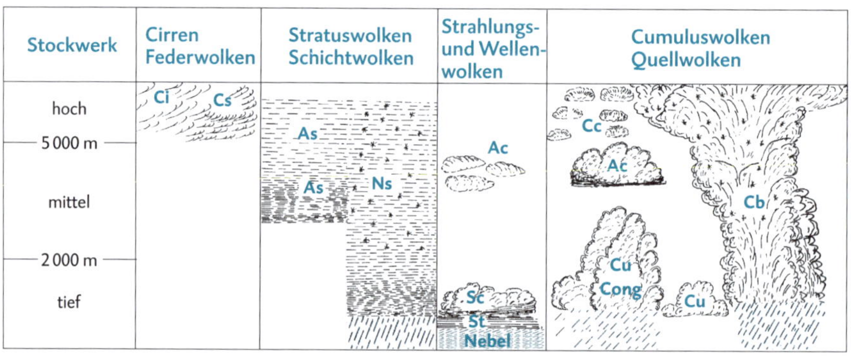

M 61: Die Wolkengattungen in ihren Stockwerken

Name/Abkürzung	deutsche Bezeichnung	Bedeutung
Cumulonimbus (Cb)	Gewitterwolken	hohe Instabilität der gesamten Troposphäre; Hitzegewitter; besonders beim Durchgang von Kaltfronten
Cumulus Congestus (Cu Cong)	„Blumenkohlwolke“	Vorstufe zu Cumulonimbus
Cumulus (Cu)	Haufenwolken	Schönwetterwolke an Küsten und über Bergen; Hinweis auf Instabilität
Nimbostratus (Ns)	Regenschichtwolken	Dauerregen (vor Warmfront)
Cirrostratus (Cs)	hohe Schleierwolken	Vorläufer einer Warmfront

Name/Abkürzung	deutsche Bezeichnung	Bedeutung
Altostratus (As)	mittelhohe Schichtwolken	beim Warmfrontaufzug dem Cirrostratus folgend
Stratus (St)	niedrige Schichtwolken	Hinweis auf ruhige Wetterlage; Winterwolke im Hoch; manchmal im Warmluftsektor eines Tiefs
Cirrus (Ci)	Federwolken	Vorläufer von Cirrostratus an Aufgleitfronten vor einem Tief
Cirrocumulus (Cc)	hohe Schäfchenwolken mit welligem Muster	bilden sich, wenn Cirruswolken von unten sanft erwärmt werden
Altocumulus (Ac)	grobe Schäfchenwolken	in ruhigen Schichten ohne besondere Bedeutung; Hinweis auf Instabilität der höheren Luftschichten; Föhn (nicht nur Alpennordseite); Gewitterneigung
Stratocumulus (Sc)	Haufenschichtwolken	Schönwetterwolke über See im Sommer, über Land im Winter; Wolkenform nach Kaltfront-durchzug

M 62: Was sagen die Wolken über das Wetter?

fgabe 19 Die Winter 2005/2006 und 2009/2010 waren sehr schneereich, weite Bereiche Europas waren von November bis März schneebedeckt. Erklären Sie, welche klimatischen Auswirkungen solche Winter aufgrund der Albedo haben können.

fgabe 20 In Luvlage eines Gebirges befindet sich in 200 m Höhe eine 20 °C warme Luftmasse mit einer absoluten Feuchte von 12,8 g/m^3, was einer relativen Feuchte von 70 % entspricht. Diese Luftmasse wird aufgrund der Luftdruckverhältnisse zum Überqueren des Gebirges (3 400 m) gezwungen, in Leelage sinkt die Luft dann auf 800 m ab.

Berechnen Sie:

a Temperatur und Höhenlage des Kondensationsniveaus,
b die Höhenlage der Frostgrenze und die dort herrschende absolute Feuchte,
c Temperatur und relative Feuchte am Gipfel,
d Temperatur am Gebirgsfuß in Leelage.

2 Thermisch bedingte Zirkulation

2.1 Luftdruck und Wind

Den Druck, mit dem die Luftschicht auf der Erdoberfläche lastet, nennt man **Luftdruck**. In den mittleren Breiten beträgt der durchschnittliche Luftdruck in Meereshöhe 1 013 hPa. Infolge der abnehmenden Luftdichte verringert sich auch der Luftdruck mit der Höhe (nur noch 50 % in 5 000 m). Deshalb kann das Luftdruckmessgerät, das Barometer, auch als Höhenmesser eingesetzt werden.

Auf Wetterkarten stellt man den Luftdruck mit **Isobaren** (Linien gleichen Luftdrucks) dar. So lassen sich Gebiete darstellen, die einen höheren oder niederen Druck aufweisen als benachbarte Regionen. **Hoch** und **Tief** sind relative Bezeichnungen für den Luftdruck in einem Gebiet.

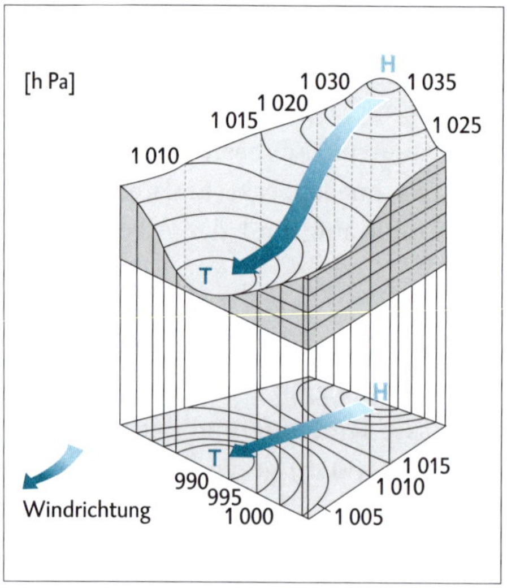

M 63: Luftdruckunterschiede

1	Leiser Zug	2– 6 km/h
2	Leichte Brise	7– 12 km/h
3	Schwache Brise	13– 19 km/h
4	Mäßige Brise	20– 28 km/h
5	Frische Brise	29– 39 km/h
6	Starker Wind	40– 50 km/h
7	Steifer Wind	51– 61 km/h
8	Stürmischer Wind	62– 74 km/h
9	Sturm	75– 87 km/h
10	Schwerer Sturm	88–102 km/h
11	Orkanartiger Sturm	103–117 km/h
12	Orkan	>118 km/h

M 64: Windstärken (Beaufortskala)

Zwischen benachbarten Gebieten unterschiedlichen Luftdrucks kommt es zum Druckausgleich, indem Luftteilchen vom Hoch zum Tief strömen (M 63). Diese Luftbewegung nennt man **Wind**. Seine Stärke hängt vom Gefälle der Luftdruckunterschiede ab **(Gradientkraft)**. Die Windgeschwindigkeiten werden mit der aus der Schifffahrt stammenden Beaufortskala angegeben (M 64).

Beim Sturm „Kyrill", der am 18./19. 01. 2007 über Europa hinwegfegte, wurden in Deutschland z. T. Windgeschwindigkeiten von über 200 km/h gemessen.

2.2 Land-See-Windsystem

Das Land-See-Windsystem hat thermische Ursachen. Es tritt bei ruhigen Großwetterlagen an großen Seen und an den Küsten als lokales Windsystem auf (M 65).

In der Ausgangssituation ist der Luftdruck über Wasser und Land gleich und nimmt in der Höhe ab. Durch die Sonneneinstrahlung wandelt sich die Situation: Die Landoberfläche erwärmt sich schneller und stärker als das Wasser und gibt diese Wärme an die Luft ab, die sich dadurch stärker ausdehnt und aufsteigt. Beim Aufsteigen kühlt die Luft ab. In der Höhe bildet sich über dem Land ein Hoch, in Bodennähe ein Tief. Über dem kühleren Wasser sinkt die Luft ab, es bilden sich ein Höhentief und Bodenhoch.

Nun strömt die Luft vom Höhenhoch über dem Land zum Höhentief über dem Wasser. Entsprechend dem Druckausgleich in der Höhe weht am Boden ein Wind vom Wasser zum Land, der **Seewind**.

Ist die Luft über dem Land und dem Wasser gleich warm, ruht das System. In der Nacht kehrt sich die Fließrichtung der Luft um, da Wasser nicht so schnell abkühlt wie Land. So entsteht der nächtliche **Landwind**.

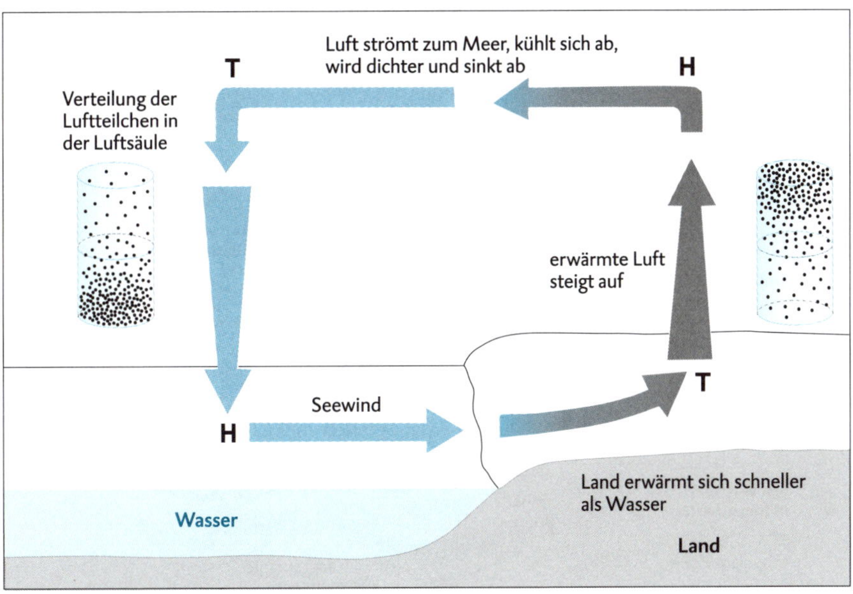

M 65: Land-See-Windsystem (Tagsituation)

2.3 Planetarische Zirkulation

Aufgrund der Kugelgestalt der Erde, der Neigung der Erdachse und der Bahn der Erde um die Sonne ist die **Insolation** nicht gleichmäßig verteilt. Daraus ergibt sich die globale Verteilung bodennaher Druckgebilde und Windgürtel (M 66).

Am Äquator liegen die thermischen Tiefdruckzellen der **Innertropischen Konvergenzzone (ITC)**. Die mit der ITC verbundenen subtropischen Hochdruckgürtel (z. B. Azorenhoch) schließen sich bei etwa 30–35° nördlicher und südlicher Breite an.

Polwärts folgt jeweils eine Übergangszone zwischen tropischer Warmluft und polarer Kaltluft, die sogenannte **planetarische Frontalzone**. Diese wird geprägt vom **Jetstream** und seinen dynamischen Tiefdruckgebieten, den Zyklonen. An den Polen liegen **Kältehochs**.

Zwischen den Luftdruckgebieten gibt es auf jeder Erdhalbkugel drei unterschiedliche **Windsysteme**: die an den Polen vorherrschenden Ostwinde, die durch den Jetstream bedingte Westwinddrift und die zur innertropischen Zirkulation gehörenden Passate.

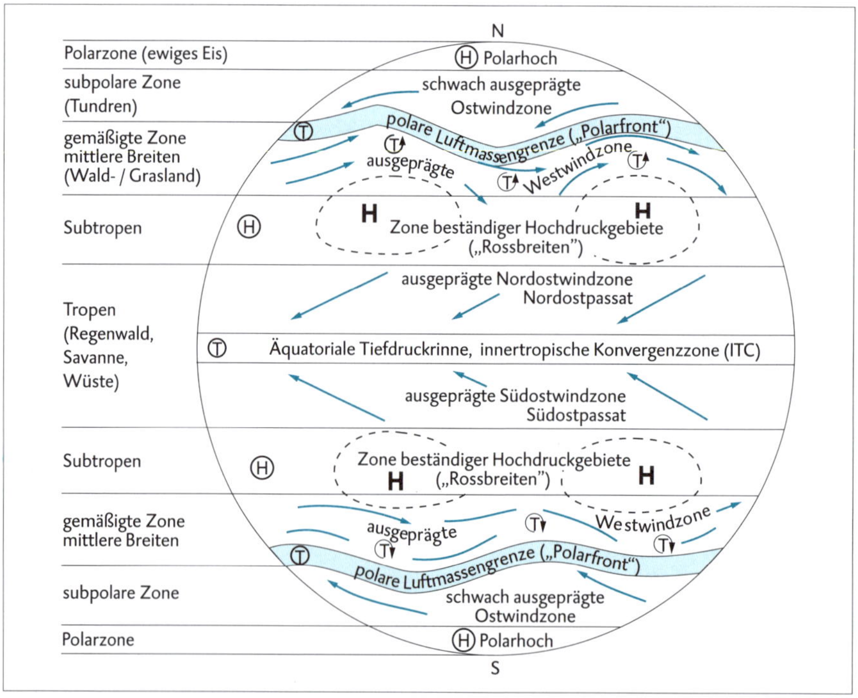

M 66: Luftdruckgebiete und Windgürtel

Mit der jahreszeitlichen Veränderung des Sonnenstandes verlagern sich die Druckgebiete mit den zwischen ihnen wehenden Winden um jeweils 5–8 Breitengrade nach Norden bzw. Süden. Somit werden bestimmte Breitenzonen wie z. B. der Mittelmeerraum je nach Jahreszeit von unterschiedlichen Luftdruck- und Windverhältnissen geprägt.

Die innertropische Passatzirkulation

Die thermisch bedingte Passatzirkulation zwischen Äquator und den Subtropen (M 67) ist Teil der planetarischen Zirkulation.

Sie verschiebt sich mit dem **Zenitalstand** der Sonne. Senkrecht („im Zenit") steht die Sonne am 21. 3. und 23. 9. über dem Äquator, am 21. 12. über dem südlichen und am 21. 6. über dem nördlichen Wendekreis.

Im Bereich des jeweiligen Zenitalstandes wird die Erdoberfläche besonders intensiv bestrahlt. Das führt zu einer starken Erwärmung der unteren Luftschichten. Diese steigen bis zu 18 km Höhe auf, am Boden bilden sich die thermischen Tiefs der äquatorialen Tiefdruckrinne. Die warme, feuchte Luft kondensiert beim Aufsteigen, was zu ergiebigen Regenfällen führt.

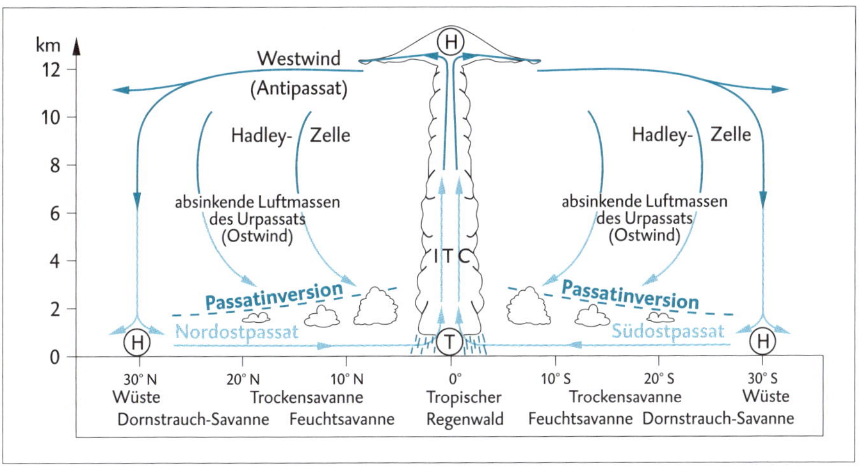

M 67: Passatzirkulation mit Innertropischer Konvergenz (ITC)

In der Höhe bildet sich ein Hoch, von dem aus die nachströmende abgekühlte und abgeregnete Luft polwärts weht. Dabei wird sie von der **Corioliskraft** nach Osten abgelenkt. Diese Luftströmung in der Höhe wird auch **Antipassat** genannt. Dabei sinkt stets etwas Luft ab und fließt wieder äquatorwärts. Da diesen Winden die Bodenreibung fehlt, werden sie von der Corioliskraft stark zu Ostwinden abgelenkt. Diese Winde bezeichnet man als **Urpassate**.

Ein Großteil der kalten und trockenen Luftmassen der Antipassate sinkt im Bereich des 20.–30. Breitenkreises ab. Dabei erwärmt sich diese Luft trockenadiabatisch und bildet am Boden die randtropischen Hochdruckzellen aus. Von hier aus strömt die nun sehr trockene Luft, die jetzt viel Feuchtigkeit aufnehmen kann, als ständig wehender bodennaher Wind, als **Nordostpassat** bzw. **Südostpassat** zur Tiefdruckrinne. Dort treffen die beiden Passate aufeinander. Diese Zone wird als **Innertropische Konvergenz (ITC)** bezeichnet. Als Folge dieser Strömungskonvergenz weicht die Luft nach oben hin aus.

Beide Passatkreisläufe bilden jeweils eine sogenannte **Hadley-Zelle**. In einer Hadley-Zelle sind also drei Windschichten vorhanden: In der Höhe der polwärts gerichtete Antipassat, am Boden der zur ITC wehende Passat und der darübergelagerte Urpassat. Da aus dieser Passat-Oberschicht, dem Urpassat, ständig Luftmassen absinken und sich dabei erwärmen, bildet sich in etwa 2 000 m Höhe eine Inversionsschicht (Passatinversion). Dadurch wird das Aufsteigen größerer Luftmassen aus dem NO- bzw. SO-Passat und deren Kondensation verhindert, sodass es zwischen den Hochdruckzellen und der ITC keine ergiebigen Niederschläge gibt.

Der innertropische Passatkreislauf verlagert sich mit dem Zenitstand der Sonne, im Sommer bewegt sich die ITC auf der Nordhalbkugel, dann gibt es hier eine **Regenzeit**. Entsprechend verschieben sich die randtropischen Hochdruckzellen auf der Südhalbkugel äquatorwärts, es herrscht **Trockenzeit** im Südwinter.

Im Winter bringt die südwärts wandernde ITC eine Regenzeit auf der Südhalbkugel (Südsommer). Zeitgleich verschieben sich auf der Nordhalbkugel die randtropischen Hochdruckzellen mit ihrer absinkenden trockenen Luft Richtung Äquator, was eine Trockenzeit zur Folge hat. So erklären sich die **wechselfeuchten Tropen**.

Da sich die Wolkenmassen der ITC wie eine träge Masse verhalten, „hinken" sie stets dem Zenitstand der Sonne hinterher und erreichen mit ihren Regenfällen nie die Wendekreise. Das erklärt die **Wendekreiswüsten**, die ganzjährig im Einfluss der absinkenden Luftmassen liegen.

Liegt die Zone des Zenitstandes nicht über dem Äquator, bildet sich im Bereich des Äquators eine zweite ITC aus, denn der Passat wird beim Überschreiten des Äquators durch die Corioliskraft zu einer Richtungsänderung gezwungen, dabei abgebremst und steigt auf (M 68).

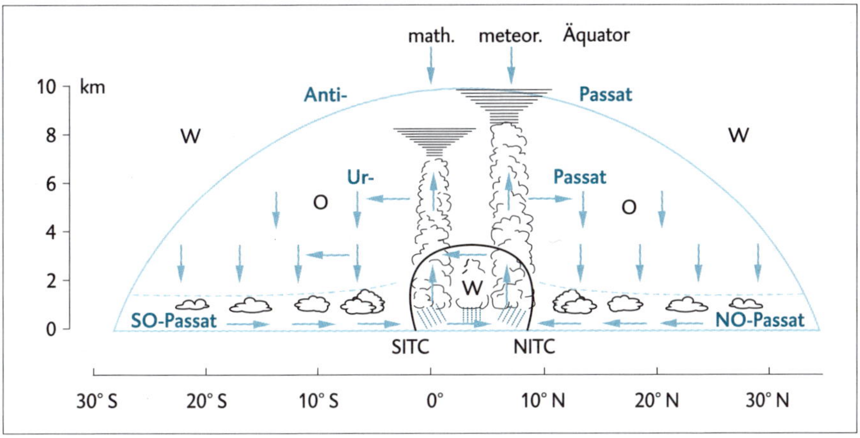

M 68: Passatkreislauf, Schema mit doppelter ITC und äquatorialer Westwindzone

Monsun

Beim Monsun als Sonderfall der Passatzirkulation handelt es sich um ein beständig wehendes Windsystem mit halbjährlichem Richtungswechsel, das durch ein hohes Druckgefälle ausgelöst wird.

Monsune bilden sich dort, wo große Landmassen am Rande weiter Wasserflächen im Zentrum der Tropen liegen (z. B. Guineaküste/Afrika, Indien): Die Landmassen werden im Sommer stark aufgeheizt. Infolgedessen verlagert sich die ITC nicht parallel zu den Breitenkreisen, sondern über den Kontinenten weiter nach Norden bzw. Süden.

Im Bereich des indischen Subkontinents zeigt sich die **Monsunzirkulation** besonders ausgeprägt: Über Pakistan bildet sich im Sommer ein starkes Hitzetief, das durch die großen Heizflächen im Hinterland weiter verstärkt wird. Der Luftdruck sinkt hier deutlich tiefer ab als sonst in der äquatorialen Tiefdruckrinne üblich. Aufgrund des hohen Druckgefälles wird der Südostpassat über den Äquator hinweg in dieses Tief „eingesaugt".

Da der in Äquatornähe liegende Tiefdruckgürtel weiterhin besteht, kommt es zur Aufspaltung der ITC in einen nördlichen (NITC) und südlichen Ast (SITC).

Überschreitet der Südostpassat den Äquator, wird er von der **Corioliskraft**, die auf der Nordhalbkugel nach rechts gerichtet ist, zum **Südwestmonsun** abgelenkt. Über den warmen Meeren der Tropen kann der Südwestmonsun durch Verdunstung große Wassermengen aufnehmen. Als feuchtheiße Luftmasse trifft der Monsun auf den indischen Subkontinent, wo er noch einmal aufgeheizt wird. Das führt zur Konvektion und Kondensation und zu heftigen und ergiebigen Niederschlägen. An den Westghats und dem Himalaya werden diese Niederschläge durch Steigungsregen extrem verstärkt, da sich in Luvlage die Luftmassen stauen. Im Khasigebirge (Himalaya) kommt es zu den mit ca. 11 000 mm/Jahr weltweit höchsten Niederschlägen. Durch die Mauer des Himalaya werden die gestauten Luftmassen nach Westen hin zum Tief gelenkt.

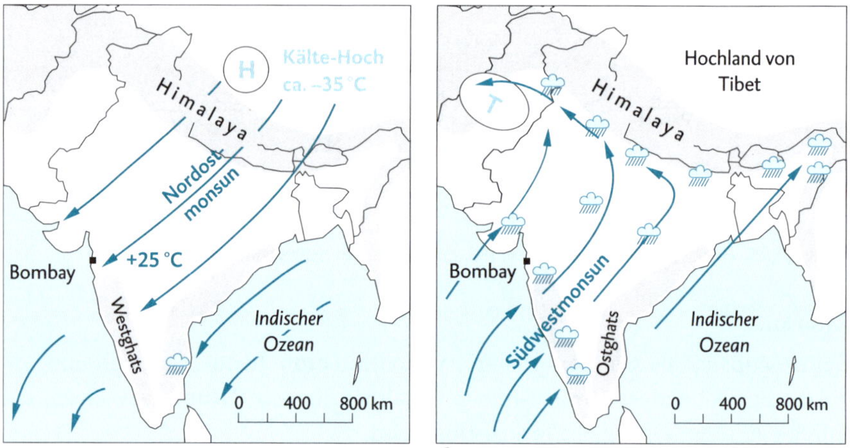

M 69: Monsun in Indien

Da nach der monatelangen Dürre die Böden ausgetrocknet sind, können die Wassermassen zunächst kaum versickern. Sie fließen oberflächlich ab, es kommt zu starken Hochwassern und Überschwemmungen.

Im Winter wird das Klima Indiens vom Nordostmonsun bestimmt, der dem Nordostpassat entspricht. Über dem Hochland von Tibet hat sich infolge der starken Abkühlung des eurasischen Kontinents ein umfangreiches Kältehoch mit sehr niedrigen Temperaturen gebildet. Die kalte trockene Festlandsluft erwärmt sich beim Absinken in die Gangesebene trockenadiabatisch, dabei sinkt ihre relative Feuchte drastisch. Auf ihrem Weg zur ITC, die sich südlich des Äquators befindet, vermischt sich diese „Föhnluft“ mit den absinkenden trockenen Luftmassen des Randtropenhochs. Während des Nordostmonsuns herrschen extreme Trockenheit und hohe Temperaturen.

Überquert der Nordostmonsun jedoch den Golf von Bengalen, kann er dort reichlich Wasserdampf aufnehmen, den er an den Ostghats in Indien und an der Nordostküste von Sri Lanka als Stau- und Steigungsniederschlag abregnet.

El Niño (Southern Oscillation)

El Niño ist kein Prüfungsschwerpunkt für die Abiturjahrgänge 2011 und 2012. Das Phänomen ist jedoch hilfreich für das Verständnis der globalen Zirkulation. Zudem zeigt es in besonderer Weise das Zusammenspiel von Atmosphäre und Hydrosphäre. Deshalb wird es hier zur Information angeboten.

Die tropische Passatzirkulation wird von einer überwiegend breitenkreisparallelen Zirkulation überlagert, die man als **Walker-Zirkulation** bezeichnet. Sie besteht aus mehreren in Ost-West-Richtung angeordneten Windkreisläufen. Zusammen mit den Passaten bewirken sie auflandige Winde an der Ostküste der Kontinente und ablandige Winde an deren Westseiten.

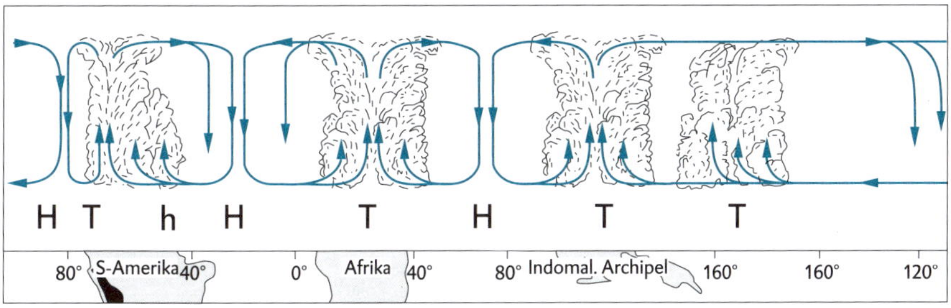

M 70: Walker-Zirkulation

In „normalen" Jahren (ohne Auftreten von El Niño) befindet sich vor der Küste Chiles ein stabiles Hochdruckgebiet, aus dem die Winde gegen den Uhrzeigersinn (Südhalbkugel!) herauswehen. Kalte Winde aus dem antarktischen Raum strömen nordwärts zum Äquator. Dabei werden sie von der Corioliskraft nach Westen zur ITC über Südostasien abgelenkt (Südostpassat). Dieser starke Passat treibt als ablandiger Wind das warme Oberflächenwasser des Pazifiks von der Westküste Südamerikas westwärts, sodass kaltes Tiefenwasser aufsteigen kann. Dieses bildet den **Humboldtstrom**. Im kühlen (< 20 °C) und sauerstoffreichen Wasser dieser Meeresströmung entwickelt sich ein intensives Planktonleben, das die Basis für reiche Fischgründe ist.

Die vor der Westküste Südamerikas absinkenden trockenen Luftmassen und der kalte Meeresstrom bewirken die Ausbildung einer Art Sperrschicht. Hier kondensiert die Luftfeuchte zu Küstennebel; Steigungsregen an den Hängen der Anden bleibt aus. Auf diese Weise konnte sich z. B. die Küstenwüste **Atacama** ausbilden.

Das warme Oberflächenwasser wird an die Ostküste Neuguineas und Nordaustraliens verfrachtet, wo die vom Wind getriebenen Wassermassen zusammenfließen und sich aufstauen. Deshalb liegt dort der Meeresspiegel 50 cm über dem mittleren Niveau und das Wasser erreicht Temperaturen von 28–30 °C, was starke Konvektion mit ausgiebigen Niederschlägen zur Folge hat.

Wenn sich im Südsommer (Dez.–Feb.) die Druck- und Windgürtel südwärts verlagern, schwächt sich zwar der SO-Passat an der Westküste Südamerikas etwas ab und mit dem ablandigen Wind auch der Humboldtstrom, aber das System bleibt stabil.

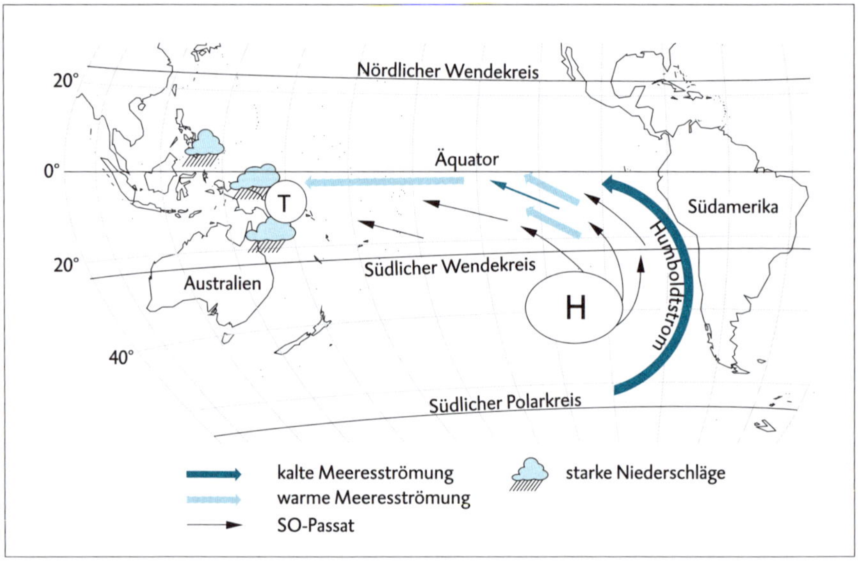

M 71: Situation in einem normalen Jahr

Mit der weiteren Akkumulation warmen Oberflächenwassers im westlichen Pazifik bildet sich infolge des Rückstaus eine Zone überwärmten Wassers zwischen Äquator und südlichem Wendekreis aus, bis zu einer kritischen Grenze. Diese wird in Abständen von vier bis neun Jahren erreicht. Dann kippt das System und es kommt zu einem **El-Niño-Ereignis** (span. „Christkind"): Weil der Meeresbereich südlich des Äquators stark überhitzt ist, verlagert sich die Hadley-Zelle der ITC besonders weit südwärts. Somit liegt auch die Hauptkraft des Passats südlicher. Der im nördlichen Bereich abgeschwächte Passat kann den Oststrom nicht mehr aufrechterhalten; es kommt zu einem Rücklauf des warmen Oberflächenwassers als west-ost-gerichtete Kelvin-Welle bis an die Küste Südamerikas. Dieses sehr warme Wasser überlagert das kalte Auftriebswasser des Humboldtstroms. In der Folge sinkt der Sauerstoffgehalt des Wassers vor der südamerikanischen Küste, der Planktonbestand verringert sich drastisch und die gesamte Nahrungskette wird so ge- bzw. zerstört.

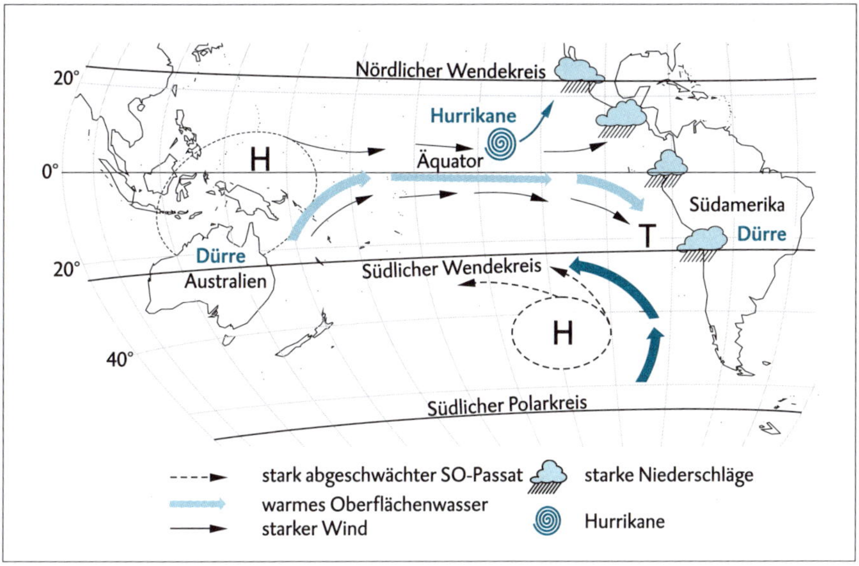

M 72: Situation in einem El-Niño-Jahr

An der peruanisch-chilenischen Küste kann nun das warme Wasser zu Verdunstungs- und Konvektionsvorgängen mit sehr heftigen und ergiebigen Niederschlägen führen, mit der Folge von Überschwemmungen in der Atacama. Gleichzeitig leiden infolge der **Southern Oscillation** (Passatumkehr) die Ostküsten Australiens und Indonesiens unter Dürre, da hier nun absinkende Luftmassen ein starkes Hoch ausbilden. In Australien kommt es wegen der ausbleibenden Winter-Regenfälle zu verheerenden Buschbränden.

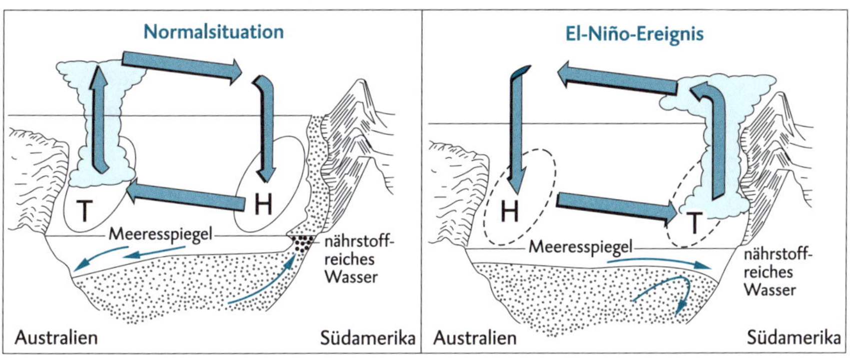

M 73: Luftdruck, Winde und Meeresströme im südlichen Pazifik (modellhaft)

El-Niño-Ereignisse haben durch das Ineinandergreifen der Elemente der Walker-Zirkulation globale Auswirkungen: Sie führen zu katastrophalen Stürmen (Hurrikanen) an der Westküste Nordamerikas und zu ausgeprägten Dürren in Nordostbrasilien und an der Ostküste Südafrikas.

Quasi das „Gegenteil" von El Niño ist La Niña. Als **La Niña** bezeichnet man eine besonders starke Abkühlung des Humboldtstroms. Das hat zur Folge, dass sich die Passate und damit der Temperaturgegensatz längs des Äquators im Pazifik verstärken. Der Humboldtstrom bildet eine Kaltwasserzunge aus, die weit nach Westen in den Pazifik hineinreicht. Dort, wo das warme Oberflächenwasser zusammengedrängt wird, steigen die Wassertemperaturen dagegen stark an. Dies führt zu hohen Niederschlägen in Ostaustralien und Südostasien und zu extremer Dürre im westlichen Südamerika. Zudem kommt es zu globalen Auswirkungen wie verstärkter Hurrikanbildung über dem Atlantik, Trockenheit in Kalifornien und strengen Wintern in Kanada, Alaska und Japan.

Aufgabe 21 Beschreiben Sie das Klima von Bombay, und erklären Sie es mithilfe der planetarischen Zirkulation.

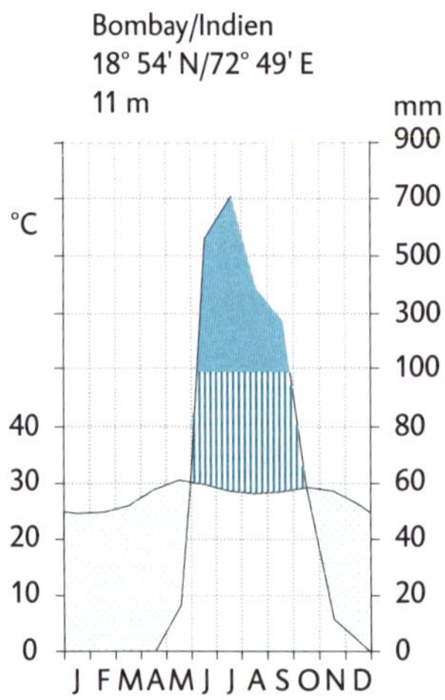

Monat	Temp. (°C)	Nied. (mm)
JAN	24,4	1
FEB	24,9	1
MRZ	26,9	1
APR	28,6	2
MAI	30,1	11
JUN	29,1	579
JUL	27,7	703
AUG	27,3	443
SEP	27,7	269
OKT	28,7	56
NOV	28,1	17
DEZ	26,2	7

Temp.-Jahresmittel: 27,5 °C
Niederschlagssumme: 2 090 mm

M 74: Klimadiagramm Bombay/Indien

3 Dynamisch bedingte Zirkulation

3.1 Westwinde der gemäßigten Breiten

Die **Westwinddrift** ist ein Teil der planetarischen Zirkulation. Deshalb ist es sinnvoll, bei ihrer Erklärung mit ihrem Ausgangspunkt, der tropischen Passatzirkulation, zu beginnen.

Die aufsteigenden Luftmassen der ITC bilden ein Höhenhoch und strömen als Luftdruckausgleichsströmung polwärts **(Gradientwinde)**. Der Großteil dieser Luft sinkt am Rande der Hadley-Zellen über den Wendekreisen bodenwärts und bildet den rand- oder subtropischen Hochdruckgürtel. Der andere Teil weht als **Höhenausgleichsströmung** zu den polaren Höhentiefs.

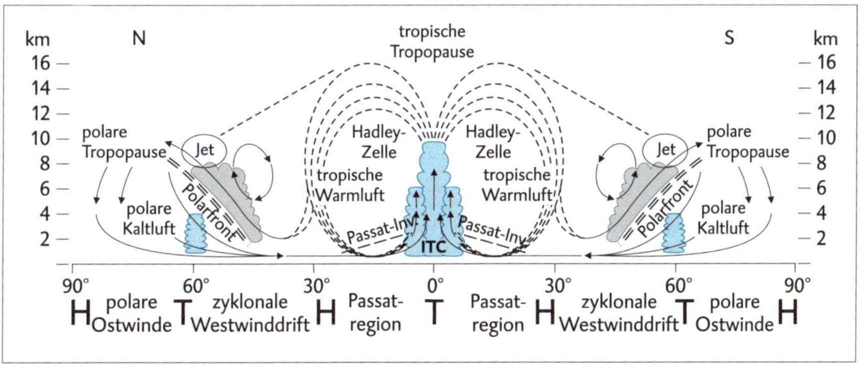

M 75: Schematische Darstellung der planetarischen Zirkulation

Die Rotationsgeschwindigkeit der Erde (in 24 Stunden um die eigene Achse) ist am Äquator größer als in höheren Breiten (vgl. M 76). Da die Luft als träge Masse ihre Rotationsgeschwindigkeit beibehält, eilt sie, wenn sie in höhere Breiten mit einer geringeren Rotationsgeschwindigkeit der Erde kommt, der Erde voraus.

Weil die polgerichteten Höhenwinde durch die Corioliskraft auf der Nordhalbkugel nach rechts abgelenkt werden, werden sie zu Westwinden. So entsteht ein Sturmband, der **Jetstream**, auch **Polarfrontjet** genannt. Er umkreist die Erde mit Geschwindigkeiten von bis über 500 km/h, da er nicht von der Bodenreibung abgebremst wird.

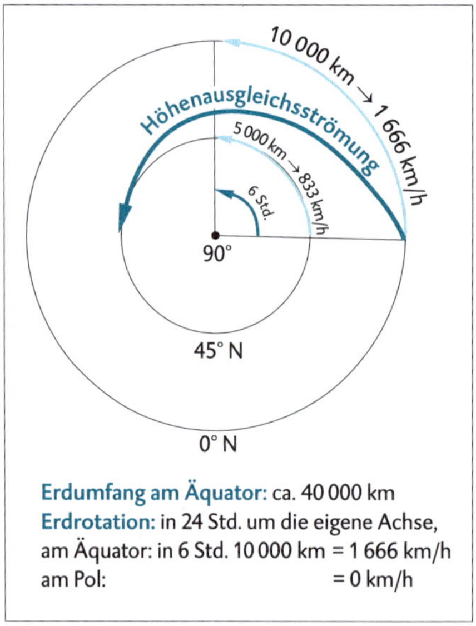

M 76: Jetstream

Dieser Höhenwind prägt sich in abgeschwächter Form bis nahe der Erdoberfläche durch und reißt bodennahe Luftschichten als **Westwinddrift** mit. Dadurch ist zunächst ein Luftmassen- und Wärmeaustausch zwischen den Tropen und Polarregionen blockiert. In der Folge steigen der Temperaturgegensatz und somit auch der Druckgradient zwischen Pol und Äquator so lange an, bis ein kritischer Wert überschritten ist. Dann geraten die Jetstreams ins „Schlingern". Starke Reliefunterschiede zwischen Gebirgen und Meeren verstärken dieses Mäandrieren.

Die Mäanderbögen sind prinzipiell ortsfest, schwingen aber jahreszeitlich gemäß der sich verschiebenden Passatzirkulation unterschiedlich weit aus. Beim Mäandrieren stoßen auf der Nordhalbkugel polare Luftmassen nach Süden vor (Kaltlufttröge) und tropische Warmluft schiebt sich nach Norden (Warmluftrücken, vgl. M 77). Es kommt jedoch zunächst noch nicht zu einem Energie-/Wärmeaustausch. Dieser tritt erst ein, wenn sich die Luftmassen verwirbeln.

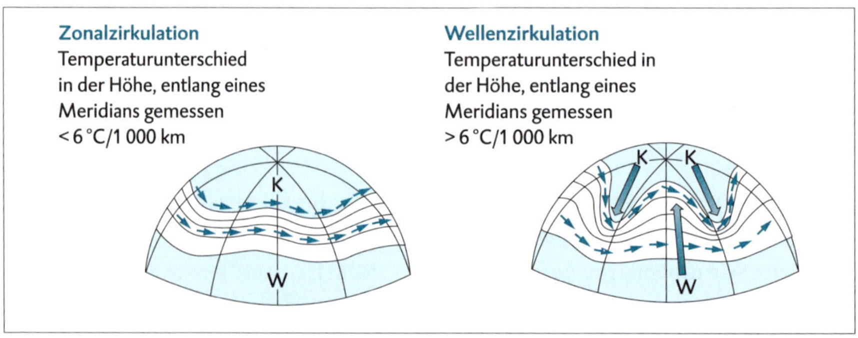

M 77: Mäandrieren des Polarfrontjets

3.2 Zyklone und Antizyklone

Winde bestehen nicht nur aus parallelen Strömungsbahnen, sondern es kommt innerhalb der Strömungen zu Verengungen **(Konvergenzen)** und Erweiterungen **(Divergenzen)**. Auslöser für diese Konvergenzen und Divergenzen ist das Mäandrieren des Jetstreams. Weht der Jetstream in Richtung Äquator, kommt es, bedingt durch die unterschiedliche Erdrotation, zu einer Verringerung der Windgeschwindigkeit. Die Luftströmung wird gestaucht, zusammengedrückt, schraubt sich korkenzieherartig im Uhrzeigersinn nach unten und bildet ein dynamisches Hoch, eine **Antizyklone**.

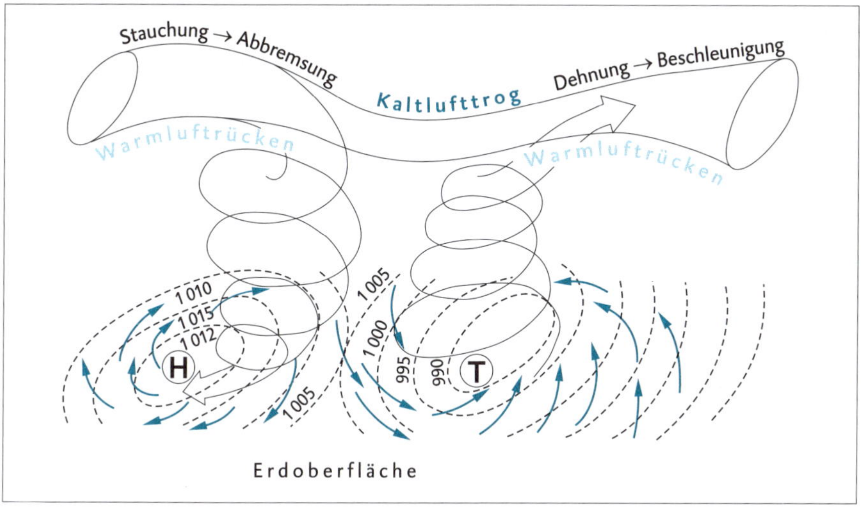

M 78: Dynamische Druckgebilde

Bewegt sich der Jetstream Richtung Pol, kann er beschleunigen. Dabei strömt der Wind auseinander und das Sturmband dehnt sich aus. Luft wird von unten angesaugt und schraubt sich gegen den Uhrzeigersinn hoch. Es entsteht ein dynamisches Tiefdruckgebiet, eine **Zyklone**. In diese strömt bodennahe Luft nach. Auf der Südhalbkugel ist die Bewegungsrichtung der dynamischen Druckgebilde genau umgekehrt.

Diese Zyklonen und Antizyklonen werden vom Polarfrontjet mitgezogen und wandern von West nach Ost. Aufgrund ihrer Wirbelbewegung und der Corioliskraft scheren die Zyklonen nach Norden polwärts aus und bilden den **subpolaren Tiefdruckgürtel**. Zu diesem gehören das Islandtief und das Alëutentief.

Die Antizyklonen scheren an der Südseite des Jetstreams aus und verstärken die thermisch bedingten Hochdruckgebiete des **subtropisch-randtropischen Hochdruckgürtels** mit Azoren- oder Hawaii-Hoch.

Dynamische Luftdruckgebilde unterscheiden sich von thermischen vor allem dadurch, dass sie sowohl am Boden als auch in der Höhe den gleichen Luftdruck aufweisen.

3.3 Zyklonales Wettergeschehen

An der **planetarischen Frontalzone** schaufeln Zyklonen polare Kaltluft nach Süden und subtropische Warmluft nach Norden und sorgen durch Verwirbelung von Luftmassen für den horizontalen Wärmeausgleich. Durch den vertikalen Luftmassenaustausch wird ebenfalls Wärme freigesetzt oder aufgenommen.

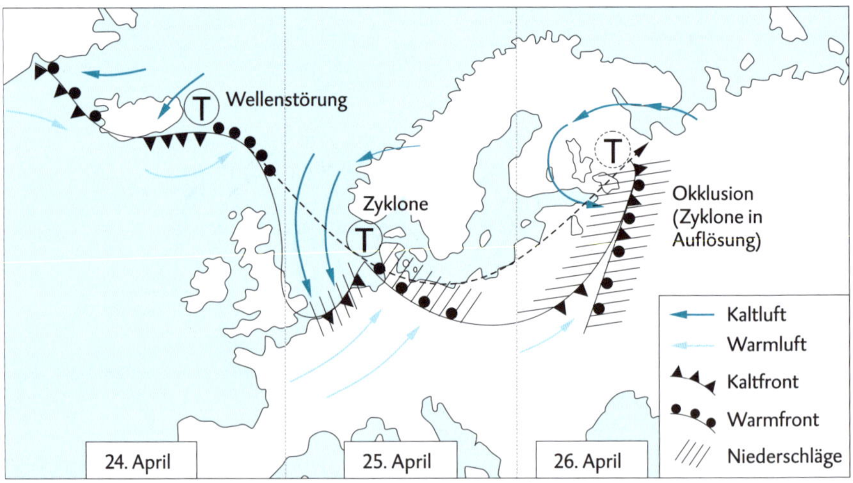

M 79: Entwicklung einer Zyklone

An der Vorderseite einer Zyklone schiebt sich die vordringende leichtere Warmluft schräg auf die vorhandene schwerere Kaltluft auf. Dabei eilt die Warmluft in der Höhe derjenigen am Boden meist 100–250 km voraus. Es gibt also keine einheitliche **Warmfront**, sondern eher eine Warmfrontzone. Beim Aufgleiten der warmen Luft auf die vorhandene Kaltluft wird die Warmluft an der Aufgleitfläche und mit der Höhe abgekühlt; es kommt zur Kondensation und Wolkenbildung. Erkennbar ist das Herannahen einer Warmfrontzone an hellen Federwolken aus Eiskristallen (Cirren) 7–13 km hoch am blauen Himmel. Den Cirren folgen durchscheinende Schleierwolken (Cirrostratus), die sich zu hohen Schichtwolken (Altostratus) in 2–7 km Höhe verdichten. Mächtige tiefe Nimbostratuswolken folgen, aus denen lang anhaltender gleichmäßiger Regen (Niesel- bis Landregen) fällt.

Die Warmluft verdrängt langsam die Kaltluft (erkennbar an den steigenden Temperaturen, dem fallenden Luftdruck und der von Süd nach Südwest drehenden Windrichtung). Mit dem Durchzug der Bodenwarmfront hört der Regen auf.

Im **Warmluftsektor** scheint die Sonne, die Temperatur steigt, es ist wolkenfrei. Allenfalls führt lokale Konvektion zur Bildung von Cumuluswolken. Der Wind kommt zunehmend aus West.

Das Herannahen von polarer Kaltluft, der **Kaltfront**, beendet die Schönwetterphase. Da die Kaltluft schwerer und schneller als die Warmluft ist, engt sie den Warmluftsektor ein, indem sie sich wie eine Planierraupe am Boden voranschiebt und die Warmluft zum raschen Aufstieg zwingt. Es bilden sich hoch auftürmende „blumenkohlartige" Cumulonimbuswolken mit Ambossbildung, aus denen heftige Schauer fallen. Oft kommt es zu Gewittern auch mit Hagel. Die Temperatur sinkt rasch ab, der Luftdruck steigt, der Wind dreht sich von West auf nordwestliche Richtungen. Nach dem Durchzug der Kaltfront klart es meist rasch auf, die Temperaturen bleiben kühler.

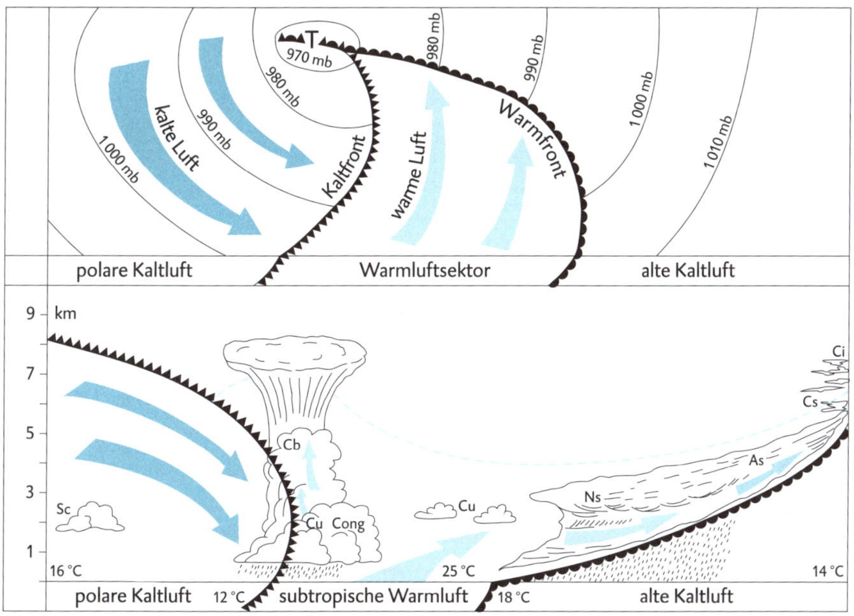

M 80: Wetterablauf beim Durchzug einer Zyklone

Im sogenannten **Reifestadium** holt die Kaltfront die Warmfront ein. Kalte Luft hat sich unter die Warmluft des Warmluftsektors geschoben und diese hochgehoben. Dies nennt man **Okklusion**. Die Warmluft in der Höhe kühlt ab, die gespeicherte Luftfeuchtigkeit kondensiert und regnet ab. Mit der Okklusion ist das Tief aufgefüllt und die Zyklone „gestorben".

Oft bilden sich über dem Atlantik Frontensysteme mit mehreren Tiefdruckzentren aus, die von der Westwinddrift herangetragen werden und über Europa hinwegziehen. Die Zyklonen sorgen nicht nur für einen Temperaturaustausch (Wärmetransport in höhere Breiten), sondern transportieren auch Wasserdampf vom Meer aufs Festland, wo er als Niederschlag abregnet. Zyklonen sind also auch wichtiger Teil des globalen Wasserkreislaufs.

In den Antizyklonen, die durch den Polarfrontjet entstehen, sinkt die Luft ab und wird dabei trockenadiabatisch erwärmt. Sie kann vermehrt Wasserdampf aufnehmen, es kommt zur Wolkenauflösung und infolgedessen zu trockenem, wolkenlosem Wetter mit starker Insolation bei Tag und starker Ausstrahlung bei Nacht.

Der über Europa pendelnde Polarfrontjet sorgt dafür, dass das Wettergeschehen je nach Lage der Druckgebilde von sehr unterschiedlichen Luftmassen geprägt wird. In Mitteleuropa können je nach Jahreszeit tropische, polare, ozeanische oder kontinentale Luftmassen das Wettergeschehen beeinflussen. Dabei bilden sich immer wieder typische Großwetterlagen heraus, die zu charakteristischen Wetterabläufen führen (vgl. M 81).

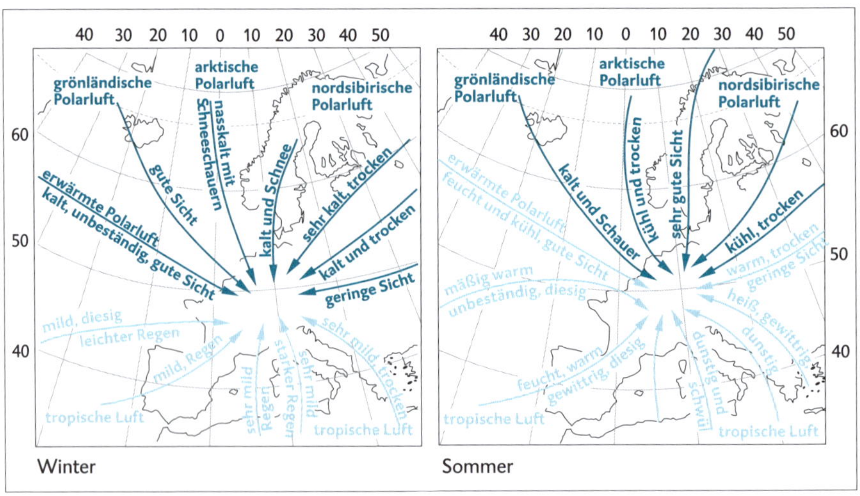

M 81: Luftströmungen bringen typisches Wetter

4 Klimazonen

4.1 Klimaklassifikationen

Klimaklassifikationen ordnen die Merkmale des Klimas, d. h. die langfristig typischen Wetterabläufe eines Jahres, systematisch nach bestimmten Gesichtspunkten. Man unterscheidet:

Genetische Klimaklassifikation

Genetische Klimaklassifikationen werden aus dem dynamischen Geschehen in der Atmosphäre abgeleitet. Die Genese des Klimas, d. h. dessen Entstehung, steht im Mittelpunkt.

Wolfgang Weischet unterscheidet aufgrund der solaren Einstrahlung vier Klimazonen. Zur genaueren Differenzierung werden die jeweils vorherrschenden Druck- und Windsysteme in diesen Zonen herangezogen. Auf diesem System beruht auch die einfache Klimakarte von *Ernst Neef*:

Tropen	Immerfeuchte Tropen Sommerfeuchte Tropen Subtropisch-randtropische Trockengebiete	**Mittelbreiten**	Zyklonale Westwindklimate Kontinentalklimate Außertropisches Ostseitenklima
Subtropen	Winterregen Subtropen Sommerregen Subtropen Kontinentale Subtropen	**Polarregionen**	Polare Klimate

M 82: Klimazonen

Effektive Klimaklassifikation

Die effektiven Klimaklassifikationen orientieren sich an den Wirkungen des Klimas auf der Erdoberfläche, nicht an dessen Entstehung. Diese Methode ermittelt die Klimazonen auf der Basis zweckmäßiger Grenzwerte von Temperatur und Niederschlag. Die Dichte und die räumliche Verteilung der Messstationen sind dabei entscheidend für die Aussagekraft und Genauigkeit einer effektiven Klimakarte.

Köppen und *Geiger* (1928) unterteilen nach dem Temperaturwert vier große Zonen A, C, D, E sowie die Zone B, die sich von den anderen vier Zonen durch Trockenheit unterscheidet (z. B. A = Tropen, kältester Monat > 18 °C). Diese Großklimate werden durch hygrische (erster Kleinbuchstabe) und weitere thermische Kriterien (zweiter Kleinbuchstabe) differenziert. Stuttgart hat nach dieser Klassifikation ein Cfb-Klima:

C = warmgemäßigtes Klima mit kältestem Monat 18 °C bis –3 °C
f = alle Monate ausreichend Niederschlag
b = wärmster Monat unter 22 °C, mindestens vier Monate über 10 °C

Nach *Troll* und *Paffen* (1963) wird die Erde in fünf thermische Klimazonen eingeteilt. Die weitere Differenzierung in Geozonen erfolgt nach hygrischen und thermalen Grenzwerten, wobei man sich an der vorherrschenden natürlichen Vegetation orientiert.

Lauer und *Frankenberg* (1987) gehen von vier Klimazonen (nach Sonneneinstrahlung) aus, wobei die mittleren Breiten in warm- und kühlgemäßigt unterschieden werden. Sie unterteilen diese in Klimaregionen nach ihrem Wärmehaushalt (hochkontinental, kontinental, maritim). Die Binnendifferenzierung erfolgt gemäß dem Wasserhaushalt (Zahl der humiden Monate; Niederschlag ≥ Verdunstung durch die reale Landschaft). So wird eine recht genaue Binnendifferenzierung erreicht.

4.2 Geozonen

Eine **Landschaft** ist ein örtlich begrenzter Teil der Erdoberfläche, der durch Oberflächengestalt, Klima, Wasser, Boden und Vegetation geprägt wird. Ist die Landschaft vom wirtschaftenden Menschen, insbesondere von dessen wirtschaftlicher und siedlungsmäßiger Nutzung, deutlich beeinflusst, spricht man von **Kulturlandschaft**; ist sie weitgehend unberührt, wird sie als **Naturlandschaft** bezeichnet.

Die regionalen Landschaften sind Teil der **Landschaftszonen** oder **Geozonen**. Die Einteilung der Erde in ein Ordnungsraster von Geozonen dient der schnellen Orientierung bezüglich naturräumlicher Zusammenhänge. Die im Folgenden verwendete Klassifikation von Troll/Paffen ist besonders übersichtlich. Zudem spielt das Klima, an dem sich die Einteilung von Troll/Paffen schwerpunktmäßig orientiert, die entscheidende Rolle bei der Gestaltung einer Landschaft: Relief, Boden, Vegetation und Wasserhaushalt sind allesamt vom Klima abhängig.

Kalte Zone

Klimastationen	Kap Tscheljuskin/Russland 77° 43' N/104° 17' O 13 m/–15,3 °C/240 mm 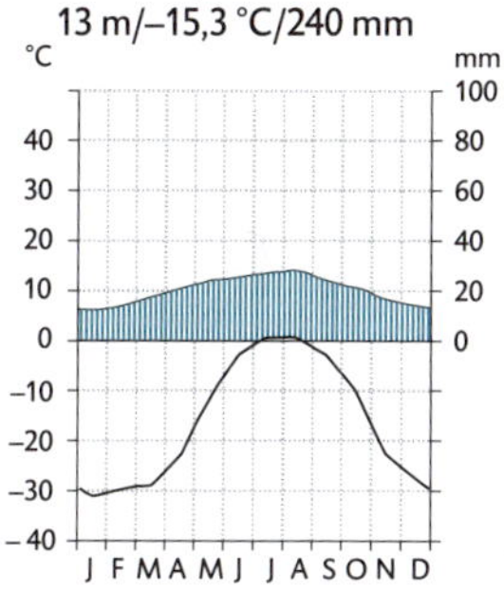 	Chesterfield-Inlet/Kanada 64° 18' N/96° 00' W 4 m/–11,3 °C/251 mm 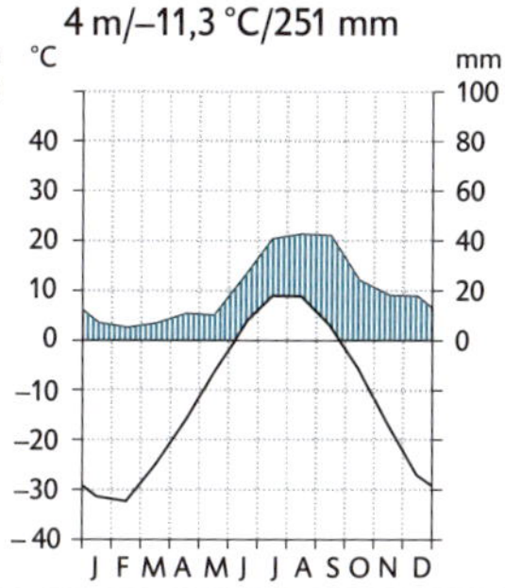 	Jakutsk/Russland 62° 05' N/129° 45' O 103 m/–10,0 °C/235 mm 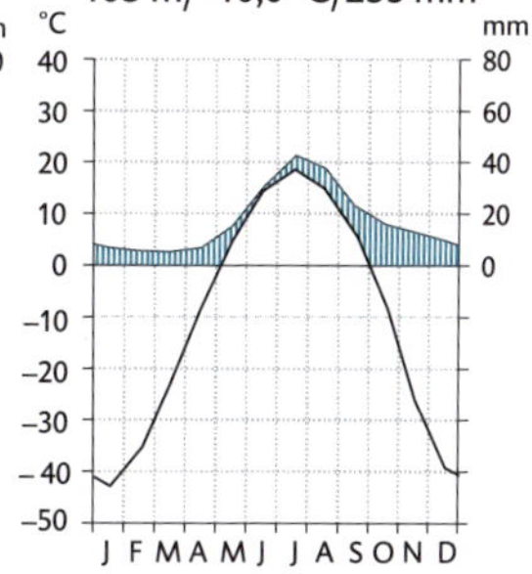
Klimazone	1 **Polare Klimate** **Frostschutzzone**	2 **Subpolare Klimate** **Tundra**	3 **Boreale Klimate** **Taiga** a **extrem kontinentaler Nadelwald** b **kontinentaler Nadelwald**
Temperatur	Wärmster Monat < 6 °C Arktis ∅-Temp. –19,2 °C Antarktis ∅-Temp. –43,3 °C	Wärmster Monat < 10 °C Kältester Monat < –10 °C hohe Amplitude	Wärmster Monat < 20 °C Kältester Monat: a unter –25 °C; extreme Gegensätze möglich b unter –3 °C
Niederschlag	Sehr gering, jedoch kaum Verdunstung, deshalb ganzjährig humid	Gering, jedoch kaum Verdunstung, deshalb ganzjährig humid	Humid a trockene Winter b sehr schneereiche Winter
Klimaprozesse	Polartag – Polarnacht Ganzjähriges Kältehoch	Jahreszeitenklima Extreme Winterkälte in kontinentaler Lage	Jahreszeitenklima Winter: kontinentales Kältehoch Sommer: kontinentales Hitzetief
Vegetation	Keine höhere Vegetation möglich: Flechten	Flechten, Moose, Zwergsträucher, Heidekraut, Polarweide, Zwergbirke	a Sommergrüner Nadelwald: Lärchen b Immergrüner Nadelwald: Fichten, Kiefern, auch Birken und Pappeln
Boden	Keine Bodenbildung	Permafrost, ausgedehnte Moore und Sümpfe nach Schneeschmelze, Gleyböden (Staunässe)	Wo Permafrost, ausgedehnte Moore/Sümpfe nach Schneeschmelze, Gleyböden (Staunässe); sonst unfruchtbare saure Böden (Podsol)

M 83: Kalte Zone

Gemäßigte Zone

Klimastationen

Brest/Frankreich
48° 27' N/4° 25' W
103 m/10,8 °C/1 085 mm

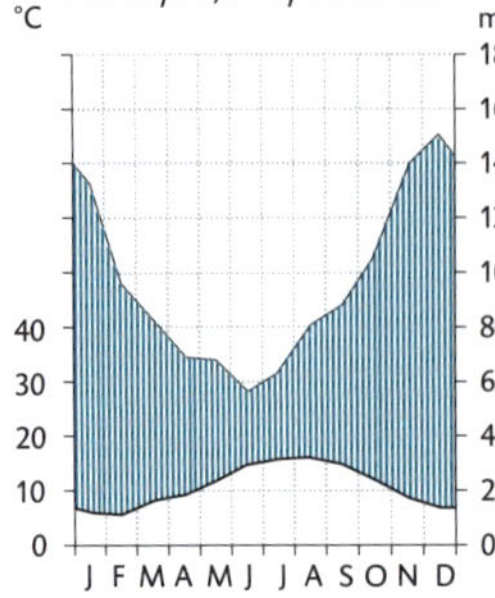

Moskau/Russland
55° 45' N/37° 34' O
156 m/5,0 °C/688 mm

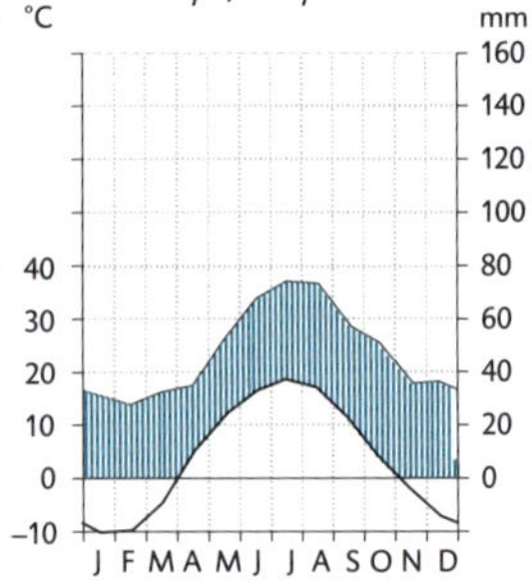

Koktschaw/Kasachstan
53° 07' N/69° 23' O
280 m/2,8 °C/242 mm

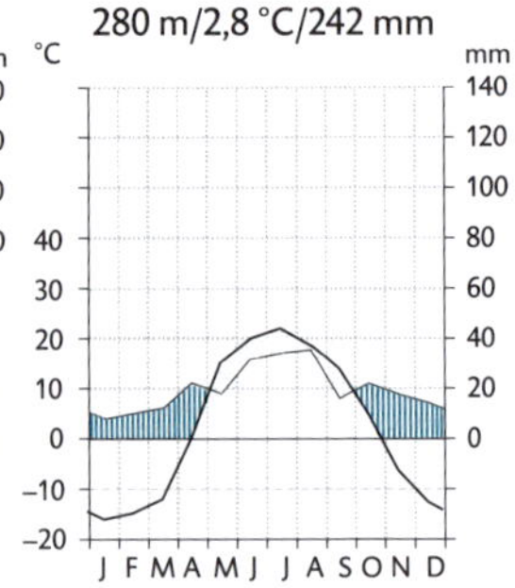

Klimazone	**4 Klimate der sommergrünen Laub- und Mischwälder:** **a ozeanische Klimate** **b kühlgemäßigte Übergangsklimate** **c kontinentale Klimate** **d sommerwarme Klimate der Ostseiten**		**5 Winterkalte Trockenklimate** **a Steppen** **b Halbwüsten und Wüsten**
Temperatur	a Wärmster Monat < 15 °C Kältester Monat 2–10 °C	c Wärmster Monat bis 15 °C Kältester Monat bis –20 °C	Wärmster Monat bis 25 °C Kältester Monat bis –20 °C
Niederschlag	> 1 000 mm an Küsten und Westseiten von Gebirgen, nach Osten hin abnehmend, Max. im Herbst/Winter	Meist 500–600 mm, ganzjährig humid, Max. im Sommer	Unter 500 mm, Konvektionsniederschläge und Gewitter im Sommer, hohe Variabilität; über fünf Monate arid
Klimaprozesse	Einfluss des Golfstroms, Feuchtigkeit/Wärme durch zyklonale Westwinde bis weit in den Kontinent transportiert, im Sommer Einfluss des randtropischen Azorenhochs	Abnehmender bis geringer Einfluss der Westwinddrift, zunehmend kontinentales Klima	Winter: kontinentales Kältehoch Sommer: kontinentales Hitzetief Dürreperioden möglich
Vegetation	Im Westen immergrüne Laubgehölze, artenreiche Laub- und Laubmischwälder (drei ausgeprägte Stockwerke: Kraut-, Strauch-, Baumschicht), in Höhenlagen der Mittelgebirge und im Osten zunehmende Dominanz von Nadelbäumen: Tannen, Fichten, Kiefern; Vegetationsperiode bis 10 Monate		Meist baumlose Graslandschaft, Vegetationsperiode nur 4–5 Monate sehr labiles Ökosystem: Bodenerosion (Dustbowl/USA)
Boden	Große regionale Vielfalt, fruchtbare Braunerden und Parabraunerden dominieren		Sehr fruchtbare Schwarzerden und graubraune Steppenböden, auch Wüstenböden

M 84: Gemäßigte Zone

Subtropen

Klimastationen	Palermo/Italien 38° 11' N/13° 06' W 21 m/18,5 °C/611 mm 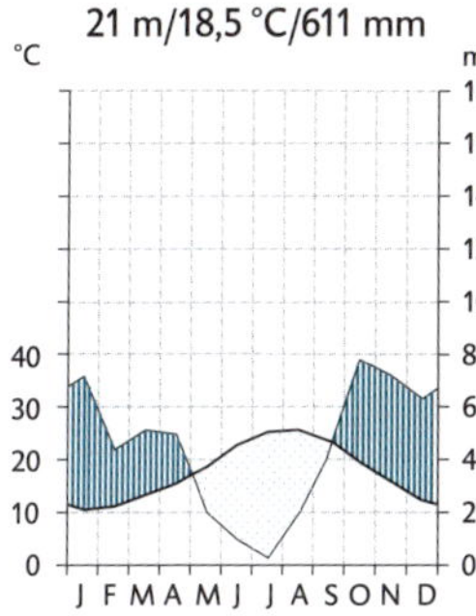	Tsintao/China 38° 04' N/120° 09' O 77 m/12,1 °C/648 mm 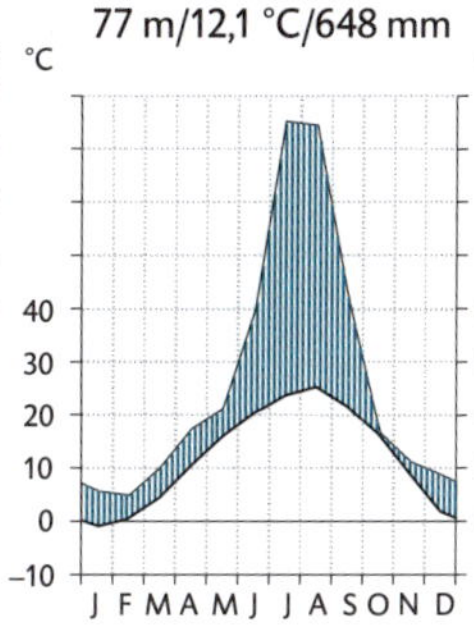	Assuan/Ägypten 23° 58' N/32° 47' O 200 m/25,9 °C/0 mm 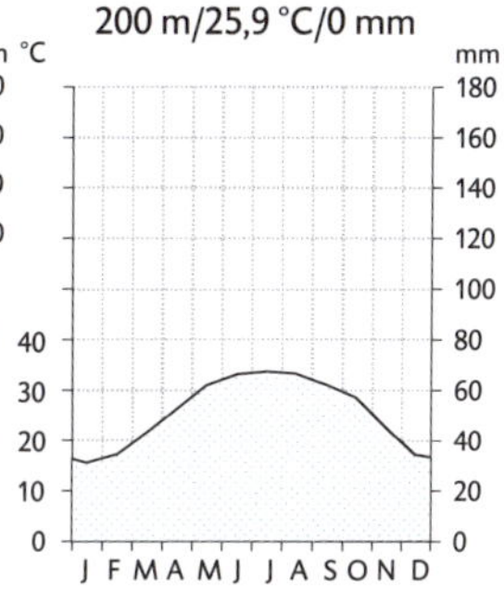
Klimazone	**6 Subtropische Winterregenklimate an Westseiten der Kontinente Mittelmeerklima**	**7 Subtropische Sommerregenklimate an Ostseiten der Kontinente**	**8 Subtropische Trockenklimate** **a wintermilde Steppen** **b Halbwüsten** **c Wüsten**
Temperatur	Winter: mild, frostfrei Sommer: um 25 °C	Winter: mild, frostfrei Sommer: um 25 °C	c Fehlende Wolken: tags extrem heiß; nachts Frost möglich
Niederschlag	Herbst/Winter: starke Niederschläge Sommer arid	Winter: außertropische Zyklonen Sommer: starke Monsunniederschläge	c Sehr selten, nur aride Monate
Klimaprozesse	Winter: Einfluss der Zyklonen des Polarfrontjets durch Südverlagerung der ITC; Sommer: im Bereich der nach Norden verlagerten randtropischen Hochdruckzellen	Sommermonsun Taifune können auftreten	c Ganzjährig im Bereich der randtropischen Hochdruckzellen mit absinkender Luft, im Winter seltene Niederschläge durch Zyklonen
Vegetation	Anpassung an Trockenzeit während Vegetationsperiode: immergrüne Hartlaubwälder, meist zur Macchie und Garrigue degradiert	Immergrüne Wälder mit starker Kraut- und Strauchschicht, immergrüne Arten (Lorbeer), Laub- und Nadelbäume (Pinien), Bambus	Spärliche Gräser und Kräuter, Sukkulenten, in Wüsten Vegetation nur in Oasen
Boden	Roterden (Terra Rossa) Häufig Verkarstung	Stark verwitterte Lehmböden	Wüstenböden

M 85: Subtropen

Wechselfeuchte Tropen

Klimastationen

Zinder/Niger
13° 47' N/8° 59' O
453 m/28,0 °C/412 mm

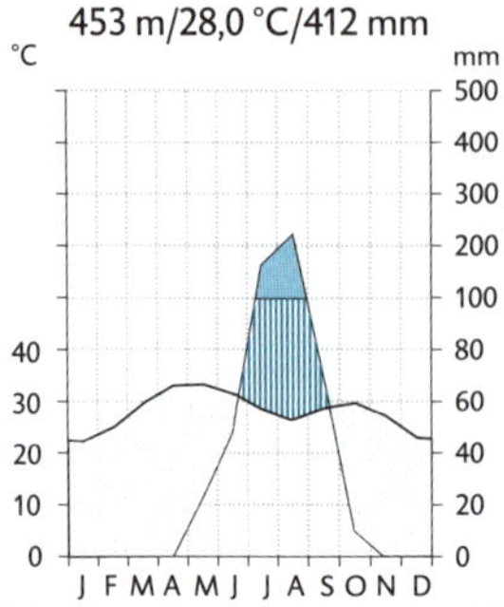

Kano/Nigeria
12° 0' N/78° 32' O
470 m/26,2 °C/873 mm

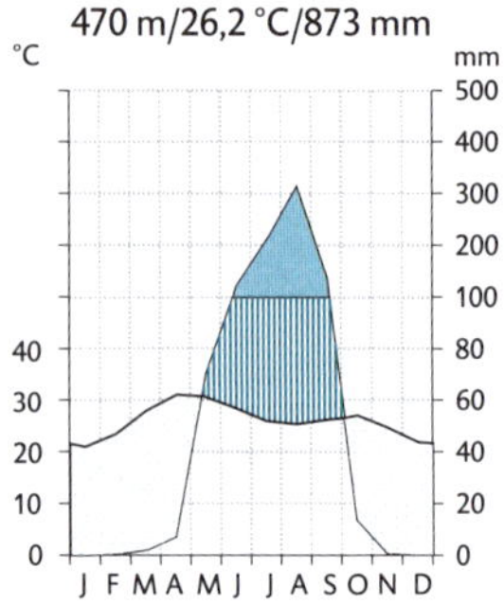

Enugu/Nigeria
6° 38' N/7° 33' O
140 m/27,3 °C/1 754 mm

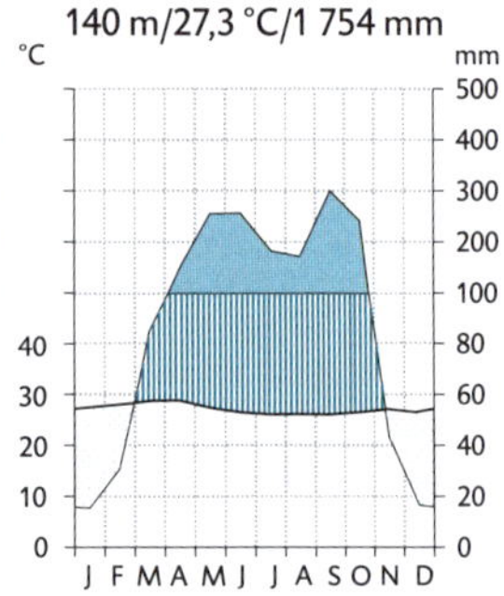

Klimazone	9 Dornsavanne	10 Trockensavanne	11 Feuchtsavanne
Temperatur	Wärmster Monat < 35 °C Kältester Monat im Tiefland > 18 °C	Wärmster Monat < 32 °C Kältester Monat im Tiefland > 18 °C	Wärmster Monat < 30 °C Kältester Monat im Tiefland > 18 °C
Niederschlag	2–4,5 humide Monate Trockenzeit und Regenzeit 250–600 mm	4,5–7 humide Monate Trockenzeit und Regenzeit 600–1 000 mm	7–10 humide Monate Trockenzeit und Regenzeit 1 000–1 800 mm
Klimaprozesse	In den wechselfeuchten Tropen folgen die Regen- und Trockenzeiten der innertropischen Zirkulation. Im Nordsommer verschiebt sich die ITC mit dem Sonnenstand auf die Nordhalbkugel. Die Zenitalregen folgen mit einem zeitlichen Abstand zum Sonnenhöchststand. In Äquatornähe ist im Frühjahr und im Herbst jeweils ein Niederschlagsmaximum zu erkennen, weil die ITC zweimal durchzieht.		
Vegetation	Dornbüsche, Kakteen, Wolfsmilchgewächse, lückenhafte Gräser	Regengrüne Trockenwälder, Schirmakazien, Baobab, Kakteen, kurzes Gras	Lichte, meist immergrüne Wälder hohe Gräser
Boden	Laterit	Laterit, Roterden	Roterden, Latosol

M 86: Wechselfeuchte Tropen

Immerfeuchte Tropen

Klimastationen

Kisangani/Rep. Kongo
0° 31' N/25° 12' O
460 m/25,4 °C/1 804 mm

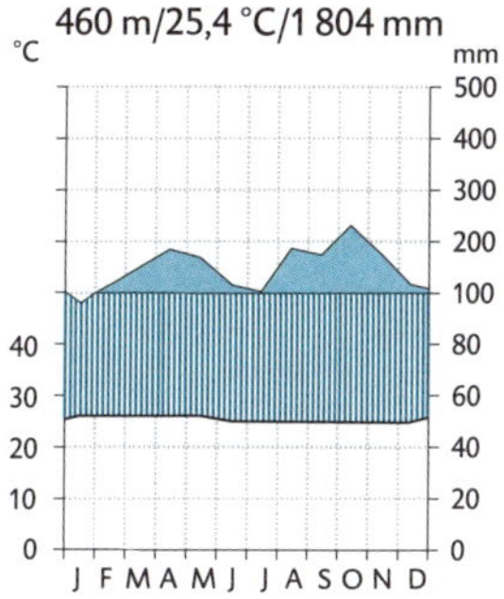

Klimazone

12 Tropischer Regenwald

Temperatur

Minimale monatliche Schwankungen um 25 °C
Tageszeitenklima

Niederschlag

10–12 humide Monate
1 800–10 000 mm

Klimaprozesse

Meist täglich gleicher Wetterablauf mit Mittagsregen
Klima ganzjährig von der ITC bestimmt

Vegetation

Üppige Vegetation, Stockwerkbau
Artenreichtum, jedoch Individuenarmut, kurzgeschlossener Nährstoffkreislauf

Boden

Meist tiefgründig verwitterte ausgelaugte Böden ohne Nährstoffspeicherfähigkeit
Latosole

M 87: Immerfeuchte Tropen

Höhenstufen tropischer Gebirge

Klimastationen

Eldoret/Kenia
0° 31' N/35° 16' O
2 092 m/16,9 °C/1 027 mm

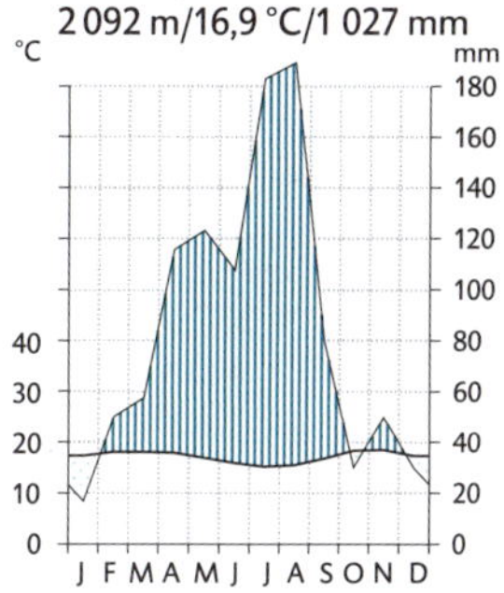

Klimazone

13 Tropische Gebirge

Temperatur

Tageszeitenklima mit teils extremer Temperaturamplitude

Niederschlag

7–12 humide Monate
große Unterschiede je nach Exposition der Station

Höhenstufen

Heiße Zone (tierra caliente)
Gemäßigte Zone (tierra templada)
Kalte Zone (tierra fria)
Frostzone (tierra helada)
Nivale Zone (tierra nevada)

Vegetation

Heiße Zone: trop. immergrüner Tiefland-Regenwald, halbimmergrüner Übergangswald bzw. trop. Feuchtsavannengürtel
Gemäßigte Zone: trop. Bergwald bzw. trop. Berg-Feuchtsavannen
Kalte Zone: trop. Höhen- und Nebelwald bzw. Sierra-Höhenbusch
Frostzone: Paramó bzw. Puna
Nivale Zone: ohne Vegetation, Schnee und Eis

M 88: Höhenstufen tropischer Gebirge

Aufgabe 22 Untersuchen Sie die Klimadiagramme A und B (M 89).

a Überprüfen Sie, auf welcher Erdhalbkugel die Stationen liegen, und begründen Sie Ihre Zuordnung.

b Ordnen Sie die Stationen einer Klimazone zu, und begründen Sie Ihre Entscheidung.

c Erläutern Sie die jeweilige Niederschlagsverteilung.

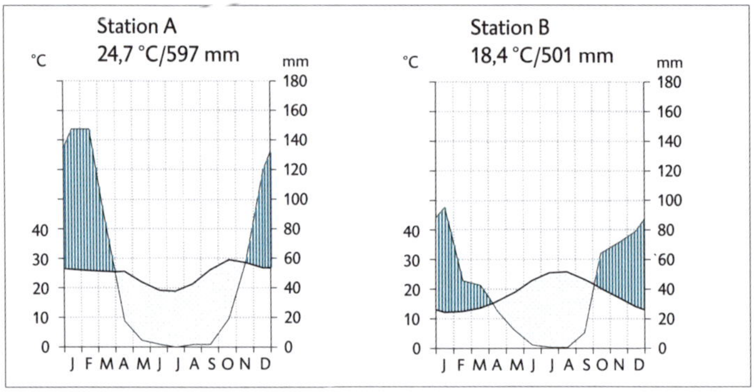

M 89: Klimadiagramme

5 Stadtklima

In Stadtlandschaften bildet sich ein **Stadtklima** aus, das sich deutlich vom Klima des Umlandes unterscheidet. Im unbebauten Umland sorgt die Vegetation mit ihrer Verdunstung für Abkühlung und die Winde ermöglichen einen regelmäßigen Luftmassenaustausch. In den Städten dagegen behindert die hohe und dichte Bebauung die Frischluftzufuhr und den Austausch von Luftmassen. Die kühlende Verdunstung ist über versiegelten Flächen stark herabgesetzt. Messungen und Thermalscanneraufnahmen belegen, dass Städte im Vergleich zu ihrem Umland eine deutliche Überwärmung von bis zu 10 K zeigen, sie sind also **Wärmeinseln**.

Das Sonnenlicht wird an den Hauswänden mehrfach reflektiert. Dabei wird jeweils ein Teil der Strahlungsenergie absorbiert. In der Summe ergibt sich ein höherer Energieeintrag als über unbebautem Land. Außerdem wird der Energieeintrag durch die stadttypischen Baumaterialien (Asphalt und Beton) und deren unterschiedliche Albedo erhöht. Die gespeicherte Wärme wird, besonders nachts, abgestrahlt. Hinzu kommen Prozess- und Abwärme aus Haushalten, Industriebetrieben und vom Verkehr, die in der Stadt ablaufen und ebenfalls zur Erwärmung des Stadtklimas beitragen.

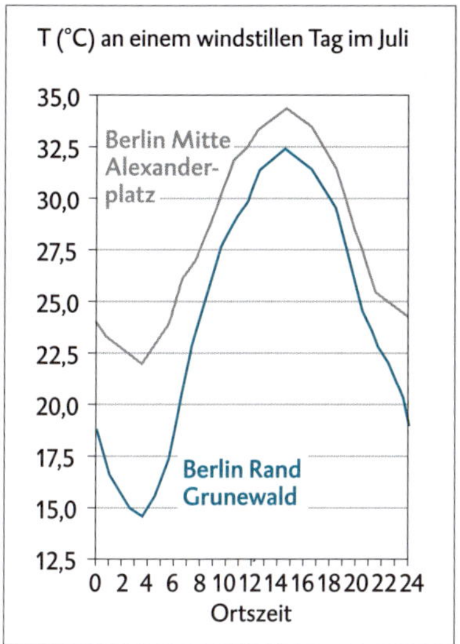

M 90: Temperaturunterschiede Umland – Stadtmitte

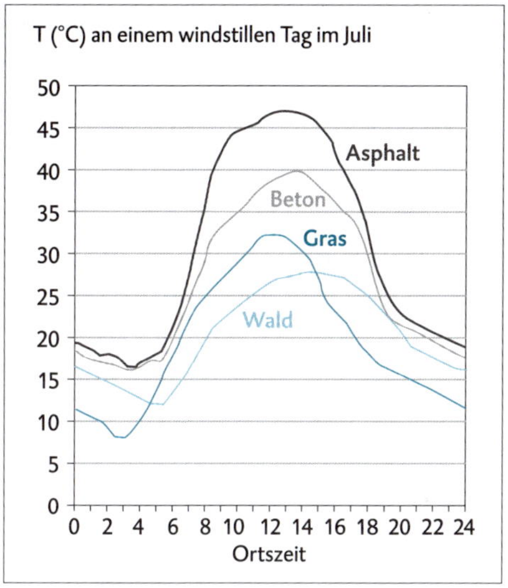

M 91: Erwärmung unterschiedlicher Oberflächen

Nicht unerwähnt bleiben darf, dass aufgrund der Versiegelung die Vegetationsdichte sehr gering ist und somit der Energieverbrauch durch die Evapotranspiration der Pflanzen sehr niedrig ist. Dieser Energieverbrauch bewirkt beispielsweise, dass innerstädtische Parkanlagen eine niedrigere Temperatur haben als angrenzende Siedlungsflächen.

Einher mit der Temperaturerhöhung gehen Emissionen, die die Luft mit Spurengasen, Kohlenmonoxid, Kohlendioxid, Wasserdampf, Rußteilchen und Feinstäuben anreichern und zur Bildung einer **Dunstglocke** führen. Diese hält die langwellige Wärmestrahlung zurück, ein **städtischer Treibhauseffekt** entsteht. Die Überwärmung führt zur Ausbildung eines Tiefdruckgebietes über der Stadt, die aufsteigende Luft kondensiert, zumal Staub- und Rußteilchen als Kondensationskerne fungieren. Erhöhte Niederschläge, Gewitter- und Nebelhäufigkeit besonders im Winter sind die Folgen. Die mit Emissionen angereicherte Luft kann verstärkt zu Gesundheitsschäden, insbesondere zu Atemwegserkrankungen führen.

Die **Luftverschmutzung** entsteht vorwiegend durch Abgase aus der Verfeuerung fossiler Energieträger, z. B. in Kraftfahrzeugen, durch den Feinstaub z. B. infolge von Reifen- und Bremsabrieb, den Gebrauch von Lösungsmitteln, die in Farben und Reinigungsmitteln enthalten sind. Kohlendioxid, Kohlenmonoxid, Ozon, Schwefeldioxid, Kohlenwasserstoffe und Stickoxide belasten die Luft. Stickoxide bilden Salpetersäure, die mit dem Regen ausgewaschen wird und nicht nur zur Versauerung der Böden und des gesamten Ökosystems führt, sondern auch zur verstärkten chemischen Verwitterung an Gebäuden, z. B. Kirchen und anderen Baudenkmälern. Die Ausbreitung der Abgase erfolgt überwiegend vertikal. Dies kann zur Entstehung von **Wintersmogwetterlagen** führen. Bei diesen Wetterlagen liegen warme Luftmassen auf kalten Luftmassen auf und verhindern so den vertikalen Luftaustausch. Unterhalb der Inversionsschicht kommt es dann zu einer Anreicherung der Abgase. In Mitteleuropa treten diese Wetterlagen vorwiegend im Winter auf.

Faktoren	Veränderung gegenüber dem Umland	Ursachen
Strahlung		
Globalstrahlung auf horizontaler Oberfläche	–20 %	Dunstglocke, erhöhte Bewölkung (aufgrund des Aufsteigens der Luft)
Gegenstrahlung	+10 %	
Ultraviolett im Winter	–70 %	
Ultraviolett im Sommer	–10 % bis –30 %	
Sonnenscheindauer		
im Winter	–8 %	erhöhte Bewölkung (s. o.)
im Sommer	–10 %	
Lufttemperatur		
Jahresmittel	bis +3 K	Treibhauseffekt, Energieumsatz im Baukörper, anthropogene Wärmezufuhr (Prozesswärme, Verkehr)
Winterminima	bis +10 K	
Dauer der winterlichen Frostperiode	–30 %	
Windgeschwindigkeit		
Jahresmittel	–25 %	Baukörper
Windstille	+115 %	
relative Luftfeuchtigkeit		
Jahresmittel	–6 %	Oberflächenversiegelung, erhöhte Temperatur, weniger Vegetation
Sommermittel	–8 %	
Verdunstung	bis –60 %	
Niederschlag		
Regensumme	+10 %	erhöhte Bewölkung (s. o.)
Schneefall	–5 %	höhere Temperatur
Tauabsatz	–65 %	geringe rel. Luftfeuchtigkeit (s. o.)
Nebel im Sommer	+30 %	
Nebel im Winter	+100 %	
Luftverunreinigungen		
CO_2, NO_x,	mehr	Emissionen, Immissionen
O_3	weniger	nächtliche Reduktion durch NO
Feinstäube	deutlich mehr	

M 92: Mittlere Veränderungen von Klimaparametern in Städten und ihre Ursachen

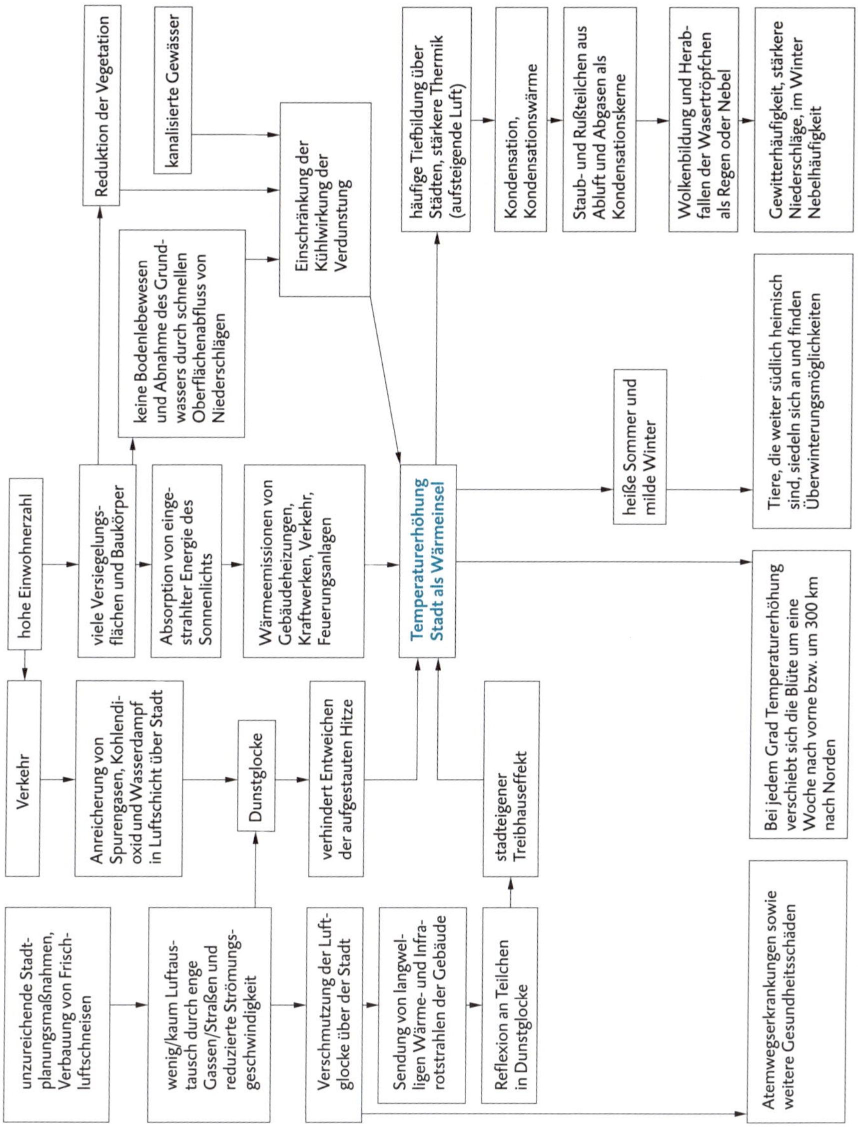

M 93: Die städtische Wärmeinsel in ihrem Wirkungszusammenhang

An sonnigen Tagen in der wärmeren Jahreszeit entsteht **Sommersmog**. Die Kohlenwasserstoffe und Stickoxide reagieren unter dem Einfluss von Sonnenlicht zu einem vorwiegend aus Ozon bestehenden Gasgemisch. Diese erhöhten bodennahen Ozonwerte sind gesundheitsgefährdend. Bei Überschreitung der Grenzwerte müssen sportliche Aktivitäten im Freien eingeschränkt werden.

Die Ausprägung eines typischen Stadtklimas ist in erster Linie abhängig von der Stadtgröße, aber auch von der Geländeform, der Bebauungsstruktur und dem Freiflächenanteil. Einige Klimaelemente unterscheiden sich stadtteilbezogen nur wenig (z. B. Sonnenstrahlung, Niederschlag). Andere Klimaelemente weisen, bedingt durch das Wärmespeichervermögen der Baustoffe, die Versiegelung des Bodens, durch veränderten Wasserhaushalt sowie durch Abwärme zum Teil recht große räumliche Unterschiede auf.

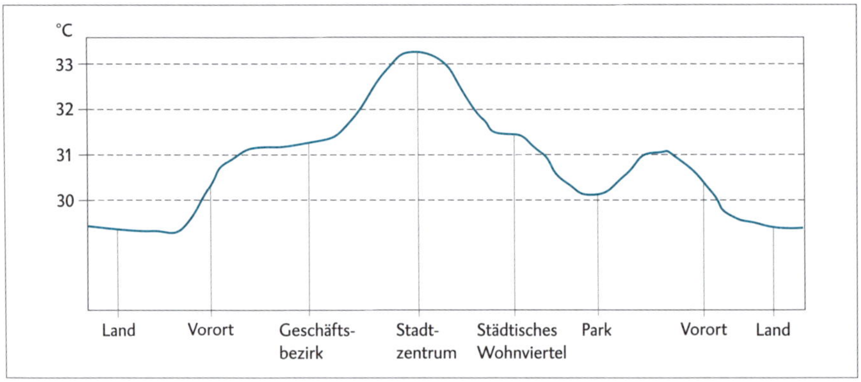

M 94: Temperaturprofil durch eine Stadt an einem Sommernachmittag

Mit fortschreitender Klimaerwärmung werden die Klimabelastungen in den Städten problematischer, was z. B. in Athen oder Tokio immer wieder zu Opfern unter der Bevölkerung führt. Deshalb müssen dringend Maßnahmen ergriffen werden, die die Temperaturen in den Städten herabsetzen und gleichzeitig die Luftqualität verbessern. So könnte durch eine geschickte Ausrichtung der Gebäude und Straßen sowie durch eine Reduktion der Bebauungshöhe Frischluft durch Windschneisen direkt in die Innenstadt geleitet werden, wobei ein gewisser Düseneffekt genutzt werden könnte.

Die Entsiegelung von Flächen und eine geringere Bebauungsdichte mit starker Durchgrünung der Siedlungsflächen würde die Temperatur effektiv dämpfen. Auch architektonische Maßnahmen wie konsequente Dach- und Fassadenbegrünungen wären hilfreich. Ferner könnte eine Reduzierung des Individualverkehrs bzw. die Einrichtung von Umweltzonen sowohl die Abwärme als auch die Emissionen verringern. Einen ähnlichen Effekt hätten umweltschonende Heiz- und Klimaanlagen sowie die Nutzung von Solarenergie und Wärmeaustauscher und eine bessere Gebäudedämmung.

Aufgabe 23 Erklären sie einem Mitschüler das Wirkungsgefüge zur städtischen Wärmeinsel (M 93), ausgehend von der Bevölkerungszahl. Beziehen Sie M 92 mit ein.

Aufgaben im Stil des Abiturs: Atmosphäre

fgabe 24

a Zeichnen und erklären Sie, ausgehend von M 95, die Entwicklung einer Zyklone.

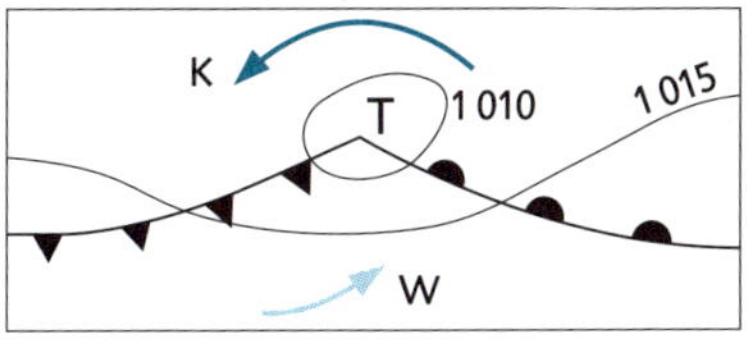

M 95: Entwicklung einer Zyklone

b Erläutern Sie mithilfe von M 96 das Wettergeschehen dieses Februartags.

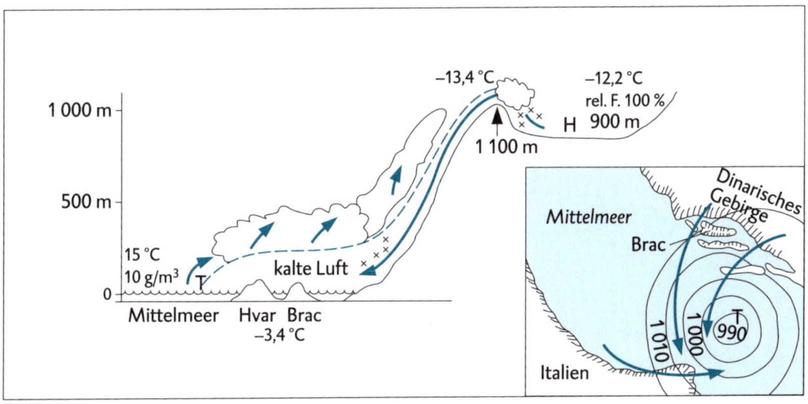

M 96: Wettergeschehen an einem Februartag

Wirtschaftsstrukturen und -prozesse

Wirtschaftliches Handeln von Personen und Gruppen führt zu bestimmten Strukturen auf globaler, regionaler und lokaler Ebene, räumliche Disparitäten entstehen oder lösen sich auf. Ziel dieses Handelns ist die Verwirklichung der **Grunddaseinsfunktionen** (Arbeit, Versorgung, Wohnen, Bildung, Erholung). Wirtschaftliche Entwicklung lässt sich in Theorien und Modellen veranschaulichen, die u. a. den Weg von einer Agrar- zu einer Dienstleistungsgesellschaft erklären können oder Zyklen der Konjunktur erläutern.

1 Entwicklungszyklen der Wirtschaft

1.1 Der Kondratieffzyklus

Die **industrielle Revolution**, ausgehend von England, führte zu einer völligen Umorganisation der Gesellschaft, von der Agrargesellschaft in eine Industriegesellschaft. Auslöser waren bahnbrechende technische **Basisinnovationen**, von denen ausgehend Zukunftsbranchen mit **Schlüsseltechnologien** entstanden mit revolutionären Folgen für die gesamte Wirtschaft und Gesellschaft.

Neue Wirtschaftszweige mit extrem hohem Wachstum eröffnen für Jahrzehnte ein gewaltiges Nachfragepotenzial, schaffen neue Märkte, erreichen große Anteile an der industriellen Gesamtproduktion, sorgen für zahllose Arbeitsplätze und neue Infrastrukturen. Sie fordern sowohl gesellschaftliche Veränderungen im Bildungswesen – Nachfrage nach neuen Qualifikationen – als auch Anpassungen im Rechts- und Sozialsystem.

Erschöpft sich nach Jahrzehnten das Innovationspotenzial und kommt es zu einer Marktsättigung, führt das zur wirtschaftlichen Rezession und Depression. Erst eine langfristig tragfähige Basisinnovation sorgt für Aufschwung in einem neuen Konjunkturzyklus **(Kondratieffzyklus)**. Dabei steigt die Basislinie stets an, da nachfolgende Wellen auf bereits vorhandenen Grundlagen z. B. beim Know-how oder der Infrastruktur aufbauen.

Das Modell der langen Konjunkturwellen mit einer Länge von etwa 50 Jahren, vom russischen Wirtschaftswissenschaftler Nicolai Kondratieff entwickelt, ist zwar stark vereinfachend und nicht mehr ganz aktuell, zeigt aber recht anschaulich die langfristige wirtschaftliche Entwicklung (M 97).

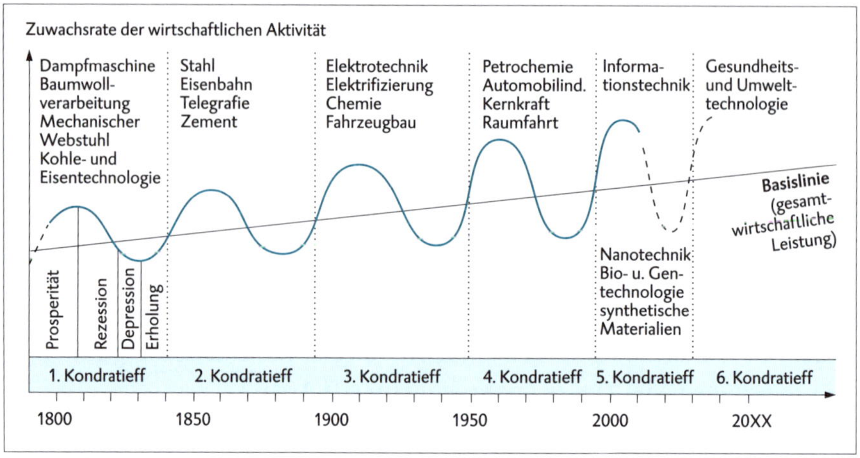

M 97: Die langen Wellen der Konjunktur und ihre Basis

Die Basisinnovationen der ersten langen Konjunkturwelle waren die **Dampfmaschine** und der mechanische **Webstuhl**. Die Dampfmaschine revolutionierte den Bergbau, die Eisen- und Stahlerzeugung und ermöglichte als idealer Antrieb des mechanischen Webstuhls die Massenproduktion von Textilien, vor allem auf der Grundlage von Baumwolle. Damit begann das Industriezeitalter.

Der Einsatz der Dampfmaschine für Transportmittel (**Eisenbahn** und **Dampfschiffe**) ermöglichte im zweiten Zyklus den **Massentransport** von Gütern und Menschen über weite Strecken. Das Zeitalter der Mobilität begann. In wenigen Jahrzehnten wurden neue engmaschige Infrastrukturnetze geschaffen, die den nationalen und globalen Handel revolutionierten. Die damit verbundene hohe Nachfrage an **Stahl** und **Kohle** führte zum Ausbau der Schwerindustrie und des Maschinenbaus. Industriemächte wie England, Frankreich, Deutschland und die USA entstanden.

Die dritte Welle basierte auf den Innovationen in der **Elektrotechnik** und der Chemie. Die Konsum- und Investitionsgüterindustrie blühte auf. Die Beherrschung der Elektrotechnik ermöglichte die Entwicklung des neuen Werkstoffes Aluminium. Die Nachfrage nach Elektrizität führte zu einer neuen Infrastruktur. Mächtige Großkonzerne wie Siemens und AEG entstanden.

Die **Petrochemie** (Treib- und Kunststoffe) und die **Automobilindustrie** führten nach dem Zweiten Weltkrieg zu einer neuen wirtschaftlichen Blüte und leiteten das Zeitalter des individuellen Massenverkehrs und des globalen Luftverkehrs ein. Die Kohle wurde von Erdöl als Treibmittel der Weltwirtschaft abgelöst. In den hoch industrialisierten Zentren USA, Europa und Japan wurden bisherige Kenntnisse und Technologien verbessert und umfassend angewandt. Der Dienstleistungssektor gewann immer mehr an Bedeutung und dominierte schließlich.

Träger der fünften Welle sind die **Informationstechnologien**. Der Computer und neue Hightechbranchen revolutionierten die Datenverarbeitung, die Informations- und Kommunikationstechnik sowie Abläufe und Verfahren im Industrie- wie Dienstleistungssektor. Die Gesellschaft wandelte sich von der Dienstleistungs- zur Wissens- und Informationsgesellschaft. Neue Technologien, ausgehend von den USA und Japan, ermöglichten die Globalisierung.

Betrachtet man die derzeitigen Forschungen, wird der nächste Zyklus von einer Weiterentwicklung der Elektronik und Informatik und den Branchen der **Gesundheits-**, **Umwelt-** und **Biotechnologie** getragen.

1.2 Die Sektoren der Volkswirtschaft

Die Wirtschaftsentwicklung von der Agrar- zur Dienstleistungsgesellschaft spiegelt sich auch in den Makrosektoren der Volkswirtschaft wider, in der Verteilung der Erwerbspersonen auf den **primären Sektor** (Land- und Forstwirtschaft, Fischerei), den **sekundären Sektor** (produzierendes Gewerbe, Bergbau und Industrie) und den **tertiären Sektor** der Dienstleistungen (Handel, Verkehr, Tourismus, Medien, Kommunikation, private und öffentliche Dienstleistungen). Die Anteile der Sektoren an den Beschäftigten und am Bruttoinlandsprodukt (BIP) gelten als wichtige Indizien für die wirtschaftliche Entwicklung eines Landes und die Leistungsfähigkeit der einzelnen Wirtschaftsbereiche.

Sektoren	I	II	III
1800	80,0	15,0	5,0
1880	42,2	35,6	22,2
1925	30,3	42,3	27,4
1960	13,4	48,5	38,1
1990	3,8	38,7	57,4
2008	2,1	25,3	72,6

M 98: Verteilung der Erwerbspersonen auf die Sektoren der Volkswirtschaft in % (Deutsches Reich 1800–1945, Bundesrepublik Deutschland 1950–1990, Deutschland 1995–2008)

Der französische Wirtschaftswissenschaftler **Jean Fourastié** (1907–1990) entwickelte ein Modell, das die für die wirtschaftliche Entwicklung eines Landes typischen Veränderungen der Anteile der Wirtschaftssektoren an der Gesamtbeschäftigtenzahl beschreibt (vgl. M 99):

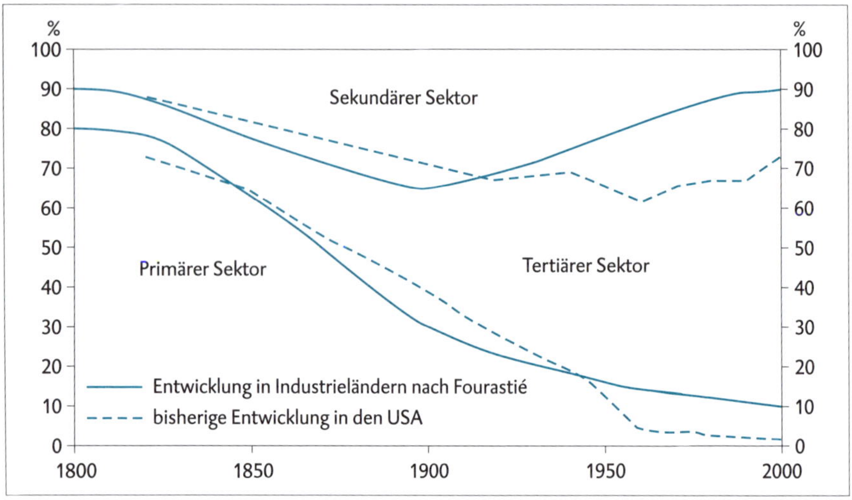

M 99: Das Modell von Fourastié

- **Phase 1:** In der vorindustriellen Zeit liegt der Anteil der Beschäftigten im primären Sektor bei circa 80 %, was in etwa auch dem Anteil der sich weitgehend selbst versorgenden ländlichen Bevölkerung entspricht.
- **Phase 2:** Während der Industrialisierung geht der Anteil der Erwerbstätigen in der Landwirtschaft auf ca. 10 % zurück, und der Anteil der Industriebeschäftigten kann auf 50 % ansteigen. Damit ist eine zunehmende Konzentration der Bevölkerung in städtischen Räumen verbunden.
- **Phase 3:** Kennzeichnend ist der deutliche Rückgang der Beschäftigten im sekundären Sektor bei gleichzeitigem Zuwachs des tertiären Sektors (Tertiärisierung) und weiter abnehmendem Anteil der im primären Sektor Tätigen.

Aufgabe 25 Vergleichen Sie den Anteil der Erwerbstätigen nach Sektoren mit deren Anteil am BIP (M 100) und ziehen Sie Schlussfolgerungen.

	Anteil der Erwerbstätigen			Anteil am BIP		
Sektoren	I	II	III	I	II	III
Deutschland (2008)	2,1	25,5	72,4	1	30	69
Polen (2007)	17	30	53	5	31	64
Türkei (2005/2008)	30	25	45	10	27	63

M 100: Anteil der Erwerbstätigen nach Sektoren mit deren Anteil am BIP in %

2 Unternehmerische Standortwahl und ihre Auswirkungen im Raum

Standortentscheidungen von Unternehmen wirken sich auf den Arbeitsmarkt und die Wirtschaftskraft einer Region entscheidend aus. Die Regionen haben deshalb ein Interesse an der Ansiedlung und Bestandspflege von Unternehmen.

2.1 Güter und Standorte der Produktion

Die Mittel zur Befriedigung menschlicher Bedürfnisse werden mit dem Begriff **Güter** bezeichnet (vgl. M 101).

Will man Güter in einer Produktionsstätte herstellen, müssen folgende vier Faktoren sinnvoll zusammengeführt und kombiniert werden: Boden, Arbeit, Wissen und Kapital. In der Volkswirtschaft spricht man von den **Produktionsfaktoren** (vgl. M 102).

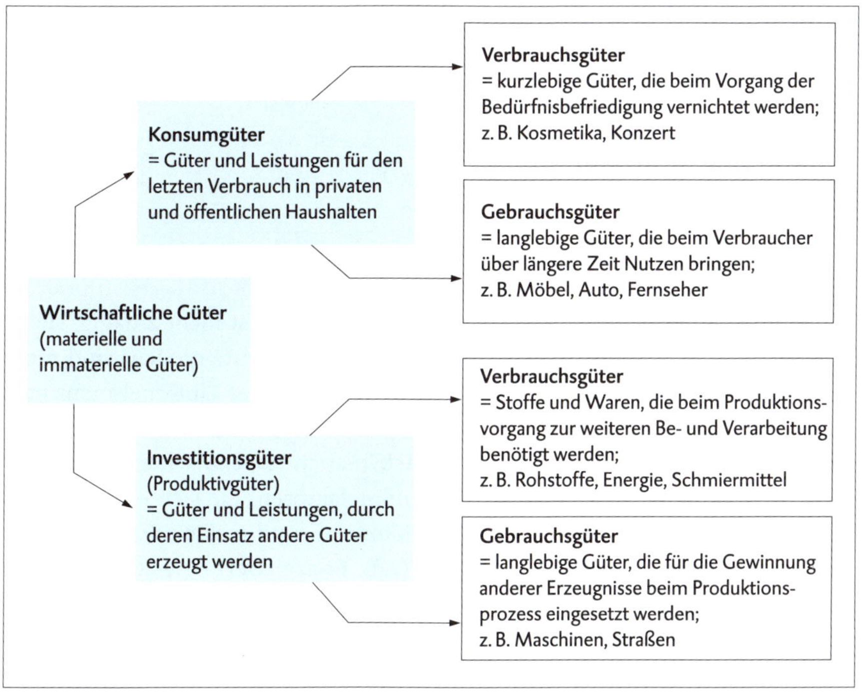

M 101: Volkswirtschaftliche Güter

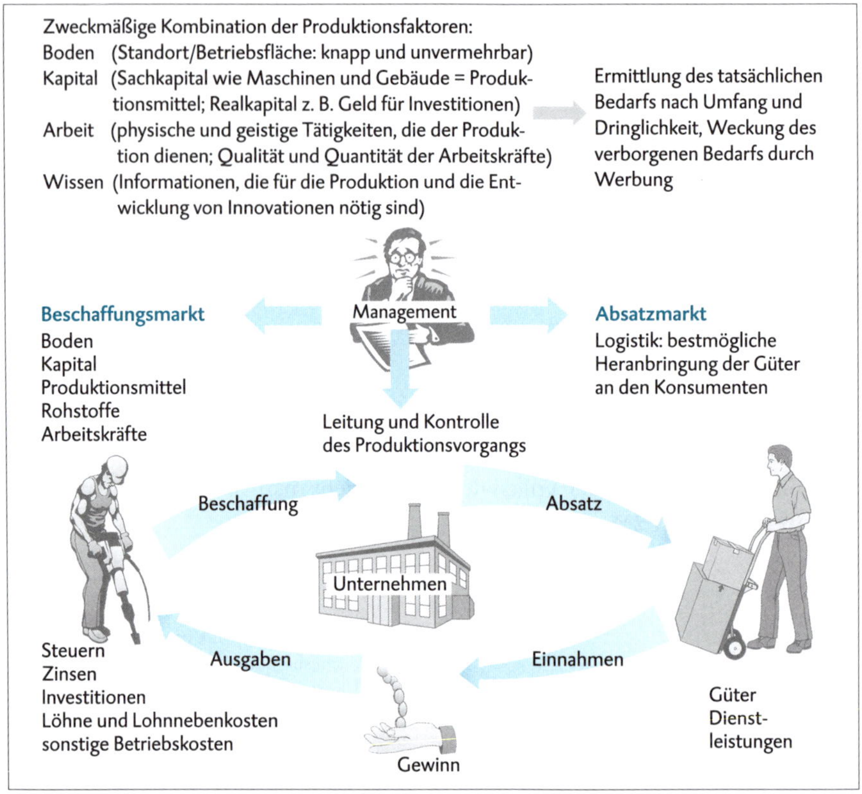

M 102: Produktionsfaktoren und Produktionsstätte

Die räumliche Verteilung der Industrie in einem Land ist nicht zufällig, sie ist abhängig von den **Standortfaktoren** vor Ort. Nach heutiger Sicht sind nicht einzelne Produktionsfaktoren bei der Standortwahl eines Unternehmens entscheidend, sondern das Zusammenspiel zahlreicher Standortfaktoren. Die Bewertung der Standortfaktoren erfolgt nach branchenspezifischer Prioritätenfolge. Zwar unterscheidet man harte Standortfaktoren, die sich exakt messen lassen (z. B. Grundstückspreise und Lohnkosten), und weiche Standortfaktoren, die sich kaum quantifizieren lassen (z. B. Freizeitwert eines Ortes). Beide Arten von Faktoren sind jedoch eng miteinander verknüpft und bedingen sich gegenseitig. So ist der harte Standortfaktor „Verfügbarkeit von qualifizierten Arbeitskräften“ oft eine Folge von „Wohn- und Freizeitwert“ und dem „Angebot von Schulen“ an einem Ort.

M 103: Standortfaktoren (Produktionsfaktoren)

Während früher die Unternehmen im Allgemeinen standortfest waren **(Persistenz)**, kommt es heute immer häufiger zu Standortverlagerungen. Für einen bestimmten Ort günstige Standortfaktoren können sich in wenigen Jahren so stark verändern, dass der Standort aufgegeben werden muss. Die möglichen Gründe sind vielfältig: Die Ansprüche des Marktes, das Konsumverhalten oder die wirtschaftspolitischen Rahmenbedingungen wandeln sich, darauf muss dann die Produktion reagieren, z. B. mit Änderung der Fertigungsmethoden, was wiederum Auswirkungen auf verschiedene Standortfaktoren hat. Neue Kommunikationstechniken und neue Transportmöglichkeiten (z. B. **Containerisierung** des Handels) haben die Kosten für Waren so stark gesenkt, dass Unternehmen unabhängig von einem bestimmten Standort werden. Es hat sich die sogenannte **Footloose Industry** entwickelt, für die es gleichgültig ist, wo sich ihre Produktionsanlagen befinden, und die vor allem mit angelernten Arbeitskräften auskommt. Dazu gehören Betriebe aus der Bekleidungs-, Elektro- oder Spielzeugbranche. Sie transportieren vorgefertigte Teile weltweit zu den Standorten mit den niedrigsten Lohn- und Lohnnebenkosten **(Billiglohnländer)** oder den geringsten Umweltauflagen. Oft werden die Güter als Halbfertigprodukte reimportiert oder an Drittländer exportiert.

Auch der **Produktlebenszyklus** kann Auswirkungen auf den Standort haben. Er lässt sich in vier Phasen gliedern, in denen die Relation zwischen den Kosten und den Erlösen stark differiert (vgl. M 104). Darüber hinaus ist ein deutlicher zeitlicher Unterschied bei der Übernahme einer Innovation in Abhängigkeit vom Entwicklungsstand eines Landes zu erkennen.

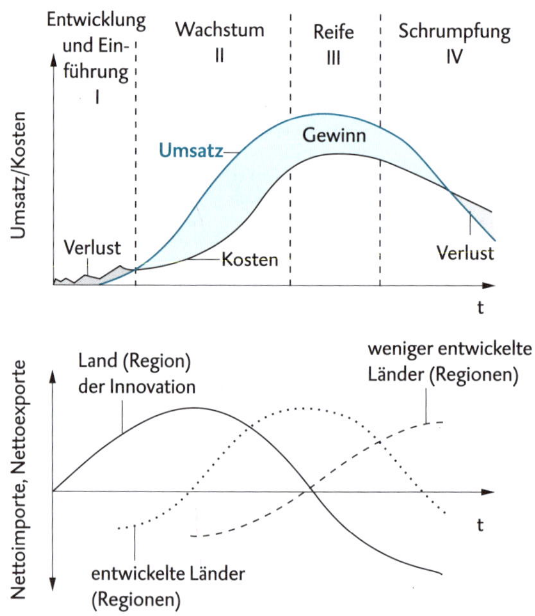

M 104: Produktlebenszyklus

Die **erste Phase** ist geprägt von Verlusten infolge hoher Investitionen für die Entwicklung der Innovation, des Aufbaus einer Fertigung und der Erschließung eines Marktes. Die Produktionsmengen sind bis zur Etablierung des Produktes auf dem Markt gering.

Die **zweite Phase** ist gekennzeichnet von Wachstum und Gewinn. Bei hohen Preisen wird das neue Produkt stark nachgefragt, was eine große Gewinnspanne garantiert. Die Produktion wächst bei hohen Exportüberschüssen.

In der **dritten Phase** der Reife kommt es zur Absatzstagnation auf hohem Niveau. Die Produktionsanlagen sind ausgelastet, der Konkurrenzdruck nimmt zu, die Gewinnspanne wird geringer bei nachlassenden Preisen und Rationalisierungsinvestitionen.

Die **vierte Phase** ist gekennzeichnet von der zunehmenden Sättigung des Marktes und einem Preisverfall. Die Produktion wird mehr und mehr unwirtschaftlich, weshalb eine Verlagerung in Billiglohnländer erfolgt. Technische Weiterentwicklungen oder Verbesserungsinnovationen können den Herstellungsprozess eines Produktes deutlich verlängern (vgl. Handy).

Hochwertige Produkte tolerieren höhere Lohnkosten und eine längere Produktionsphase in den entwickelten Regionen, bei niederwertigen Produkten erfolgt früher eine Verlagerung in Billiglohnländer.

fgabe 26 Arbeiten Sie heraus, welche Standortfaktoren für die folgenden Betriebe jeweils von besonderer Wichtigkeit sind, und überprüfen Sie, ob Ihr Schulort ein geeigneter Standort für eines dieser Unternehmen wäre.

- (A) FIT & WELL ist ein globaler Dienstleister und Ausrüster für den Fitness- und Wellness-Bereich und sucht neue Standorte in Deutschland.
- (B) ÖKOMOBIL, Tochter eines indischen Autokonzerns, will ihr erstes Werk für umweltschonende Kleinwagen in der EU errichten.
- (C) ROBOMED, ein Unternehmen der Hightechmedizin, plant eine neue Produktionsstätte für 500 Mitarbeiter.

2.2 Produktionskonzepte des modernen Unternehmensmanagements

Das zentrale Ziel eines jeden Unternehmens, die Gewinnmaximierung, zwingt große wie auch mittelständische Unternehmen zur ständigen Verbesserung ihrer Produktionsprozesse.

Zu Beginn der 1990er-Jahre verdrängten japanische Autokonzerne mit deutlich preiswerteren Fahrzeugen höchster Qualität ihre Konkurrenten in den USA und besonders in Europa von den Spitzenplätzen. Ein Vergleich der

Autokonkurrenten (M 105) zeigt, dass höhere Produktivität und Qualität bei effektiveren Produktionsabläufen zu diesem Erfolg führten. Die europäischen Konkurrenten begannen, ihre Produktion nach japanischem Vorbild umzustellen. Diese neue Produktionsstruktur setzte sich schnell in fast allen Industriebranchen durch: Zur **internen Flexibilisierung** gehören die Maßnahmen zur Produktivitätssteigerung und Kostensenkung, die innerhalb eines Unternehmens getroffen werden. Zur **externen Flexibilisierung** zählt man die Faktoren, die von außen kommen oder nach außen verlagert werden. Interne und externe Flexibilisierungsprozesse sind eng miteinander verzahnt.

Durchschnittswerte je Werk			
	Japan	USA	Westeuropa
Arbeitsstunden je Auto	16,8	25,1	36,2
Montagefehler je 100 Autos	60	82	92
Verbesserungs-vorschläge je Mitarbeiter	62	0,4	0,4
Abwesenheit aller Mitarbeiter in %	5,0	11,7	12,1
Mitarbeiter in Arbeitsgruppen in %	69,3	17,3	0,6
Einarbeitung neuer Mitarbeiter in Stunden	380	46	173

M 105: Autokonkurrenten zu Beginn der 1990er-Jahre

Um die Ziele der internen Flexibilisierung zu erreichen, werden neue Fertigungstechnologien eingesetzt, wie Roboter und vollautomatische Fertigungsstraßen. Hinzu kommen neue Formen der betriebsinternen Arbeitsorganisation, z. B. **Lean Production**. Unter dieser „schlanken Produktion" versteht man die Optimierung und Verkürzung von Produktionsabläufen. Dazu gehört z. B. eine Verringerung der Fertigungstiefe, d. h. des Anteils der in einem Betrieb selbst entworfenen und produzierten Bauteile. In der Automobilindustrie hat sich die Fertigungstiefe von gut 80 % im Jahr 1970 auf ca. 30 % im Jahr 2007 verringert. Das wurde erreicht, indem man große Teile der Produktion wie auch der innerbetrieblichen Dienstleistungen (Reinigung, Wachdienste, Buchhaltung etc.) auslagerte, wenn ein darauf spezialisiertes Unternehmen diese Aufgaben qualitativ besser und kostengünstiger erfüllen konnte. Dieses sogenannte **Outsourcing** setzt moderne, leistungsfähige Kommunikationsstrukturen voraus, um mit einem Netzwerk von Zulieferern kooperieren zu können. Zudem benötigt man eine minutiös abgestimmte Logistik, die Bauteile just in time oder just in sequence (siehe unten) liefert. Früher musste ein Autohersteller Bauteile und Materialvorräte für eine Monatsproduktion auf seinem Betriebsgelände lagern. Da eine „Verschlankung" der Lagerhaltung zu einer Verringerung der Lagerkosten führt, werden heute die **Zulieferer** vertraglich verpflichtet, die notwendigen Teile zur genau benötigten Zeit ans Band zu liefern. Diese Aufgabe sowie Verpackung und Transport werden von speziellen Logistikfirmen übernommen.

Von den Zulieferfirmen werden aus Effektivitätsgründen nicht mehr einzelne Bauteile, sondern fertig montierte, komplexe Module an die Endmontage geliefert und so vorsortiert, dass sie jeweils zu den gerade über das Montageband laufenden Autos passen. Man nennt das **just in sequence** oder produktionssynchrone Lieferung. Dieses System spart dem Konzern nicht nur Lager- und Personalkosten, es verringert auch die Durchlaufzeiten und ermöglicht eine äußerst flexible Produktion – jeder Kundenwunsch kann berücksichtigt werden. Auf der anderen Seite führt es zu zusätzlichen Belastungen für die Zulieferer und erhöht das Verkehrsaufkommen, was erhebliche Folgekosten für den Straßenbau mit sich bringt und durch Umweltschäden zulasten der Allgemeinheit geht.

Die **just in time-Produktion** (Zulieferung von Waren und Halbfertigprodukten exakt zum Zeitpunkt des Bedarfs) ist nur bei einer reibungslos funktionierenden Logistik sinnvoll. Da jedoch das erhöhte Verkehrsaufkommen zu ständigen Staus und verzögerten Lieferungen führt, haben bereits verschiedene Zulieferer Materiallager oder Produktionsstätten in unmittelbarer Nähe **(Re-Agglomeration)** oder auf dem Gelände des Autokonzerns **(territoriale Integration)** errichtet.

So wird beispielsweise bei der Produktion des Kleinwagens **Smart** in Hambach/Frankreich auf ein neues Fertigungskonzept gesetzt: Das Auto wird in der Endmontage aus wenigen vormontierten Modulen zusammengesetzt. Diese werden von den Systempartnern (Zulieferern) im Verfahren des **Simultaneous Engineering** entwickelt und direkt vor Ort auf dem Werksgelände produziert. Etwa 70 % der Smart-Komponenten werden nach diesem Prinzip geliefert, die übrigen Teile kommen just in time ans Montageband. Durch eine perfekt durchkomponierte Lean Production dauert die Montage eines Smart nur noch 8 Stunden (andere europäische Automobilbauer brauchen für einen Pkw im Schnitt 25,3 Stunden).

Beim **Simultaneous Engineering** wird ein Produkt arbeitsteilig, aber gemeinsam von einem Konzern und seinen Partnerfirmen/Zulieferern konzipiert, die dafür nötigen Werkzeuge, Produktionseinrichtungen entwickelt, der Einkauf, Materialfluss und das nötige Kapital organisiert sowie Personal geschult. Auch die Geschäftsbereiche Werbung, Marketing und Absatz werden mit einbezogen. Die Entwicklungskosten und Risiken werden gemeinsam getragen. Oft schließen sich für ein solches Projekt die wirtschaftlich selbstständigen Unternehmen mittels moderner Kommunikationssysteme zu einem Verbund zusammen. Man nennt das dann ein **virtuelles Unternehmen**.

Bei der schlanken Produktion werden auch Managementhierarchien gestrafft und Verantwortung delegiert, der einzelne Mitarbeiter bekommt komplexere Aufgaben **(Job-Enlargement)** und arbeitet in selbst organisierten **Teams**. Diese regeln nicht nur den Arbeitsablauf in seinen Teilschritten, sondern auch die sozialen Bereiche wie Freischichten und Urlaub. Der einzelne Mitarbeiter hat nicht mehr nur die Rolle des ausführenden Organs; verlangt werden eigenverantwortliches Arbeiten und Mitdenken. Dabei werden hohe Anforderungen an die berufliche Qualifikation gestellt, denn damit ein Team reibungslos funktionieren kann, muss jedes Mitglied jede Tätigkeit beherrschen. Deshalb müssen neue Mitarbeiter ein strenges Auswahlverfahren in einem Assessment Center sowie eine mehrmonatige Probezeit durchlaufen, in denen neben den praktischen Fähigkeiten auch die Kommunikations- und Teamfähigkeit getestet werden. Denn vom Team werden die Arbeitsschritte und die Logistik selbst organisiert und festgelegt, mit dem Ziel, einen absolut gleichmäßigen Produktionsfluss in hohem Arbeitstempo auf der Produktionsstraße zu erreichen **(Kanban-System)**, damit das Just-in-sequence-System nicht ins Stocken gerät. Wichtig ist dabei eine strenge Ordnung und Disziplin am Arbeitsplatz: Werkzeuge haben ihren festen Platz, so werden unnötige Handgriffe vermieden, die Zeit und Geld kosten. Zudem übernimmt das Team die Qualitätskontrolle, ist verantwortlich für die Beseitigung und künftige Vermeidung von Fehlern (Null-Fehler-Toleranz). Ein Prämiensystem bietet jedem Team Anreize zu technischen und organisatorischen Verbesserungen **(Kaizen-System)**.

Besonders effektiv ist die Teamarbeit in sogenannten **Fertigungsinseln**. Darunter versteht man geschlossene, selbstständig operierende Einheiten innerhalb eines Betriebs, die mit allem notwendigen Personal und Betriebsmitteln ausgestattet sind, um komplexe Bauteile und Endprodukte herzustellen. In der konventionellen Produktion durchlief ein Werkstück nacheinander verschiedene Abteilungen, das war zeitaufwendiger und anfälliger für Fehler.

Traditionelle Arbeitsorganisation	Teamarbeit
Bestimmung der Arbeitszeit und Umorganisation bei Ausfallzeiten durch Vorgesetzte	Das Team organisiert die Arbeitszeit und Ausfallzeiten selbst
Festlegung der Auftragsfolge durch Fertigungssteuerung	Eigenverantwortliche Feinsteuerung durch das Team
Rationalisierung durch Fertigungsplaner	Kontinuierliche Verbesserung aus eigenem Antrieb (Erfolgsprämien)
Teileversorgung durch Logistik	Materialabruf nach Bedarf des Teams
Instandhaltung der Maschinen durch Reparaturabteilung	Vorbeugende Instandhaltung durch das Team aus eigenem Interesse
Qualitätssicherung durch Spezialisten (= Kontrolle)	Qualitätssicherung durch das Team selbst (= Eigenverantwortung und Integration)

M 106: Vorteile der Teamarbeit

Die abwechslungsreiche Teamarbeit führt, auch infolge des Gruppendrucks, zu geringeren Krankheitsraten und einer höheren Produktivität bei geringerer Personalstärke. Kritiker sprechen von einer „Optimierung der Selbstausbeutung".

Derzeit erprobt man Arbeitszeitmodelle wie Arbeitszeitkonten. Ihr Vorteil besteht darin, dass durch flexible Betriebszeiten die Produktion an eine schwankende Nachfrage angepasst werden kann.

Zur externen Flexibilisierung gehört auch, dass Firmen gegebenenfalls als **Global Player** agieren, die das weltweite Angebot auf dem Beschaffungsmarkt nutzen oder Teile der Produktion in **Niedriglohnländer** auslagern. Man spricht dann vom **Global Sourcing**. Die moderne Kommunikation via Internet ermöglicht weltweit einen Informationstransfer in Sekundenschnelle sowie eine globale Nutzung von Forschungen und Entwicklungen. Werden Niedriglohnländer zu „verlängerten Werkbänken" der Industriestaaten, geschieht das meist auf Kosten heimischer Arbeitsplätze.

gabe 27 Erläutern Sie anhand von M 105 die damalige Überlegenheit japanischer Automobilhersteller.

gabe 28 Erklären Sie, weshalb das Produktionskonzept von Smart (vgl. Text S. 109) wegweisend ist.

gabe 29 Begründen Sie kurz, weshalb die Industrie von den Schulen die Erziehung zur Team- und Kommunikationsfähigkeit fordert.

2.3 Tertiärisierung in der Wirtschaft

Die Umstrukturierungsprozesse in der Industrie führten auch zu einer Verschlankung der Personaldecke, denn mit dem Outsourcing bestimmter Arbeitsfelder wurden ebenfalls die damit verbundenen Arbeitsplätze an spezialisierte Dienstleistungsunternehmen ausgelagert. Mit dem Abbau von Arbeitsplätzen in der Industrie geht also die Schaffung neuer Arbeitsplätze im Dienstleistungssektor einher. So konnte sich der Bereich der **unternehmensorientierten Dienstleistungen** besonders stark entwickeln. Viele Arbeitsfelder, die früher von den Industrieunternehmen selbst abgedeckt wurden, wie Reparaturen, Gebäudereinigung, Kantinen und Transporte, werden inzwischen von hoch spezialisierten Dienstleistungsfirmen übernommen. Seit einigen Jahren nehmen Dienstleistungen auch in der Forschung, Entwicklung und beim Marketing stark zu. Das Outsourcing dieser Leistungen an Fremdfirmen spart Kosten, da diese Spezialisten ihre Dienste in der Regel günstiger anbieten können, als wenn Angestellte des eigenen Betriebs diese erledigen würden. Es kommt zu einer **Tertiärisierung** der Industrie.

Folglich ist der tertiäre Sektor der Volkswirtschaft sowohl von der Zahl der Erwerbstätigen als auch von seinem Anteil am BIP her zum bedeutendsten Wirtschaftsbereich geworden. Denn zusätzlich hat sich mit steigendem Wohlstand die Nachfrage nach **personenbezogenen Dienstleistungen** vergrößert, die von Privatpersonen konsumiert werden. Vor allem der Tourismus profitierte von dieser Entwicklung.

Da aber auch im Dienstleistungssektor Technisierungs- und Rationalisierungsprozesse stattfinden, z. B. Selbstbedienung an Tankstellen, Bank- oder Fahrkartenautomaten oder beim Onlineshopping, kommt es zum Verlust von zahllosen einfachen Dienstleistungen. Deshalb können nicht alle in der Industrie freigesetzten Arbeitnehmer einen neuen Arbeitsplatz im Dienstleistungssektor finden, sodass die Arbeitslosigkeit insgesamt stark gestiegen ist. Arbeit ist in den Industrieländern zu einem knappen Gut geworden. Dies wird auch daran deutlich, dass sich viele Firmen auf ein fest angestelltes Stammpersonal beschränken, das für die durchschnittliche Produktion ausgelegt ist. Bei stärkerer Auslastung werden von Personaldienstleistern Leiharbeiter angefordert, deren Arbeitsverträge geringer dotiert und zeitlich befristet sind. In Krisenzeiten kann diesen Arbeitnehmern problemlos gekündigt werden. Trotzdem ist die Motivation der Leiharbeiter in der Regel hoch, da sie auf eine feste Anstellung bei den Firmen hoffen.

Das Internet ermöglicht einen schnellen Informationsaustausch in der Forschung und Entwicklung, sodass auf verschiedenen Kontinenten gleichzeitig an einem Projekt gearbeitet werden kann. Diese rasante Entwicklung der Informations- und Kommunikationstechnologie bringt einen umfassenden gesellschaftlichen und wirtschaftlichen Wandel zur **Informationsgesellschaft** mit sich. Hier werden neuartige Arbeitsplätze geschaffen. Bei der **Telearbeit** arbeiten die Beschäftigten nicht mehr im Betrieb, sondern sind via Telefon, Fax und Internet von einem ausgelagerten Büro oder häuslichen Arbeitszimmer aus mit ihrer Firma verbunden. Von der einfachen Büroarbeit bis zur Steuerung von Maschinen durch Spezialisten erfolgen die Arbeitsprozesse online.

Für immer mehr Firmen wird **Electronic Commerce/Electronic Business** zum Alltag. Diese Begriffe umfassen die gesamten Geschäftsprozesse von der Entwicklung über die Fertigung bis zum Vertrieb. Ein Beispiel: Der Computerhersteller DELL beschäftigte 2007 rund 78 000 Mitarbeiter an sechs Standorten auf verschiedenen Kontinenten. Darüber hinaus gibt es weltweit Kundenservicezentren für Beratung und technische Produktunterstützung. DELLs erfolgreiches Produktionskonzept fand Nachahmer auf der ganzen Welt.

Zahlreiche wirtschaftlich eigenständige mittelständische Unternehmen haben sich zu Verbundnetzen und **virtuellen Unternehmen** zusammengeschlossen, um einzelne Geschäfts- und Produktionsprozesse wie Entwicklung, Fertigung, Finanzierung, Werbung und Marketing effektiver nutzen zu können. Der private Verbraucher nutzt vor allem das Onlineshopping und Onlinebanking.

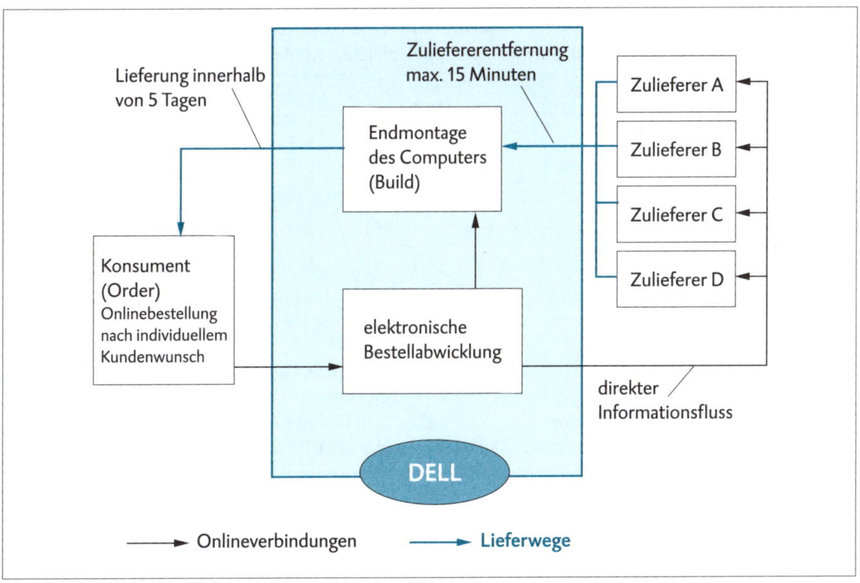

M 107: Das Electronic-Commerce-Konzept des Computerherstellers DELL

Aufgabe 30 Erklären Sie, weshalb sich der Bereich der unternehmensorientierten Dienstleistungen in den letzten Jahren so stark entwickelt hat.

Aufgabe 31 Beschreiben Sie die Funktionsweise des Electronic Commerce anhand des Konzepts der Firma DELL (M 107).

2.4 Standorte des tertiären Sektors

Grundsätzlich gelten für den Dienstleistungssektor die gleichen Standortfaktoren wie für industrielle Unternehmen. Ihre Gewichtung ist jedoch stark von der Art der Dienstleistung abhängig.

Der Dienstleistungssektor konzentrierte sich in den Städten bzw. Ballungsgebieten. Nach traditionellem Grundmuster verteilten sich die Versorgungseinrichtungen für den täglichen und kurzfristigen Bedarf, also die konsumorientierten Dienstleistungen, über das gesamte städtische Gebiet, während hochrangige öffentliche, kommerzielle und kulturelle Dienstleister wie Verwaltungen, Versicherungen, Banken, Arzt- und Anwaltspraxen sowie der spezialisierte Einzelhandel sich in der Innenstadt/City konzentrierten.

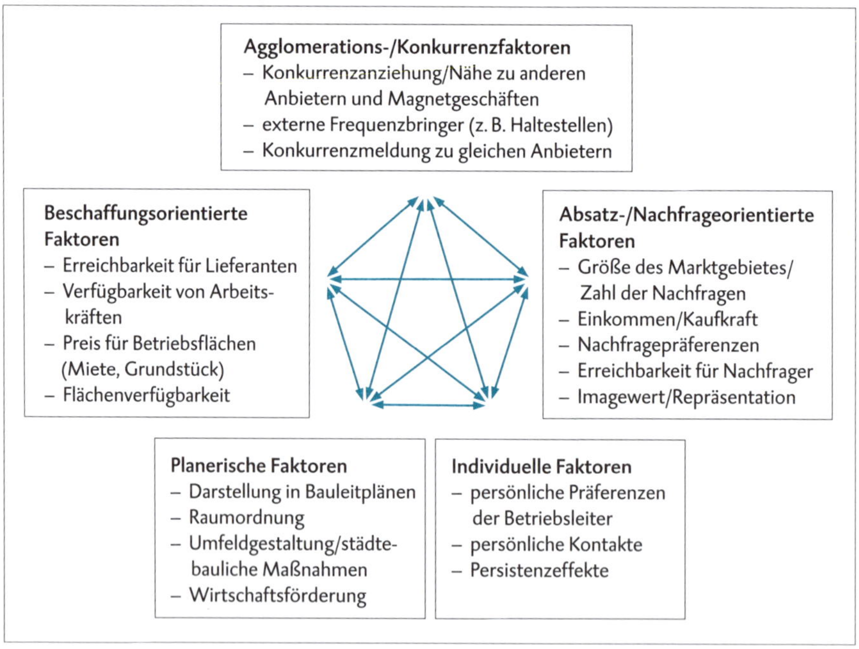

M 108: Standortfaktoren der konsumorientierten Dienstleister

Diese ursprüngliche Struktur hat sich durch Raumenge, verbunden mit gestiegenen Grundstückspreisen und der Mobilität der Bevölkerung, deutlich verändert: Der Einzelhandel, Groß- und Fachmärkte konzentrieren sich heute in verkehrsgünstiger Lage am Stadtrand. Oft wurden die neuen Einkaufs- und Freizeitzentren auf altindustrialisierten Flächen angesiedelt.

Während konsumorientierte Dienstleistungsunternehmen in der Regel einen Standort mit deutlicher Absatzorientierung, Verkehrsgunst und Kundennähe wählen, suchen die unternehmensorientierten Dienstleister Agglomerationsvorteile in der Nähe wichtiger Kunden in den Gewerbe- und Industrieparks bzw. Bürovorstädten am Stadtrand. Bedeutende Standortfaktoren sind besonders ausgeprägte Verkehrsanbindungen und Kommunikationsstrukturen sowie ein großes Reservoir an qualifiziertem Personal. Wichtig ist zudem das Image des Standortes. So konnte sich z. B. Freiburg zum Zentrum für Umwelttechnologien mit entsprechend spezialisierten Dienstleistern entwickeln.

2.5 Neue Organisationsformen der Wirtschaft

Moderne Unternehmenskonzepte erfordern enge Kontakte zu spezialisierten Klein- und Mittelbetrieben und Instituten, die Technologien, Vorprodukte oder Dienstleistungen bereitstellen. Sie haben sich in geografischer Nähe zueinander angesiedelt und bilden branchenspezifische **Unternehmensnetzwerke**, die als **Cluster** (engl. Traube, Gruppe) bezeichnet werden. Typisch für solche Cluster ist, dass innovative wissenschaftliche oder technische Institute und Großunternehmen Zentren bilden, um die sich kleine und mittelständische Unternehmen scharen. So können wissenschaftliche, technische und wirtschaftliche Kompetenzen vernetzt werden.

Die verbesserte Arbeitsteilung, der Know-how-Austausch unter den Partnern und der intensive Wettbewerb untereinander sind Gründe für die gesteigerte Innovationskraft der Cluster. Infolge der **Synergieeffekte**, d. h. der positiven Wirkungen, die sich aus dem Zusammenschluss bzw. der Zusammenarbeit von Unternehmen ergeben, gründen Ingenieure und Wissenschaftler häufig sogenannte **Spin-off-Betriebe**. In diesen entwickeln sie ihre Erfindungen zur Produktreife. Damit können einerseits Funktionen und Know-how aus den Stammunternehmen übernommen werden. Andererseits profitieren die Stammunternehmen wiederum von den Errungenschaften der Spin-off-Betriebe. Oft ziehen diese Spin-off-Firmen wieder neue, innovative Jungunternehmer an.

Ein anschauliches Beispiel der Clusterbildung stellt der **Wirtschaftsraum Dresden** dar. Die sächsische Landeshauptstadt hat sich seit den 1990er-Jahren zu einem äußerst dynamischen Wirtschaftsstandort entwickelt. Die entscheidenden Wachstums- und Entwicklungsimpulse gingen dabei von zukunftsweisenden Technologiebereichen wie der Mikroelektronik, der Kommunikationstechnik, der Nano- sowie der Biotechnologie aus. In Anlehnung an das Silicon Valley in Kalifornien wird die sächsische Metropole bereits als „Silicon Saxony" bezeichnet. Geworben wird mit der engen Verflechtung von Forschung und Industrie als Grundlage für Spitzenleistungen und innovative Entwicklungen.

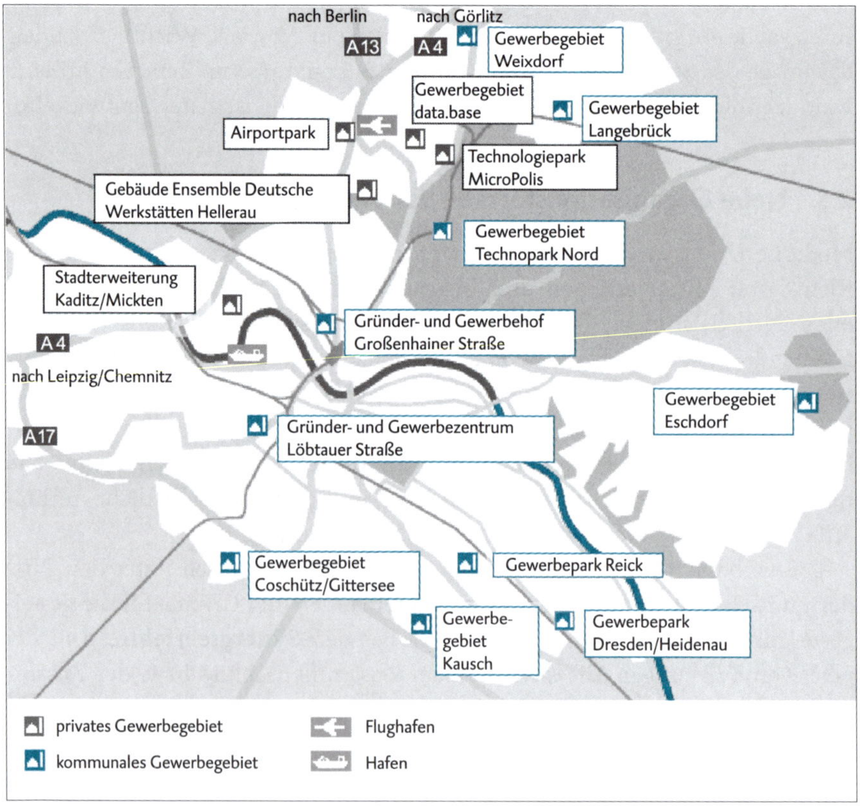

M 109: Wirtschaftsraum Dresden

Heute befindet sich in „Silicon Saxony" Europas größter Hightechnologie-Cluster und der fünftgrößte Cluster für Mikroelektronik weltweit. Dank der boomenden Hightechbranche ist der Wirtschaftsstandort heute mit westdeutschen Topregionen zu vergleichen. In Untersuchungen zur Zukunftsfähigkeit (Kriterien z. B. demographische Entwicklung, Arbeitsmarkt, Wettbewerb und Innovation, Wohlstand und soziale Lage) nahm Dresden 2007 Platz 13 noch vor Düsseldorf (14), Frankfurt/Main (39) und Köln (51) ein.

In der sächsischen Landeshauptstadt leben mittlerweile mehr als eine halbe Million Menschen. Dresden ist eine der wenigen Städte Ostdeutschlands, deren Bevölkerung wächst.

Anders als in vielen anderen ostdeutschen Regionen sind die Fördergelder in Dresden nicht versickert, sondern haben den gewünschten Aufschwung ausgelöst. Insgesamt investierte das Bundesland Sachsen mehr als 12 Mrd. Euro in die Mikroelektronikbranche, wobei etwa die Hälfte davon aus Strukturbeihilfen der EU stammte. In einer Ansammlung von rund 1 200 Halbleiterfirmen arbeiten mehr als 40 000 Beschäftigte, fast die Hälfte der Industrieproduktion Dresdens stammt aus diesem Sektor.

Wie abhängig jedoch die Hightechbranchen und stark spezialisierte Regionen von globalen Prozessen sind, wurde auch in der Region um Dresden seit der globalen **Finanzkrise 2008** deutlich. 2009 erlebte die dortige Chipindustrie eine Krise ohnegleichen. Die Gründe dafür sind vielschichtig: In einem globalen unkalkulierbaren Subventionswettlauf konkurrieren Standorte miteinander. Des Weiteren sind die Preise für Mikrochips seit der Finanzkrise stark gefallen und die Nachfrage ist stark zurückgegangen. Daneben können im globalen Wettbewerb einige Monate Entwicklungsvorsprung entscheidend sein, vergleicht man die Dauer von Produktlebenszyklen in dieser Branche von einem Jahr und weniger. Entsprechend wirken sich Managementfehler selbst bei Branchengrößen wie Infineon aus. Vor dem Hintergrund dieser aktuellen Entwicklungen werden Chancen und Risiken der **regionalen Spezifizierung durch Clusterbildung** auch für zukunftsfähige Regionen wie Dresden deutlich.

Eine weitere neue Organisationsform der Wirtschaft bilden sogenannte **virtuelle Unternehmen**. Im Gegensatz zur räumlich zentrierten Clusterbildung kooperieren hier eigenständige Unternehmen für eine begrenzte Zeit. Räumliche Nähe spielt hierbei aufgrund der digitalen Informationsübertragung keine Rolle. Prozesse können rund um den Globus verteilt und ununterbrochen koordiniert werden.

2.6 Industrie und Umwelt

Grundsätzlich belasten industrielle Prozesse die Umwelt. Das reicht von der Gewinnung von Rohstoffen und Transporten über die eigentliche Produktion mit ihren Emissionen bis zur Entsorgung der Produkte. Bei der Verminderung industriell bedingter Umweltbelastungen entstehen Kosten für die Unternehmen. Trotzdem müssen sich Prosperität und erfolgreiche nachhaltige Umweltpolitik nicht ausschließen. Außerdem ist die deutsche Umwelttechnologie weltweit führend.

Ökobilanzen sind systematische Analysen der Umweltwirkung eines Produkts während seines gesamten Lebenswegs zur Ermittlung des **ökologischen Rucksacks**. Darunter versteht man die Mengen an Ressourcen, die bei Herstellung, Gebrauch und Entsorgung verbraucht werden. Nur wenn man die Ökobilanz kennt, kann man wirksame Verbesserungsmöglichkeiten vornehmen, die Ressourcen und Geld sparen. So ist heute die Kreislaufwirtschaft, bei der Rohstoffe wiederverwendet werden, selbstverständlich geworden. Das Recycling spart nicht nur Rohstoffe, es vermindert Eingriffe in den Naturhaushalt, entlastet Deponien und führt auch zur effizienteren Nutzung von Energie.

Industrie, Energiewirtschaft und Verkehr sind maßgeblich für die Freisetzung von Treibhausgasen verantwortlich. Das **Kyoto-Protokoll** (1997) schreibt verbindliche Zielwerte für den Ausstoß von Treibhausgasen fest. Die EU hat beschlossen, zwischen 2008 und 2012 ihre Treibhausgas-Emissionen um 8 % gegenüber 1990 zu verringern. Um dieses Ziel zu erreichen, sollen die Emissionen einerseits über strengere Grenzwerte und den Einsatz umweltverträglicher Energieträger reduziert werden, andererseits hat die EU-Kommission 2003 einen grenzübergreifenden **Emissionshandel** beschlossen. Zertifikate legen fest, wie viele Tonnen CO_2 ein Unternehmen emittieren darf. Firmen, die ihr Limit nicht ausnutzen, können nicht gebrauchte Zertifikate frei verkaufen an Firmen, die zu viel CO_2 ausstoßen. Der Preis richtet sich nach Angebot und Nachfrage. Wer ohne Lizenz emittiert, muss hohe Geldstrafen zahlen. So sollen Anreize geschaffen werden, in umweltverträgliche Technologien zu investieren und fossile Energieträger sparsam einzusetzen.

Deutschland hat seine Treibhausgas-Emissionen zwischen 1990 und 2008 um 22,2 % gesenkt. Im produzierenden Gewerbe ist der Ausstoß um –42 % zurückgegangen, in der Industrie um –6,9 % (M 110).

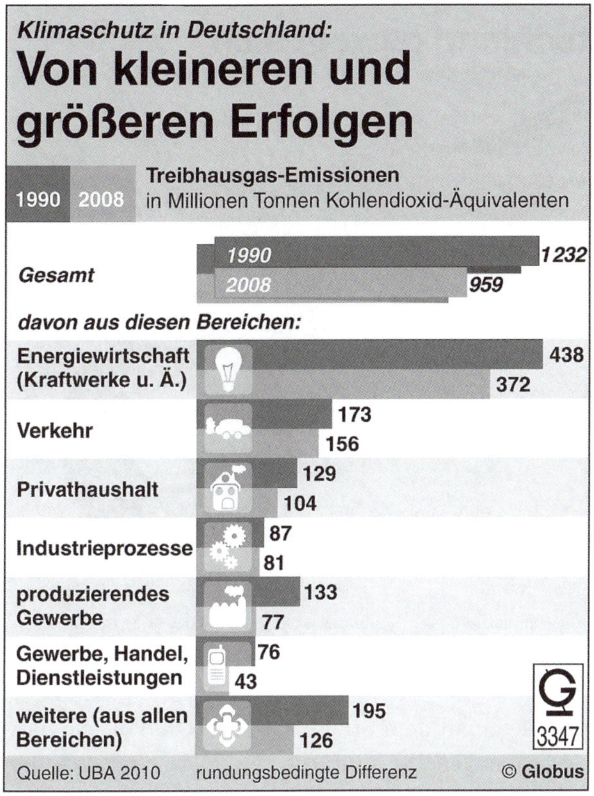

M 110: Deutschlands CO_2-Bilanz

2.7 Verkehr – Voraussetzung für den Warenaustausch

Europa ist wie kein anderer Kontinent von einem überaus dichten **Verkehrsnetz** auf dem Land, zu Wasser und in der Luft durchzogen. Die Schaffung eines gemeinsamen Wirtschaftsraums mit ungehindertem Austausch von Waren und Dienstleistungen und die Osterweiterung der EU erforderten eine Harmonisierung der Verkehrssysteme sowie ein Schließen bestehender Lücken im Verkehrsnetz.

Die starke Zunahme des Warenaustauschs zwischen den europäischen Aktivräumen führte zu großen Überlastungen der Verkehrsträger. Zudem verteilten sich die enormen Verkehrszuwächse der letzten 20 Jahre sehr ungleich auf die verschiedenen **Verkehrsträger**.

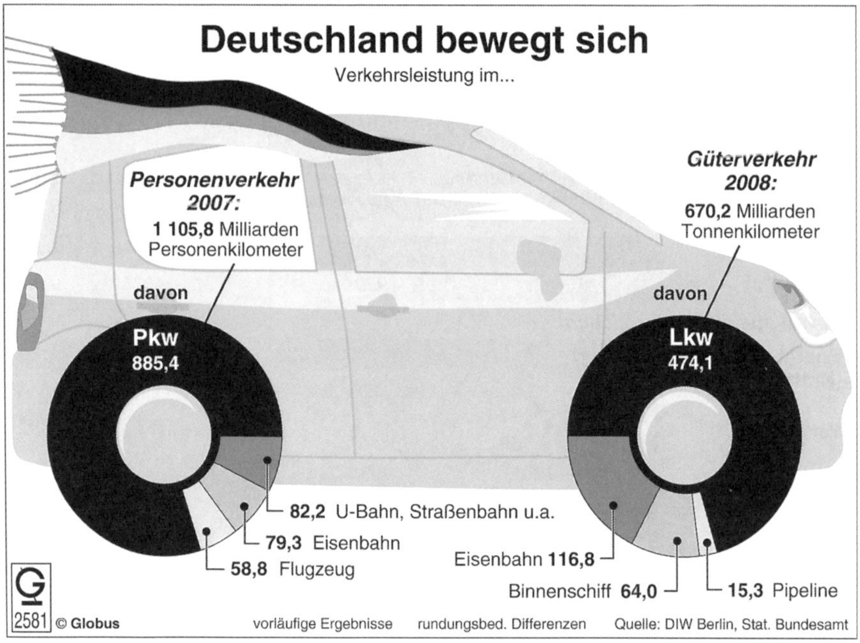

M 111: Verkehrsträger in Deutschland

Ein besonderer Schwerpunkt liegt auf dem Straßenverkehr. Die Vorteile individueller Freiheiten im Personenverkehr und das durch das Just-in-time-Liefersystem enorm gestiegene Transportvolumen führten in Europa zu einem gewaltigen Anwachsen des Fahrzeugbestandes. Deutschland als Transitland in der Mitte Europas leidet in besonderem Maße unter der Verkehrsflut. Die Überlastung des Straßennetzes führt zu regelmäßigen Staus, zu wachsenden Umweltschäden durch Emissionen, Lärm und Landschaftsverbrauch. Die Situation erfordert dringend eine stärkere Verlagerung des Güterverkehrs von der Straße auf die umweltschonenderen und billigeren Verkehrsträger Bahn und Binnenschifffahrt. Die Rückverlagerung des Güterverkehrs auf die Schiene erweist sich jedoch als schwierig, denn just in time erfordert zeitgerechte Lieferung auch kleinerer Partien. Da ist die Bahn besonders auf kurzen und mittleren Strecken zu langsam und unflexibel und im Nahverkehr ist sie oft gar nicht präsent.

	Binnenschiff	Eisenbahn	Lkw
Primärenergiebedarf im Güterverkehr (l Diesel je 100 tkm)	1,3	1,7	4,1
Emissionen (g/tkm)	33,4	48,1	164
Transportweiten (km/t bei gleichem Energieaufwand)	370	300	100
Transporteinheit (Massengut)	1 Schiffseinheit à 2 000 t	50 Waggons à 40 t	67 Lkw à 30 t
Personalbedarf (für gleiche Transportmenge)	1	6	20
Lebensdauer (in Jahren)	50	30	10

M 112: Verkehrsträger im Vergleich

Lange war das staatliche deutsche Autobahnnetz für jeden kostenfrei nutzbar. Um auch die ausländischen Spediteure an den Straßenerhaltungskosten zu beteiligen, wurde eine **Lkw-Maut** für die Benutzung von Autobahnen in Deutschland eingeführt. Die elektronisch erhobene Maut wird für den Straßenbau verwendet. So konnte auch die Benachteiligung des Schienenverkehrs, der seine Trasse selbst finanzieren muss, abgebaut werden. Die EU-Leitlinien für ein transeuropäisches Verkehrsnetz zielen auf kompatible bzw. einheitliche Verkehrssysteme, die Straße, Schiene, Wasserwege und Luftfahrt optimal verknüpfen und regionale Disparitäten ausgleichen. Der **Containerverkehr** wurde im Zuge der Globalisierung unverzichtbar. Akzente liegen auch auf der Verkehrssicherheit und dem Umweltschutz. Heute spielt die Transportgeschwindigkeit eine entscheidende Rolle. Das erklärt die höchsten Wachstumsraten beim Luftfrachtverkehr, der bei hochwertigen, gewichtsarmen und verderblichen Gütern dominiert.

Verschiedene Ursachen führten zur Steigerung im **Personenverkehr**. Die Suburbanisierung und die Flexibilität des Individualverkehrs durch den Pkw verstärkten den Berufs- und Ausbildungsverkehr. Den größten Teil des Individualverkehrs macht allerdings der **Freizeitverkehr** aus, bedingt durch zunehmende Freizeit und gestiegenen Lebensstandard. Dazu gehört auch der stark angewachsene Urlaubsverkehr. Hier haben größere und leistungsfähigere Flugzeuge Flugreisen deutlich verbilligt, auch im Fernreiseverkehr.

Die Entwicklungen im **Nachrichtenverkehr** von der Post zur Telekommunikation führten zu weitreichenden Veränderungen im Austausch von Informationen und machten oftmals Geschäftsreisen überflüssig. Elektronische Informationssysteme ermöglichten erst leistungsfähige Transportketten und eine bessere Auslastung von Transportsystemen.

Aufgabe 32 a Untersuchen Sie anhand der nachstehenden Daten und von M 111 die Verkehrsentwicklung in Deutschland von 1995 bis 2007/2008.

Verkehrsträger	Personenverkehr (Mrd. Personenkilometer)	Verkehrsträger	Güterverkehr (Mrd. Tonnenkilometer)
Pkw	740	Lkw	245
ÖPNV	82	Bahn	72
Bahn	59	Binnenschiff	65
Flugzeug	25	Pipeline	16
		Flugzeug	1
Gesamt	906	Gesamt	399

M 113: Verkehrsaufkommen und Verkehrsträger in Deutschland 1995

b Erläutern Sie Ursachen und Folgen des verstärkten Verkehrsaufkommens für diesen Zeitraum in Deutschland.

3 Wirtschaftsregionen in Europa

Vor dem Hintergrund globaler Wirtschaftsprozesse spielen Funktionen und Bedeutung einzelner Wirtschaftsregionen eine zunehmende Rolle. Deren Integrationsfähigkeit wird in nicht allzu ferner Zukunft darüber entscheiden, inwieweit Europa in seiner Wirtschaftskraft den neuen, weltweiten Herausforderungen standhalten bzw. diesen angepasst werden kann.

Vergleicht man die ökonomische Leistungsfähigkeit der europäischen Regionen untereinander (M 114), so fallen deutliche Unterschiede auf. Dabei ist die regionale Wirtschaftskraft von verschiedenen Faktoren wie naturräumlicher Ausstattung, aber auch von sozialen und politischen Einflüssen abhängig.

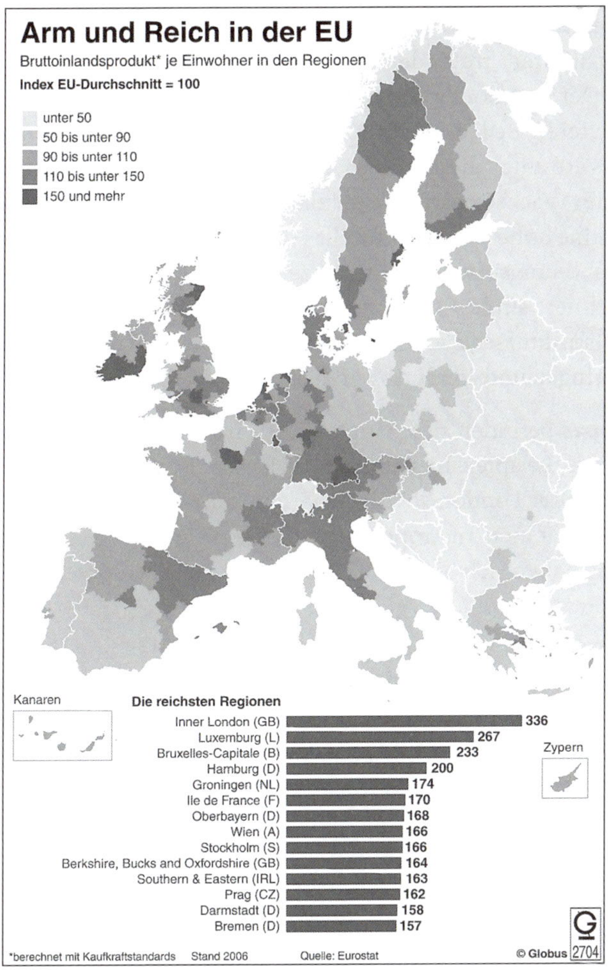

M 114: Wirtschaftskraft der EU-Regionen

3.1 Regionen mit unterschiedlichem Entwicklungsstand

Der Prozess der **Industrialisierung** beschleunigte die Entstehung ganz bestimmter Raumstrukturen in Europa. Der damit zusammenhängende Übergang von der rein handwerklichen zur industriellen Massenproduktion mit hoher Arbeitsteilung und Produktspezialisierung war von revolutionären Erfindungen und Innovationen wie der Dampfmaschine, neuartigen Produktionsverfahren und der rasanten Entwicklung des Verkehrssystems begleitet.

Der Ausbau des Verkehrsnetzes führte zur schnellen Entwicklung städtischer Regionen und Verdichtungsräume, während peripher gelegene Regionen weiterhin in ihrer agrargesellschaftlichen Struktur verharrten. Im Anschluss an den eigentlichen Industrialisierungsprozess konnte der Übergang zur **postindustriellen Dienstleistungs- und Informationsgesellschaft** die entstandenen regionalen Disparitäten trotz der zunehmenden Standortunabhängigkeit kaum mindern. Der Prozess der **Tertiärisierung** verstärkt diese Disparitäten durch einen weiteren Bedeutungszuwachs besonders der städtischen Verdichtungsräume. Als Resultat dieser Entwicklung gibt es heute in Europa sogenannte **Aktivräume** (Wachstumsräume, strukturstarke Räume), die durch Bevölkerungszuwachs, eine hohe infrastrukturelle Ausstattung, ein großes Angebot an Bildungs-, Ausbildungs- und Arbeitsplätzen, Freizeit- und Kultureinrichtungen gekennzeichnet sind. Ihnen gegenüber stehen **Passivräume** (Schrumpfungsräume, strukturschwache Räume), die über die genannten Ausstattungen nicht verfügen und somit Abwanderungsgebiete sind.

Die **Aktivräume Europas** befinden sich hauptsächlich im Bereich der Metropolen und ihres Umlandes. Beispiele hierfür sind das Pariser Becken mit der Ile de France, die Region Greater London sowie die Großräume um Wien, Hamburg und Brüssel. Die einzelnen metropolitanen Schwerpunktgebiete wirtschaftlicher Entwicklung haben sich bis heute räumlich zu zwei Hauptverdichtungszonen geformt.

- Eine ältere Zone, die sogenannte **Blaue Banane**, reicht von den englischen Midlands über Südengland nach Holland und entlang der Rheinachse bis nach Norditalien. Sie besteht einerseits aus Räumen mit hoher und differenzierter wirtschaftlicher Dynamik (z. B. Rhein-Main-Gebiet, Rhein-Neckar-Raum, Großraum München, Raum Basel-Zürich), andererseits aus altindustrialisierten Gebieten (z. B. Midlands, Südwales, Ruhrgebiet, Saargebiet, Lille, Nord-Pas-de-Calais), die einem wirtschafts- und sozialräumlichen Strukturwandel unterliegen.

- Eine jüngere Zone, die als **europäischer Sunbelt** bezeichnet wird, erstreckt sich von Nordostspanien (Katalonien mit Ballungsraum Barcelona) über die südfranzösischen Verdichtungsräume Toulouse und Marseille und die Region Rhone-Alpes (Großraum Lyon-Grenoble). Sie setzt sich fort bis zu den aufstrebenden italienischen Städten Verona, Ravenna und Bologna. Diese Verdichtungszone ist noch im Wachstum begriffen und zeigt eher punktuelle räumliche Schwerpunkte.

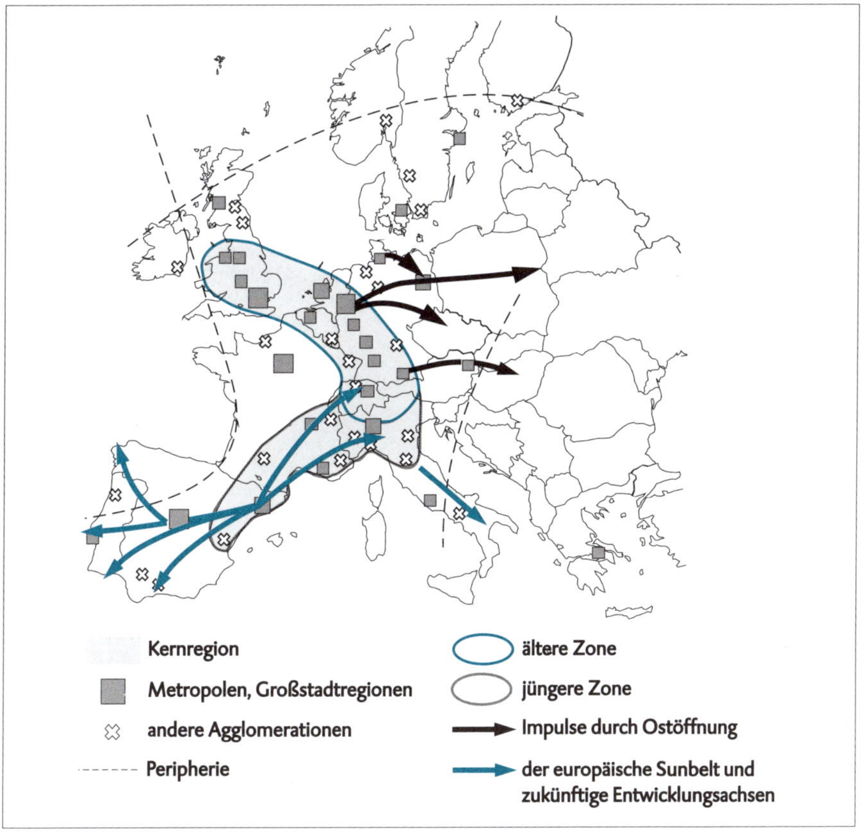

M 115: Wirtschaftsregionen in Europa

Nahezu alle **Passivräume** Europas befinden sich an der Peripherie. Beispiele sind z. B. die mittleren und nördlichen Regionen Skandinaviens, die westlichen und nördlichen Gebiete Schottlands, die Bretagne, Nordwestspanien und Nordportugal, der größte Teil der Balkanhalbinsel, große Teile Griechenlands und (noch) Mittelost- und Osteuropa. Infolge der EU-Osterweiterung ist mit dem Entstehen weiterer Aktivzonen zu rechnen, so etwa St. Petersburg-Helsinki-Riga-Hamburg, Warschau-Berlin-Ruhrgebiet, Budapest-Wien-München und Prag-Dresden-Berlin.

Innerhalb Europas, aber auch in den einzelnen Staaten selbst ist ein starkes Zentrum-Peripherie-Gefälle zu beobachten (z. B. Italien: Norditalien als Aktivraum, Mezzogiorno als Passivraum). Städte und Regionen, die nicht in einem der Wirtschaftskorridore liegen oder einem solchen angeschlossen sind, haben im europäischen und globalen Wettbewerb ungünstigere Voraussetzungen.

Im Folgenden werden unterschiedliche europäische Wirtschaftsregionen und deren Entwicklungsfaktoren vorgestellt. Bereits die Auswahl der Raumbeispiele macht deutlich, wie vielfältig und unterschiedlich die raumwirksamen Faktoren auf die Regionen wirken.

Aufgabe 33 Nennen Sie geeignete Indikatoren zur Ermittlung räumlicher Disparitäten innerhalb Europas.

Aufgabe 34 Erläutern Sie die Entstehung räumlicher Disparitäten im europäischen Wirtschaftsraum.

3.2 Raumbeispiel Nordsee – Energiewirtschaft

Seit Jahren befasst sich die energiepolitische Diskussion mit der Frage, wie die langfristige Energieversorgung in Deutschland wie auch in den anderen Mitgliedstaaten der EU gesichert werden kann. Neben der Nutzung **fossiler Energieträger** rücken dabei zunehmend **regenerative Energiequellen** in den Mittelpunkt. Die Nordsee bietet in beiden Bereichen ein breites Spektrum an Möglichkeiten.

Nutzung fossiler Energiequellen

Die Nordsee hat eine Fläche von rund 575 000 km^2, das entspricht etwa der Größe von Frankreich und Belgien. Da die mittlere Wassertiefe nur ca. 70 m beträgt, spricht man von sogenannten **Offshorebereichen**. Unter diesen

Begriff fallen generell Flachmeergebiete vor der Küste mit einer maximalen Wassertiefe von 200 m.

In den 1960er-Jahren begann die systematische Erdölsuche und -förderung in der Nordsee. Dabei wurde das Schelfmeer unter den Anliegerstaaten aufgeteilt und Sektoren festgelegt. Heute gehört die Nordsee zu den weltweit größten Fördergebieten der **Offshoreindustrie**. Derzeit befinden sich etwa 540 Öl- und Gasplattformen in der Nordsee, von denen jedoch nur zwei von Deutschland betrieben werden.

Nach Norwegen liefert vor allem Großbritannien große Mengen Rohöl aus der Nordsee an Deutschland. Mit 33,7 Mio. t Rohöl deckten die Nordseeanlieger 2007 damit 31,6 % der deutschen Einfuhren ab. Beim Erdgas wurden im selben Jahr fast 60 % der deutschen Importe aus den Lagerstätten der Nordsee gewonnen.

Im Offshorebereich ist die Erdöl- und Erdgasförderung technisch schwierig, sehr aufwendig, teuer und gefährlich. 100 km westlich von Bergen vor der norwegischen Küste befindet sich das **Troll-Erdgasfeld**, das größte in der Nordsee. Man schätzt, dass seine Vorräte bis etwa zum Jahr 2050 reichen. Um das Gasfeld zu erschließen, wurde in dreijähriger Bauzeit die **Sea-Troll-Plattform** (Baukosten: 4,75 Mrd. US-$) gebaut. Diese größte Bohrplattform der Welt hat vom Sockelboden bis zur Spitze des Gasfackelmastes eine Höhe von 472 m und ist damit um 150 m höher als der Eiffelturm. Nach der Fertigstellung wurde das größte und schwerste Bauwerk, das jemals von Menschenhand bewegt wurde, zum Gasfeld geschleppt und dort abgesenkt. Aufgrund ihres hohen Eigengewichts sank die Plattform 90 m tief in den Meeresboden ein. Bei einer Wassertiefe von etwa 300 m ragt die Arbeitsplattform noch ca. 30 m über dem Meeresspiegel auf, damit sie auch von höchsten Wellen unterlaufen werden kann. Das Personal ist in einer schwimmenden Hotelplattform untergebracht, die mit computergesteuerten Motoren auf ihrer exakten Position gehalten wird. Die Bauwerke sind mit einer Gangway verbunden. Von der Sea Troll wurden 40 Bohrlöcher in eine Tiefe von 1 200 m getrieben.

Die Erdöl-/Erdgasvorkommen in der Nordsee liegen zwischen 1 000 und 2 500 m unter dem Wasserspiegel im klüftigen oder porösen Speichergestein. Der natürliche Druck in dieser Tiefe sorgt dafür, dass Öl und Gas emporschießen, wenn die Lagerstätte angebohrt wird. Man nennt das **Primärförderung**. Etwa 20 % des Vorkommens können auf diese Weise gefördert werden. Dann wird der Druck in der Lagerstätte so gering, dass die Quelle versiegt. Nun muss mit der **Sekundärförderung** begonnen werden, d. h., unter hohem Druck wird Wasser in die Lagerstätte gepresst, um das Öl und Gas aus dem Speichergestein herauszudrücken. Danach muss auf die teure **Tertiärförderung** umgestellt werden, bei der mit 300 °C heißem Dampf und/oder Chemikalien (Tensiden) Öl aus den Poren des Gesteins gelöst wird. In günstigen Fällen können insgesamt etwa 70 % des Vorkommens gefördert werden (Durchschnittsausbeute weltweit nur 35 %).

Für den Transport des Öls wurden in der Nordsee über 10 000 km **Pipelines** verlegt. Diese von Beton ummantelten Rohre werden an Bord spezieller Verlegerschiffe zusammengeschweißt und über eine Heckrampe ins Wasser gelassen. Am Meeresgrund werden die Pipelines in den Boden eingespült, sodass sie vor mechanischer Beschädigung geschützt sind. Allerdings erschwert dies wiederum die Wartungsarbeiten unter Wasser. Bei kleineren Vorkommen erfolgt der Abtransport aus Kostengründen per Tanker. Das kann bei Stürmen problematisch werden.

Trotz des ungeheuren Aufwands bei der Exploration und Förderung lohnt sich die Gewinnung von Nordseeöl, weil so die einseitige Abhängigkeit der Industrieländer z. B. von arabischen oder russischen Öllieferungen verhindert wird. Zudem besitzt das Nordseeöl höchste Qualität, d. h. einen hohen Benzinanteil beim Destillieren und einen geringen Schwefelgehalt.

Nordseeöl und -gas haben den hauptsächlichen Förderländern Norwegen und Großbritannien hohe Exporteinnahmen gebracht. Zudem hat sich an deren Küsten eine hochtechnisierte Ölindustrie entwickelt, die weltweit führend ist. Daneben entstanden Häfen, Werften und Versorgungseinrichtungen für die Förderung sowie Raffinerien und petrochemische Industrien. Das Industriegebiet Nordsee beschäftigt direkt und indirekt ca. 150 000 Menschen.

Die Offshoreindustrie hat jedoch auch erhebliche **Umweltbelastungen** durch ausgetretenes Öl zur Folge. Laut Greenpeace sind bereits ca. 8 000 km^2 Nordseeboden verschmutzt, eine Fläche doppelt so groß wie das Saarland. Was mit alten, ausgedienten Plattformen geschieht, ist noch nicht befriedigend geklärt. In geringer Wassertiefe können sie relativ unproblematisch abgebaut und anschließend recycelt werden. Schwieriger wird es bei größeren Wassertiefen. Bei der billigsten Lösung – Versenkung und Nutzung als künstliche Riffe für die Meeresfauna und -flora – können die dabei freigesetzten Schadstoffe katastrophale Auswirkungen haben. Als 1995 der Shell-Konzern seine Plattform Brent Spar versenken wollte, machten heftige Proteste der Umweltschützer auf das Problem aufmerksam. Nachdem ein gezielter Tankstellenboykott in Deutschland den Umsatz um 50 % senkte, verzichtete der Konzern auf sein Vorhaben. Seit 1998 gibt es ein Abkommen, dass die Versenkung ausgedienter Plattformen im Nordatlantik verbietet. Die Brent Spar wurde an Land zerlegt und recycelt.

Nutzung regenerativer Energiequellen

Neben den fossilen Energieträgern unterscheidet man folgende regenerative Energiequellen innerhalb des Wirtschaftsraumes Nordsee:

- mechanische Energie, die durch Gezeiten-, Wellen- und Strömungskraftwerke erschlossen werden kann,
- thermische Energie, die von Meereswärmekraftwerken genutzt wird,
- chemische Energie aus Unterschieden im Salzgehalt, durch sogenannte Osmosekraftwerke verwendbar,
- Windenergie, die küstennah an Offshore-Standorten genutzt wird.

Erfahrungen beim Bau von Erdölplattformen haben in den letzten 20 Jahren zur Entwicklung einer weiteren Form der Offshoreindustrie geführt, den **Offshorewindparks**. Auf stabilem Fundament drehen sich in 10 bis 50 km Entfernung von der Küste zahlreiche Windkraftanlagen, deren Energieausbeute aufgrund der günstigeren Windverhältnisse über dem Meer um 50 % höher ist als auf dem Land. Vor den Küsten Dänemarks arbeiten bereits mehrere Windparks offshore, darunter auch die beiden größten der Welt: Horns Rev (160 MW) an der Nordseeküste vor Südjütland und Nysted Havmøllepark (166 MW) in der Ostsee. In Horns Rev können 80 Anlagen à 2 MW Strom für 150 000 dänische Haushalte erzeugen. Bis 2030 soll die Offshorestromerzeugung auf 4 000 MW ausgebaut werden und 40 % des dänischen Stromverbrauchs abdecken. Die deutsche Bundesregierung plant bis 2020 den Bau von 40 Offshorewindparks, davon 30 in der Nord- und 10 in der Ostsee. Damit sollen ca. 30 000 Arbeitsplätze geschaffen und mehr als 12 000 MW elektrische Energie erzeugt werden. Dies entspricht dem Strombedarf von ungefähr 12 Mio. Haushalten. Die ökologischen Auswirkungen dieser Anlagen werden in Studien als sehr gering eingestuft. Zudem sollen bereits in einer frühen Planungsphase die Belange von Energiekonzernen, Umweltschützern und Schifffahrt aufeinander abgestimmt werden.

In Erprobung sind auch neuartige **Gezeitenkraftwerke**, die direkt in der Strömung stehen. Es handelt sich dabei um auf dem Meeresboden verankerte Türme, an denen Rotoren mit einem Durchmesser von 15–20 m angebracht sind. Diese drehen sich sehr langsam, aber kontinuierlich im Gezeitenstrom. Fische werden bei den geringen Rotationsgeschwindigkeiten nicht gefährdet. Im Gegensatz zu Windkraftwerken sind diese Strömungskraftwerke sehr effizient und im Landschaftsbild unauffällig.

fgabe 35 Stellen Sie die derzeitigen Nutzungsmöglichkeiten regenerativer Energiequellen innerhalb des Wirtschaftsraumes Nordsee dar.

3.3 Raumbeispiel Hamburg – Handelszentrum Hafen

Vor dem Hintergrund der Globalisierungsprozesse gewinnen im Bereich des Güterverkehrs auch bei der Schifffahrt moderne, schnelle und kostengünstige Transportmöglichkeiten zunehmend an Bedeutung. Der Hamburger Hafen ist ein **Universalhafen**, das bedeutet, dass neben dem Containerumschlag auch in großem Umfang Stück- und Massengutumschlag stattfindet.

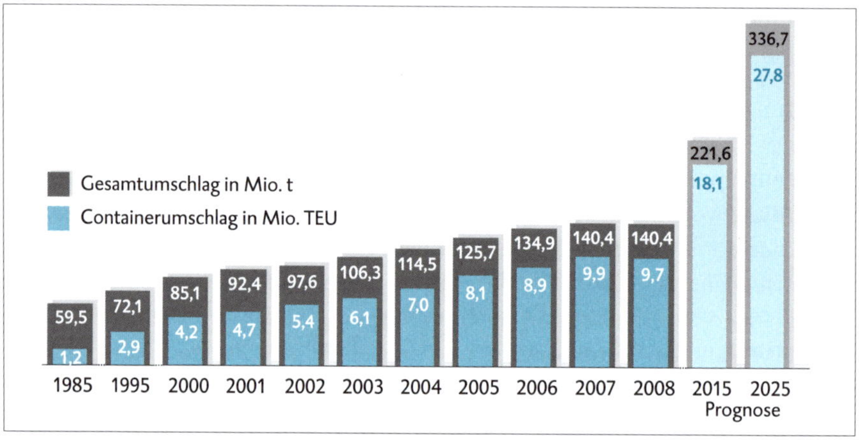

M 116: Entwicklung des Gesamt- und Containerumschlags im Hamburger Hafen

Besonders dynamisch hat sich der **Containerumschlag** entwickelt. 2008 wurden im Hamburger Hafen 9,7 Mio. TEU (Twenty Foot Equivalent Unit, sogenannte Standardcontainer) umgeschlagen.

Container gelten derzeit infolge ihrer internationalen Normierung als das bevorzugte Gütertransportmedium. Sie erlauben schnelle Be-, Ent- und Umladezeiten auf verschiedenen Verkehrsträgern und senken die Transportkosten. Mithilfe einer differenziert geplanten Hafenausbaupolitik konnten die in Hamburg vorhandenen Standortnachteile gemindert werden. Diese bestanden in einer relativen Distanz zum offenen Meer (etwa 90 km), den Nachteilen eines Tidehafens (Nutzung durch Hochseeschiffe nur während gezeitenabhängiger Wasserhochstandfenster), der räumlichen Beengtheit und den daraus resultierenden Kosten für Schleppvorgänge, der relativ geringen Fahrrinnentiefe und der Konkurrenzsituation zu anderen Häfen wie etwa Rotterdam und Antwerpen. Außerdem driftete der Hamburger Hafen nicht zuletzt seit der Errichtung des Eisernen Vorhangs bis 1990 in eine Randlage innerhalb Europas ab.

Zum Ausgleich der genannten Standortnachteile wurden im Laufe der letzten Jahrzehnte die folgenden Maßnahmen ergriffen:

- Bau moderner Terminals für den Container- und Massengutumschlag in den 1960er-Jahren,
- Bau neuer Verkehrslinien innerhalb des Hafengeländes und in das Hinterland hinein (z. B. Rangierbahnhof Maschen 1975),
- Anschluss an das europäische Binnenwasserstraßennetz,
- Autobahn- und Fernverkehrsanschluss über die Brückenbauten der dänischen Meerengen in Richtung Skandinavien,
- Erweiterung des Containerhafens ab 2001,
- Errichtung eines hoch technologisierten Güterverkehrszentrums in Altenwerder 2001.

Damit verfügt Hamburg in Europa über das modernste Containerterminal mit der höchsten Produktivität und über sehr gute Hinterlandanbindungen. Der Fahrrinnenausbau der Unter- und Außenelbe soll sicherstellen, dass auch zukünftig die großen Containerschiffe den Hafen voll beladen in bequemen Zeitfenstern erreichen und wieder verlassen können.

Hamburg ist derzeit die zentrale Logistikdrehscheibe Nordeuropas. Der Hauptanteil der Güterströme kommt aus bzw. geht nach Asien.

Die Seeverkehrsprognose der Bundesregierung rechnet bis zum Jahr 2025 mit einem Containerumschlag von 27,8 Mio. TEU und einem Gesamtumschlag von 336,7 Mio. t. Mit diesem prognostizierten Wachstum ergeben sich weitere Herausforderungen bezüglich der infrastrukturellen Ausstattung und der Anbindung an das Hinterland.

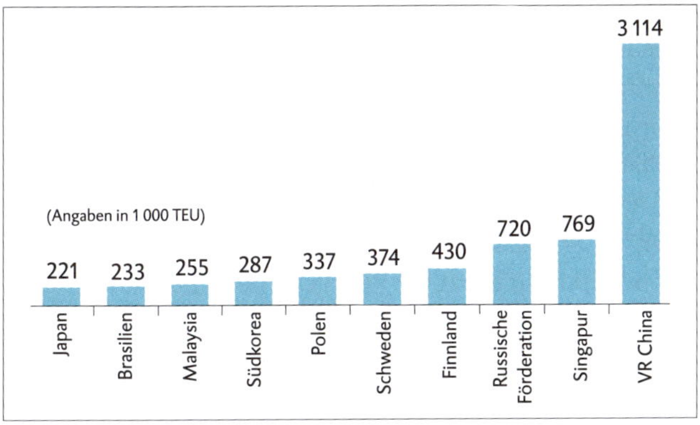

M 117: Handelspartner im Containerverkehr 2008 in 1 000 TEU (ein- und ausgehend)

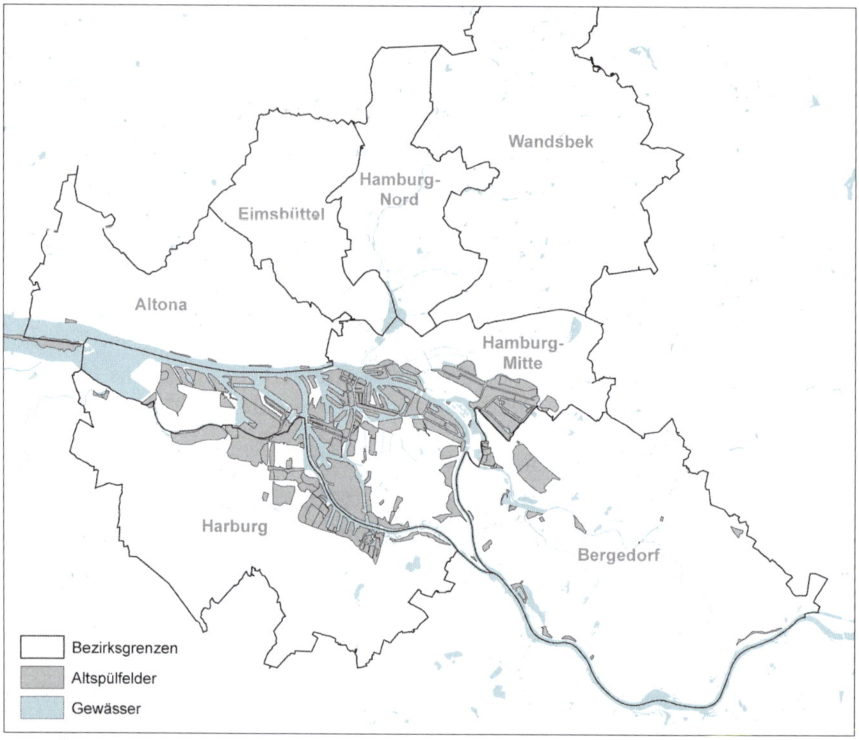

M 118: Übersicht Hamburg

Die in Hamburg aus Hafen und Elbe gebaggerten Sedimente dienten seit Mitte des 19. Jahrhunderts zur flutsicheren Erhöhung von Hafen- und Industrieflächen. Diese Flächen werden als Altspülfelder bezeichnet. Da der östliche Teil des Hafens aufgrund der zu geringen Fahrwassertiefe von der Entwicklung zum internationalen Containerhafen ausgeschlossen ist, wird auf diesen Flächen seit 2003 eines der größten Stadtentwicklungsprojekte Europas umgesetzt: die **HafenCity**. Dabei handelt es sich um einen Stadtteil im Bezirk Hamburg Mitte, der auf einer Fläche von ca. 2,2 km^2 vollständig von Fluss- und Kanalläufen umgeben ist. Bis voraussichtlich Mitte der 2020er-Jahre sollen auf diesem Areal Wohneinheiten für bis zu 12 000 Personen und Arbeitsplätze für bis zu 40 000 Personen, hauptsächlich im Bürosektor, entstehen. Die Speicherstadt, einstmals das größte zusammenhängende Lagerhausensemble der Welt und Wahrzeichen Hamburgs, bildet nun den nördlichen Teil des Stadtteils HafenCity.

Ähnliche Umbauten von nicht mehr genutzten Arealen findet man seit Jahrzehnten in den meisten großen Hafenstädten der Welt. Das prominenteste Beispiel sind die Docklands in London. In Hamburg wurde schon im Planungsstadium die Verknüpfung des Verkaufs der Grundstücke in der HafenCity mit der Finanzierung des Containerterminals Altenwerder kritisiert. Befürchtet wurde, dass durch die Verschuldung und den dadurch entstehenden Zwang zum Verkauf die Gewinnorientierung Vorrang vor einer sinnvollen städtebaulichen Umsetzung haben werde. Enge, profitorientierte Bebauung statt Sozialverträglichkeit sei die Folge.

Bei der Planung der HafenCity wurde bewusst entschieden, das Gelände samt Speicherstadt nicht einzudeichen, sondern den offenen Charakter der Hafenbecken zur Elbe beizubehalten. Da das Baugelände mit einer Höhe von 4,4–7,2 m ü. NN liegt, besteht Überflutungsgefahr bei Sturmflut. Es sind daher Flutschutzmaßnahmen wie kleinere Warften bis 7,5 m ü. NN sowie eine Brücke durch die historische Speicherstadt bis hinter die Deichlinie in die Hamburger Innenstadt vorgesehen.

Neben seiner Bedeutung als größter Seehafen Deutschlands und zweitgrößter Containerhafen Europas steht der Hamburger Hafen damit auch in städtebaulicher Hinsicht vor großen Herausforderungen. An diesem Raumbeispiel wird deutlich, welche enormen Investitionen und Anstrengungen nötig sind, um sich im europäischen und globalen Wettbewerb als Hafenstandort behaupten zu können.

3.4 Raumbeispiel Mallorca – Tourismus

Die Baleareninsel Mallorca ist von Gegensätzen und einer landschaftlichen Vielfalt geprägt. Während sich um die Inselhauptstadt Palma ein Hotel an das andere reiht und die Küstenbereiche bis auf den Nordwesten stark erschlossen sind, findet man im Inneren der Insel ruhige Dörfer. Die Sierra de Tramuntana mit Höhen an die 1 500 m ü. NN bildet eine Wetterscheide zu den tiefer gelegenen Bereichen im zentralen und östlichen Teil der Insel. Während im Gebirge der Steigungsregen für hohe Niederschlagsmengen sorgt, leiden die südlichen Landesteile besonders in den Sommermonaten unter der Trockenheit. Über ein Drittel der Inselfläche wurde inzwischen zum Landschaftsschutzgebiet erklärt, das Tramuntanagebirge steht unter Naturschutz.

Aufgrund der touristischen Erschließung und der vielfältigen Landschaft zählt Mallorca seit Jahrzehnten zu den stark besuchten Tourismusregionen in Europa. Der **Tourismus** bildet das Rückgrat der mallorquinischen Wirtschaft und ist mit ca. 80 % am BIP beteiligt. Die Landwirtschaft stellt 11 % der Arbeitsplätze auf der Insel, trägt aber nur 2 % zum BIP bei. Im sekundären Sektor ist besonders das Baugewerbe zu nennen, das in Verbindung mit der touristischen Erschließung ca. 10 % am BIP ausmacht.

Seit den 1960er-Jahren stiegen die Urlauberzahlen von 0,5 Mio. auf heute über 9 Mio. pro Jahr. Demgegenüber stehen knapp 1 Mio. Einwohner. Fast ein Viertel der Touristen kommt aus Deutschland. Da sich im Gegensatz zum Individualtourismus auf Mallorca der Fremdenverkehr in stark organisierter Form und im dargestellten Umfang entwickelte, spricht man hier von **Massentourismus**. Nach jahrelangen Wachstumsraten wurde im Jahr 2009 im Zuge der globalen Finanzkrise ein Rückgang bei den Besucherzahlen von 11,7 % im Vergleich zum Vorjahr verzeichnet.

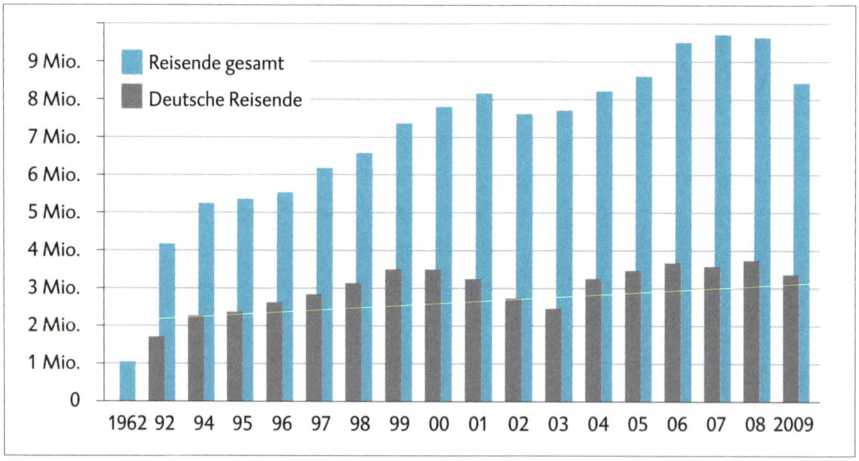

M 119: Touristenzahlen Mallorca 1962 bis 2009

Bereits seit den 1980er-Jahren versucht man auf Mallorca, das Image des „Ballermanntourismus" zu korrigieren und durch eine Diversifizierung des Angebots weitere Zielgruppen anzusprechen. Durch umweltverträglichen **sanften Tourismus**, z. B. Aktivurlaub wie Wandern oder Radfahren, soll der Naturraum besonders im Landesinneren einbezogen werden. Die mittlerweile 14 Golfplätze sollen zahlungskräftigen Kunden den Urlaub schmackhaft machen: „Klasse statt Masse" lautet ein neues Motto, das der Insel aber nicht nur Vorteile bringt. Die Ausrichtung auf eine zahlungskräftige Zielgruppe mit hohen Ansprüchen führte mit dem Bau flächenintensiver Anlagen (Golfplätze, Yachthäfen, Zweitwohnsitze mit Swimmingpools) zur weiteren Zersiedelung der Landschaft. Die Hafenlagen mit weit ins Meer reichenden Molen sorgen für veränderte Strömungsverhältnisse und bedrohen das natürliche Küstenökosystem. Mittlerweile zeigen Studien, dass der herkömmliche Massentourismus höhere Einnahmen bei gleichzeitig geringerem ökologischem Schaden gegenüber dem „Nobeltourismus" erzielt.

Da zwei Drittel der Inselfläche mit teilweise weit weniger als 600 mm Niederschlag im Jahr auskommen muss, stellt der enorme **Wasserverbrauch** auf Mallorca ein ernsthaftes Problem dar. Hauptwasserlieferant sind zwei Stauseen im Tramuntanagebirge mit einer Gesamtkapazität von ca. 8 Mio. m^3 oder 8 Mrd. Liter. Von den jährlich ca. 250 Mio. m^3 an nutzbarem Grundwasser werden ca. 175 Mio. m^3 durch die Landwirtschaft verbraucht. Man versucht dieser Knappheit mit Wasseraufbereitungsanlagen zu begegnen. So werden z. B. die Golfplätze weitgehend mit aufbereitetem Wasser beregnet. Auch in der Landwirtschaft wird mehr und mehr auf geklärtes Brauchwasser umgestellt. Trotzdem wird der Wassernutzungskonflikt zwischen Landwirtschaft, Tourismus und einheimischer Bevölkerung deutlich.

Wassernutzung …	durchschnittlicher Wasserverbrauch
eines Bewohners in Deutschland	ca. 220 l/Kopf/Tag
eines Landbewohners auf Mallorca	ca. 130 l/Kopf/Tag
eines Touristen auf Mallorca	ca. 440 l/Kopf/Tag
für einen Golfplatz (derzeit sind es 14)	ca. 1,3 Mio. l/Tag Für alle Plätze wären das im Jahr ca. 6,5 Mrd. Liter Wasser.

M 120: Wasserproblematik auf Mallorca

Den hohen Einnahmen durch den Fremdenverkehr und deren Bedeutung für das hohe Pro-Kopf-Einkommen der Mallorquiner stehen teilweise massive ökologische Probleme gegenüber.

Neben der Zersiedelung der Landschaft und dem (zu) hohen Wasserverbrauch führen die Überlastung der Infrastruktur, die Verschärfung regionaler Disparitäten zwischen den Küstenbereichen und dem Landesinneren sowie ein stark erhöhtes Abfallaufkommen zu großen Herausforderungen für die Zukunft. Die Regionalregierung versuchte seit den 1990er-Jahren durch entsprechende Bebauungs- und Sanierungsauflagen, die 2000 für die Küstenregionen noch verschärft wurden, eine ökologisch orientierte Verbesserung der Situation zu erreichen. Große öffentliche Aufmerksamkeit erfuhr in diesem Zusammenhang die Einführung einer Ökosteuer, die alle Touristen zahlen mussten. Nachdem daraufhin im Jahre 2000 die Buchungszahlen in der Hauptsaison um ca. 30 % gegenüber dem Vorjahr zurückgingen, gab die 2003 neu gewählte Regierung den qualitätsorientierten Kurs wieder auf. Entscheidende Faktoren wie die schwankende Kaufkraft der Touristen, der zunehmende Wettbewerb mit anderen Urlaubszielen, die Strategien der Pauschalreiseveranstalter und Billigflieger sowie die oft politisch ignorierte Problematik des Massentourismus scheinen derzeit einer nachhaltigen Entwicklung eher entgegenzustehen.

Aufgabe 36 Analysieren Sie Vor- und Nachteile des Massentourismus auf der Baleareninsel Mallorca.

3.5 Raumbeispiel Island – Auswirkungen der globalen Finanzkrise

Island war bis zum Zweiten Weltkrieg stark durch den primären Wirtschaftssektor geprägt und entsprechend arm. Heute sind noch ca. 6 % der Beschäftigten in diesem Bereich tätig. Mehr als 70 % aller Beschäftigten arbeiteten 2008 im Dienstleistungssektor und erwirtschafteten rund 70 % des BIP.

Besonders unternehmerische Dienstleistungen (Beispiel Unternehmensberatung) sowie Finanzdienstleistungen wurden seit 1990 gezielt durch staatliche Programme gefördert. Amerikanische Firmen bauten von Island aus ihre Geschäfte in Europa auf. Neben der geostrategisch günstigen Lage zwischen Nordamerika und Europa galten der hohe Bildungsstand in der Bevölkerung, die enormen Energiereserven und ein mittlerweile hoher Wohlstand als günstige Standortfaktoren.

Die starke **Tertiärisierung** ohne nennenswerte Industrieproduktion hatte jedoch den Nachteil, dass die isländische Wirtschaft stark von wenigen Banken und Finanzdienstleistern abhängig war. Diese Abhängigkeit wurde im Verlauf der globalen Finanzkrise 2008 deutlich, als sich die drei größten Banken Islands völlig verspekuliert hatten. Ihnen drohte aufgrund ihrer starken internationalen Verflechtungen der Bankrott. Deshalb ließ die isländische Regierung Anfang Oktober 2008 den gesamten Bankensektor verstaatlichen. Die faktische Zahlungsunfähigkeit der Banken führte Island in die Nähe des **Staatsbankrotts**. Nur durch die massive finanzielle Unterstützung des Internationalen Währungsfonds (IWF) und anderer Banken sowie durch eine starke Abwertung der isländischen Krone konnte dies verhindert werden. Von Oktober 2007 bis Oktober 2008 hat die isländische Währung mehr als 70 % ihres Wertes gegenüber dem Euro verloren. Die Inflationsrate stieg gegen Jahresende 2008 auf über 18 %.

Da aufgrund der Krise Kredite an Island nur noch mit einem Risikoaufschlag vergeben wurden, gestaltete sich die wirtschaftliche Erholung schwierig. Am 19.11.2008 erhielt das Land einen Kredit des IWF über 2,1 Mrd. US-Dollar zur Stabilisierung der Krone. Anschließend stellten die skandinavischen Nachbarländer zusätzlich Kredite über 2,5 Mrd. US-Dollar zur Verfügung. Allerdings verband der IWF die Kreditvergabe mit harten Auflagen für ein umfangreiches Sanierungsprogramm.

Mit der Finanzkrise stieg auch die Arbeitslosenquote auf der Insel von unter 1,3 % im Jahr 2006 auf ca. 10 % im März 2009. Da viele Haushalte Kredite in Fremdwährung aufgenommen haben, „verteuerten" sich diese Schulden durch den starken Verfall der Krone und können kaum zurückgezahlt werden.

In der Hoffnung auf eine Stabilisierung der politischen und ökonomischen Situation wurde im April 2009 eine neue Regierung gewählt, die einen EU-Beitritt mit der Einführung des Euro erwägt.

Island ist wie Norwegen bereits Mitglied im europäischen Wirtschaftsraum (EWR) und dem Schengenabkommen beigetreten, allerdings noch nicht EU-Mitglied. Der Waren- und Personenverkehr ist somit genauso freizügig wie innerhalb der EU. Ein Beitritt zur EU und in den Euroraum könnte stabilisierend auf die derzeitige Finanzsituation des Landes wirken. Gegen eine Aufnahme des Landes sprechen die aktuell nicht mögliche Einhaltung der Konvergenzkriterien wie Preisniveaustabilität und eingeschränkte Neuverschuldung sowie die Weigerung Islands, die Fischereirechte unter EU-Recht zu stellen. Kritisch wäre zudem die Außenwirkung, in Not geratene Staaten könnten sich über eine EU-Mitgliedschaft sanieren.

4 Globalisierung

Zunächst denkt man bei **Globalisierung** meist an weltweiten Handel und das Zusammenwachsen von Märkten, also an globale **Ökonomie**. Globalisierung umfasst jedoch viel mehr als nur die globalen wirtschaftlichen Beziehungen. Sie beinhaltet auch tiefgreifende Veränderungen der **kulturellen**, **politischen**, **ökologischen** und **wissenschaftlich-technischen** Verflechtungen weltweit. Wir alle sind ausnahmslos von ihr betroffen.

M 121: Dimensionen der Globalisierung (eigene Darstellung)

4.1 Die Auslöser der Globalisierung

Globalisierung ist weder ein Naturereignis noch war sie plötzlich da. Sie ist ein Prozess, der von verschiedenen zusammenwirkenden Ursachen und Voraussetzungen ausgelöst und gesteuert wurde und wird.

Ökonomische Ursachen

Der europazentrierte Welthandel im Zeitalter der Seefahrer war eine Art Vorläufer der Globalisierung. Zunächst bestand er einseitig hauptsächlich in der Ausbeutung der Kolonien. Im Zuge der Entstehung von Manufakturen und Industriebetrieben in Europa intensivierte sich der Austausch über nationale

Grenzen bis hin zu anderen Kontinenten. Im späten 19. Jahrhundert dominierte der Export von Industrieprodukten aus Europa und den USA den Welthandel. In der Zeit zwischen den Weltkriegen brach dieser stark ein. Während der Weltwirtschaftskrise von 1929 bis etwa 1933 versuchten fast alle Länder vergeblich, ihre interne Krise durch eine Autarkiepolitik (u. a. durch die Abwehr von Importen) zu meistern.

Nach dem Zweiten Weltkrieg bestand weltweit Konsens darüber, den kriegerischen Nationalsozialismus durch Völkerverständigung und aktive wirtschaftliche Verflechtungen zu überwinden. Zu diesem Zweck wurden (forciert durch die USA) die **Weltbank** und der **Internationale Währungsfond (IWF)** gegründet. Wohlstand, Frieden und Beschäftigung waren die obersten Ziele der angestrebten Weltwirtschaftsordnung. Als Instrument wurde das **Allgemeine Zoll- und Handelsabkommen (GATT)** eingeführt, das in den folgenden Jahren unter den Mitgliedstaaten zur deutlichen Reduzierung von Zöllen und anderen Handelshemmnissen führte.

Logistische Voraussetzungen

Die zunehmende Steigerung der **Leistungsfähigkeit der Transporttechnologien** (u. a. Verkehrsträger wie Großraumflugzeuge und Großschiffe in Kombination mit genormten Containern und neuen Umschlagtechnologien) und die laufende **Verbilligung der Transportkosten** (vielfach durch die öffentliche Hand gesponsert), sowie die rasante Entwicklung der **Kommunikationstechnologien** (v. a. die fast schlagartig einsetzende kommerzielle Nutzung des Internets) waren weitere Notwendigkeiten für das rasche Voranschreiten der Globalisierung.

Durch diese neuen Technologien konnte der globale Austausch von Wissen, Information und Kapital in Sekundenschnelle erfolgen. Unternehmen wurden in die Lage versetzt, rund um die Uhr an verschiedenen Orten der Welt gleichzeitig zu arbeiten. So konnten Entwicklungs- und Produktionsprozesse beschleunigt werden, für die man früher Wochen oder Monate gebraucht hatte.

Politische Ursachen

Die vornehmlich durch die USA und die EU vorangetriebene Politik der **Liberalisierung der Märkte** (einschließlich der Kapitalmärkte) sowie der Trend zur Zurückdrängung des öffentlichen Sektors im Wirtschaftsbereich waren zwar für die Globalisierung nicht zwingend notwendig, beschleunigten diese aber sehr.

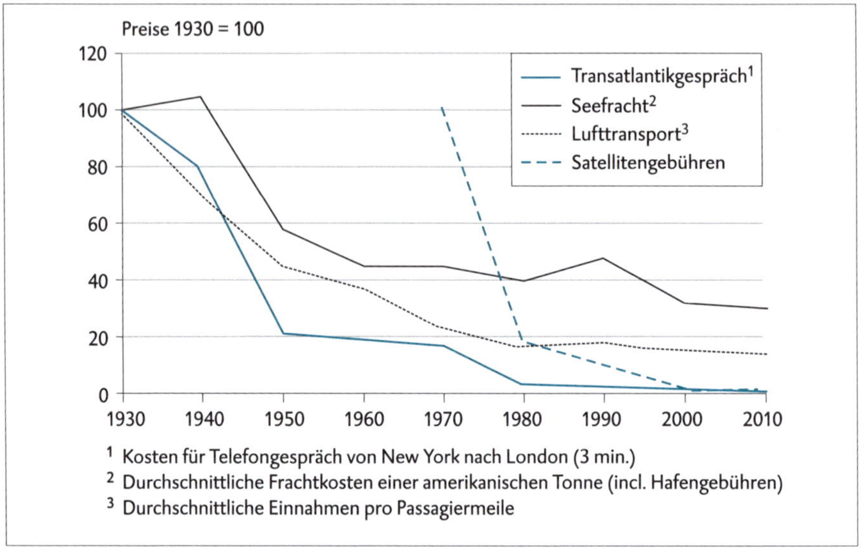

M 122: Kostensenkung bei Transport und Kommunikation

Der **Zusammenbruch des Sozialismus** beendete den Kalten Krieg und den hemmenden Systemwettbewerb zwischen Kapitalismus und Sozialismus. Die Umorientierung der ehemals sozialistischen Staatshandelsländer zur Marktwirtschaft öffnete neue Märkte für Menschen, Sachgüter, Dienstleistungen und Kapital. Auch Schwellenländer wie China, Indien und Brasilien und aufstrebende Entwicklungsländer gaben der Globalisierung neue Impulse.

4.2 Welthandel

Eine entscheidende Grundlage für die stetige Zunahme des **Welthandels** legte seit den 1950er-Jahren das Allgemeine Zoll- und Handelsabkommen **GATT**, das nach und nach Zölle und Handelshemmnisse abbaute.

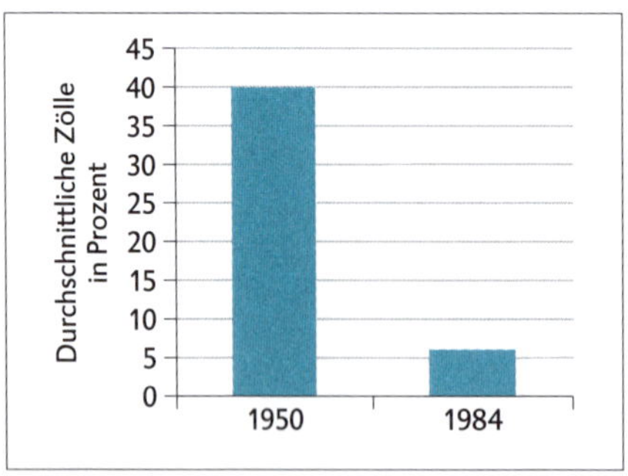

M 123: Durchschnittliche Zölle auf Industrieprodukte in den Industrieländern bis zur Gründung der WTO

1995 trat die Nachfolgeorganisation **World Trade Organisation (WTO)** in Kraft. Gegenüber dem GATT zeichnet sie sich v. a. durch eine größere Verbindlichkeit in ihren Verträgen aus. Heute gehören ihr 45 Industrieländer und über 100 Entwicklungsländer an. Die WTO-Mitglieder erwirtschaften heute mehr als 90 % des Welthandelsvolumens. Die WTO setzt den freien globalen Handel durch, überwacht die anerkannten Handelsregeln, verhandelt und entscheidet bei Handelskonflikten und unterstützt die Entwicklungsländer bei der Umsetzung der WTO-Regeln.

Als wichtige Erweiterung zum GATT wurden Verträge für den Handel mit Dienstleistungen, Agrar- und Textilprodukten und Abkommen zu geistigen Eigentumsrechten (Patenten, Urheberrechten u. a.) geschlossen. Allerdings haben die reichen Nationen noch nicht alle Handelshemmnisse abgebaut, worunter besonders die Entwicklungsländer leiden.

M 125 zeigt, dass sich die **Welthandelsströme** regional sehr unterschiedlich verteilen. Dominiert wird heute der Welthandel – wertmäßig – zu 80 % von den Großregionen EU – Asien – Nordamerika, der sogenannten Triade, wobei rund 40 % des Welthandels auf die EU entfallen.

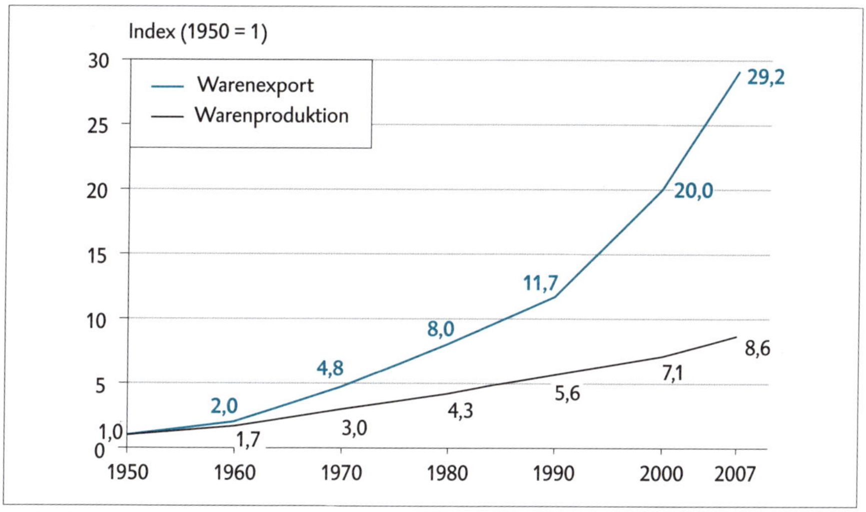

M 124: Entwicklung des grenzüberschreitenden Warenhandels

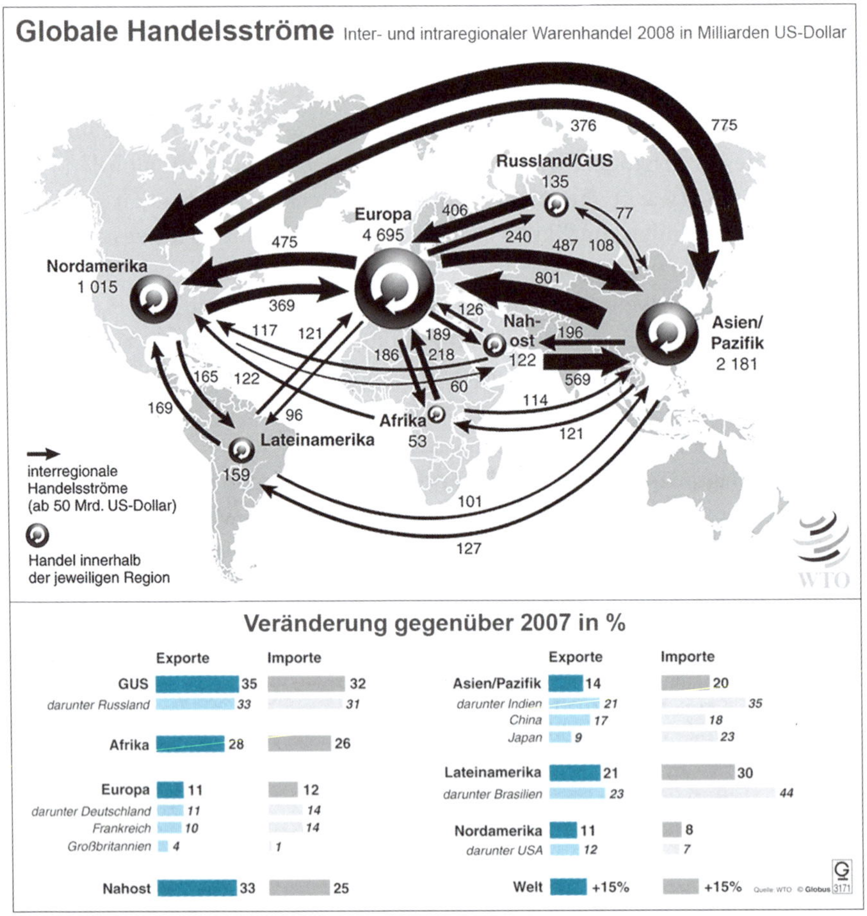

M 125: Globale Handelsströme

Die **Warenstruktur** im Welthandel hat sich stark verändert. Bestimmten anfangs Agrargüter und Rohstoffe den Handel, machen heute Industrieprodukte drei Viertel des Warenwerts aus, wobei Maschinen und Fahrzeuge dominieren. Innovative Technologien wie Güter der Informations- und Nachrichtentechnik verzeichnen überdurchschnittliche Zuwachsraten.

Infolge der globalen Vernetzung ist neben den Warenhandel der Handel mit Dienstleistungen getreten, weshalb die WTO spezielle Abkommen für diesen Bereich abgeschlossen hat. 2007 betrug ihr Anteil zwar erst 19 %, ihre Wachstumsrate überstieg in diesem Jahr aber erstmals jene des Warenhandels.

USA	2 166
Deutschland	1 205
China	1 133
Japan	762
Frankreich	708
Großbritannien	632
Niederlande	574
Italien	556
Belgien	470
Südkorea	435

M 126: Die 10 größten Importeure der Welt (Einfuhren 2008 in Milliarden US-$)

Deutschland	1 465
China	1 428
USA	1 301
Japan	782
Niederlande	634
Frankreich	609
Italien	540
Belgien	477
Russland	472
Großbritannien	458

M 127: Die 10 größten Exporteure der Welt (Ausfuhren 2008 in Milliarden US-§)

Durch **Outsourcing** werden Forschung, Entwicklung sowie einfache Verwaltungs- und Serviceleistungen in verschiedenen Ländern durchgeführt. Dabei haben sich funktionale Netzwerke gebildet. Das zeigt sich auch in einer neuen Form des globalen Wirtschaftens, des **Electronic Commerce** (siehe S. 113).

Die am geringsten entwickelten Länder, z. B. die meisten Länder Afrikas südlich der Sahara, konnten ihre Stellung im Weltmarkt nicht verbessern. Sie gehören zu den Verlierern der Globalisierung. Das hängt auch damit zusammen, dass der freie Handel entgegen der allgemeinen Globalisierungstendenz durch die Bildung von Wirtschaftsblöcken und Freihandelszonen, also durch **Regionalisierungstendenzen** sowie durch staatlichen **Protektionismus** behindert wird.

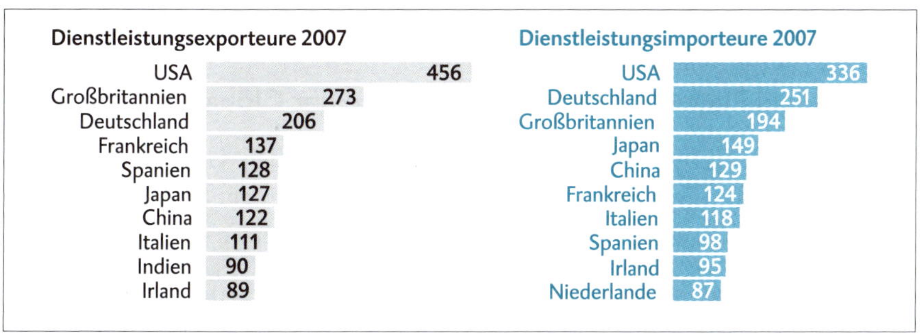

M 128: Weltweit führende Länder beim Handel mit Dienstleistungen (in Mrd. US-$)

Freihandelszonen, Wirtschafts- und Zollunionen (z. B. die EU in Europa, die NAFTA in Nordamerika, Mercosur in Lateinamerika, ASEAN und AFTA in Südostasien) fördern zwar die Integration ihrer Mitglieder und den Intra-Unions-Handel, wirken aber diskriminierend gegen Drittländer, denen der ungehinderte Zugang zu ihren Märkten versperrt wird. Die Entwicklungsländer haben so kaum eine Chance, die Einnahmen zu erzielen, die sie zur Finanzierung ihre Entwicklungsprojekte dringend bräuchten.

Wesentlich mehr als 50 % des weltweiten Handels entfällt auf den Handel innerhalb solcher Bündnisse (Intra-Handel), obwohl dies die Richtlinien der WTO verletzt. In der EU werden rund 70 % des Handels innerhalb der Union getätigt (vgl. M 129).

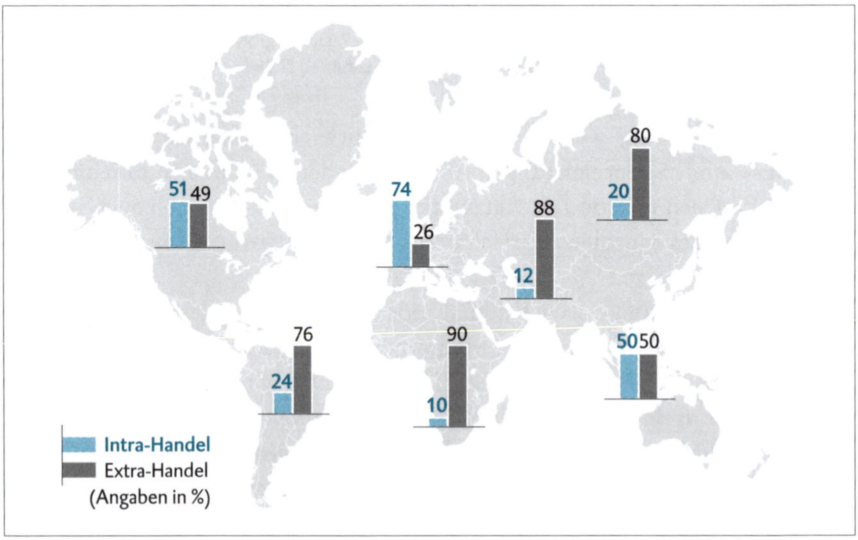

M 129: Anteil des Intra- und Extra-Unionshandels einzelner Regionen 2007

4.3 Global Player – die treibenden Kräfte der Globalisierung

Motor der Globalisierung sind die weltweit agierenden Unternehmen. Die Zahl und Bedeutung dieser **Global Player** hat rapide zugenommen. Die Globalisierung erlaubt es den Konzernen, ihr liberales Wirtschaftsmodell in aller Welt zu verbreiten. Die Finanzkraft vieler Global Player übersteigt heute oftmals die von Staaten (unter den weltweit 100 größten Wirtschaftseinheiten sind mehr Unternehmen als Staaten zu finden). Ihr Einfluss auf die Politik ist so groß, dass sie Maßnahmen zum Umwelt- und auch Verbraucherschutz verhindern können.

		Mercedes-Benz Autos	Vertrieb Fahrzeuge	Lkw und andere
Europa	Produktionsstandorte	10	–	11
	Vertriebsstandorte	–	3 758	–
	Umsatz (Mio. €)	28 092	–	11 518
	Belegschaft	86 352	41 636	29 131
NAFTA	Produktionsstandorte	1	–	4
	Vertriebsstandorte	–	1 361	–
	Umsatz (Mio. €)	9 721	–	1 221
	Belegschaft	3 782	2 798	1 767
Lateinamerika (ohne Mexiko)	Produktionsstandorte	1	–	3
	Vertriebsstandorte	–	476	–
	Umsatz (Mio. €)	440	–	1 238
	Belegschaft	1 153	88	4 100
Afrika	Produktionsstandorte	1	–	1
	Vertriebsstandorte	–	228	–
	Umsatz (Mio. €)	1 239	–	336
	Belegschaft	5 555	–	–
Asien	Produktionsstandorte	4	–	3
	Vertriebsstandorte	–	1 121	–
	Umsatz (Mio. €)	7 600	–	433
	Belegschaft	461	3 499	458
Australien/ Ozeanien	Produktionsstandorte	–	–	–
	Vertriebsstandorte	–	242	–
	Umsatz (Mio. €)	695	–	222
	Belegschaft	–	1 106	–

M 130: Daimler, ein Global Player aus Deutschland

Man unterscheidet zwei Formen: **Multinationale Unternehmen** sind mit Produktionsstätten und Tochterfirmen auf den internationalen Märkten vertreten, werden aber vom Heimatland aus koordiniert und haben auf dessen Binnenmarkt auch ihren Schwerpunkt. **Transnationale Unternehmen** besitzen mehrere Tochterunternehmen, die weitgehend eigenständig agieren und nur noch lose mit dem Mutterkonzern verbunden sind. Diese Global Player sind **Unternehmensnetzwerke**, unabhängig von nationalen Grenzen, aber ihre strategische Planung und Koordination erfolgt zentral. Gemeinsames Motiv ist die Gewinnmaximierung. Wichtige Strategien sind:

- die **Ressourcenstrategie**, d. h. die Erschließung von Rohstoffquellen zur Sicherung der Versorgung (z. B. Energiekonzerne);
- die **Marktstrategie** zur Erschließung neuer Absatzmärkte wie den USA, China, Indien, Russland oder Brasilien und zur Umgehung von Handelshemmnissen;
- die **Effizienzstrategie**, die auf Ausnutzung günstiger Standortbedingungen wie niedriger Lohnniveaus, geringer arbeitsrechtlicher Regelungen, niedriger Umweltauflagen, geringer Grundstückspreise und Steuervorteilen baut;
- die **Wertstrategie**, die darauf abzielt, Zugang zu ausländischem Know-how zu gewinnen.

Durch ihre enorme Finanzkraft sind Global Player in der Lage, **ausländische Direktinvestitionen (ADI)** in gigantischen Höhen zur Durchsetzung ihrer Ziele zu tätigen. Unter ADI versteht man Investitionen zur Gründung von Zweigbetrieben und zur Beteiligung oder Übernahme von Unternehmen im Ausland. Ziel der meisten ADI ist die Einflussnahme auf die Aktivitäten und Strategien dieser Unternehmen, um eigene, übergeordnete Interessen auch im Ausland verfolgen zu können.

In den letzten Jahren sind die ADI stärker angestiegen als die Exporte. Zudem zeigen sie eine Tendenz zum Dienstleistungssektor (Handel und Finanzen). Im sekundären Sektor expandieren nur noch innovative Branchen wie Elektronik-, Chemie- und Pharmazie-Industrie.

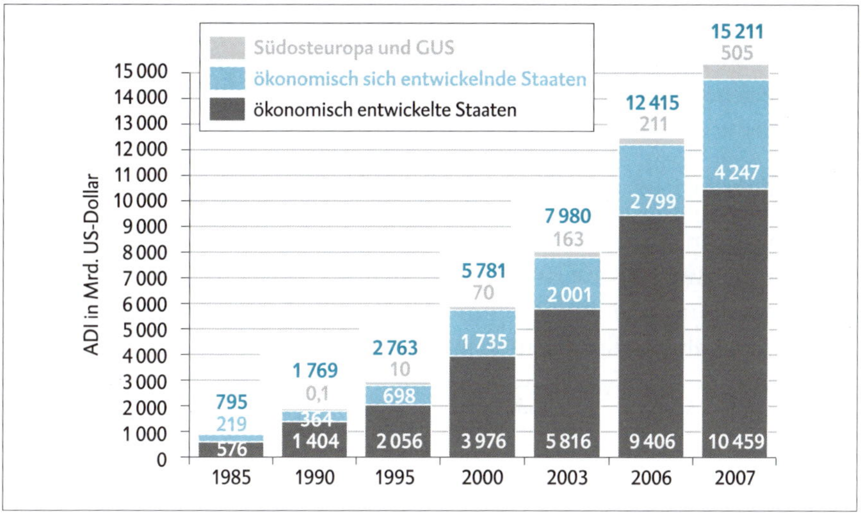

M 131: Bestand an ausländischen Direktinvestitionen (ADI)

Die meisten ADI werden allgemein in Ländern mit Niedrigstlöhnen und geringen Arbeits- und Umweltschutzauflagen vermutet. M 131 zeigt jedoch, dass der weitaus größte Teil der ADI in den wirtschaftlich entwickelten Regionen dieser Erde getätigt wird. Gründe hierfür sind die politische und ökologische Stabilität, die für die Investoren eine übergeordnete Rolle spielt. Denn jede langfristige Bindung von Kapital erfordert auch von den Global Players ein Mindestmaß an Planungssicherheit.

Speziell die transnationalen Unternehmen entziehen sich immer mehr nationalen und politischen Kontrollen, auch wenn sie Interessen verfolgen, die nicht den wirtschaftlichen Zielen des jeweiligen Staates entsprechen. So haben sie z. B. durch ihre zahlreichen Tochterfirmen die Möglichkeit, Gewinne derart zu manipulieren, dass sie kaum oder keine Steuern zahlen (obwohl sie die öffentlichen Leistungen wie Infrastruktur, Bildungseinrichtungen etc. nutzen). Andere verlagern die Produktion kurzerhand in ein anderes Land oder drohen mit dem Abbau von Arbeitsplätzen, um sich Vorteile zu verschaffen. Mit ihrer Wirtschaftsstärke spielen sie Umwelt- und Sozialvorgaben, Staatssubventionen und Zollabgaben verschiedener Standorte gegeneinander aus.

Natürlich nutzen Global Player auch die Vorteile, die ihnen ein Produktionsstandort in einem Schwellen- oder Entwicklungsland verschafft. Dem jeweiligen Land bieten sie in der Regel vergleichsweise sichere und gut bezahlte Arbeitsplätze und ermöglichen einen Know-how- oder Technologietransfer ins Gastgeberland. Damit kann eine gute Grundlage für den Anschluss an die

Weltwirtschaft gelegt werden, insbesondere dann, wenn heimische Firmen als Kooperationspartner (eventuell Lizenznehmer) Produktions- oder Dienstleistungsbereiche des Global Players übernehmen.

4.4 Global Cities – Kommandozentralen der Weltwirtschaft

Als Global Cities werden Städte bezeichnet, in denen ein weit überdurchschnittlicher Anteil von wirtschaftlichen und kulturellen Aktivitäten mit weltweiter Bedeutung getätigt wird. Je größer der **globale Vernetzungsgrad** einer Stadt, desto höher ist ihre Position in der Hierarchie.

Platzierung	Stadt	Land
1	New York City	USA
2	London	Großbritannien
3	Paris	Frankreich
4	Tokio	Japan
5	Hongkong	China
6	Los Angeles	USA
7	Singapur	Singapur
8	Chicago	USA
9	Seoul	Südkorea
10	Toronto	Kanada
...		
17	Berlin	Deutschland

M 132: Rangliste der Global Cities 2008

Mit der Expansion transnationaler Unternehmen stiegen die Anforderungen an das Management aufgrund der Größe und Verschiedenartigkeiten der Märkte extrem an. Ab einem bestimmten Punkt können diese Anforderungen nicht mehr von den Unternehmen alleine wahrgenommen werden, weshalb viele Management-Aufgaben an unternehmensorientierte Dienstleister abgegeben werden. Beispiele hierfür sind u. a. Werbeagenturen, Versicherungen und Anwaltskanzleien. Beispielsweise nahm die Bedeutung von Banken und anderen spezialisierten Finanzdienstleistern dadurch so stark zu, dass diese selbst begannen, weltweit tätig zu werden. Dies führte dazu, dass der Anteil ausländischer Direktinvestitionen im Dienstleistungssektor größer als der im industriellen Sektor wurde. So findet man heute japanische Werbeagenturen in Amerika, britische Banken in den USA oder amerikanische Versicherungen in Japan. Diese lassen sich gezielt in Städten mit weltweiten Verflechtungen nieder, eben den **Global Cities**. Grund hierfür ist eine starke räumliche Konzentration von unternehmerischen Entscheidungs- und Kontrollkapazitäten, da die Fühlungsvorteile und Face-to-Face-Kontakte hier eine bedeutende Rolle spielen. Ein weiterer Grund ist die Verfügbarkeit von hoch qualifizierten Fachleuten und ein attraktives Umfeld für höhere Führungspositionen. Diese Knotenpunkte werden auch als **Kommandozentralen der Weltwirtschaft** bezeichnet.

Die Herausbildung globaler Finanz- und Dienstleistungszentren schuf auch einen erweiterten Bedarf an einfachen Dienstleistungen wie Reinigungskräften, Kurieren, Sicherheitsleuten sowie hochwertigen Kultur- und Erholungseinrichtungen für die meist hoch bezahlten Spezialisten. Dies führte dazu, dass Global Cities Ziel von transnationaler Migration wurden und sich dort häufig Migrantengesellschaften entwickelten.

Global Cities stehen an der Spitze des transnationalen Städtesystems. Dabei sind ihre Beziehungen untereinander meist stärker ausgebildet als die Beziehung zu ihrem unmittelbaren Umfeld, von dem sie sich mehr und mehr entkoppeln. Erkennbar ist dies u. a. an der Entwicklung der Bodenpreise in diesen Städten, welche nur im Vergleich mit den Preisen in anderen Global Cities verständlich sind. Sie haben wenig mit dem nationalen Preisniveau zu tun.

Mit der Entwicklung der Global Cities verloren viele Städte, die bisher eine hervorragende Rolle innerhalb des nationalen Städtesystems spielten, stark an Bedeutung. Zu nennen wären hier große Industriereviere wie das Ruhrgebiet, manche Hafenstädte wie Marseille oder Neapel und viele Millionenstädte von Entwicklungsländern, da diese zu einem großen Teil aus Armutssiedlungen bestehen.

4.5 Globale Umweltbelastungen

Viele Firmen aus Ländern mit hohen Umweltauflagen haben gezielt umweltbelastende Produktionsbereiche in Regionen der Welt verlagert, in denen es keine so strengen Umweltgesetze gibt oder diese nicht so exakt kontrolliert werden (können). Das führte dort zu teils irreparablen Umweltschäden. Viele NGOs (Nichtregierungsorganisationen wie Greenpeace) decken weltweit Vergehen an unserer Umwelt auf und prangern diese in der Öffentlichkeit an. Inzwischen hat man – auch infolge des globalen Informationsflusses – die Problematik erkannt und bemüht sich um Schadensbegrenzung und Umkehr in der Umweltpolitik vor Ort. Viele Global Player versuchen heute (teils aus echter Einsicht, teils wegen der Werbewirksamkeit) möglichst öffentlichkeitswirksam umweltverträglich zu wirtschaften.

Umweltprobleme wie der **Klimawandel** wurden mittlerweile weltweit als Probleme erkannt, die nur global gelöst werden können. Schon 1992, auf der ersten „Konferenz für Umwelt und Entwicklung" der Vereinten Nationen in Rio de Janeiro, wurde deshalb die **Agenda 21** als Leitpapier zur nachhaltigen Entwicklung im 21. Jahrhundert von 172 Staaten beschlossen. 1994 trat daraus die erste Klimakonvention mit klaren Handlungsanweisungen für alle Staaten weltweit in Kraft. Ab 1995 finden seither jährlich Klimakonferenzen der Vereinten Nationen statt. 1997 wurde dabei in Japan das **Kyoto-Protokoll** erarbeitet, das 2005 in Kraft trat. Darin ist festgelegt, dass alle unterzeichnenden Industriestaaten die Emissionen von sechs Treibhausgasen (darunter CO_2) bis 2012 weltweit um mindestens 5,2 % im Vergleich zu 1990 senken werden. Die festgelegten 5,2 % sind dabei ein Durchschnittswert: Manche Länder müssen stärker reduzieren, andere weniger stark. Die Quoten jedes Landes wurden in vielen Verhandlungsrunden in den Folgejahren ausgearbeitet. M 133 zeigt, welche Unterschiede in den Reduktionsverpflichtungen (oder Erlaubnissen zur Erhöhung) für Treibhausgase gegenüber 1990 für die einzelnen Länder ausgehandelt wurden.

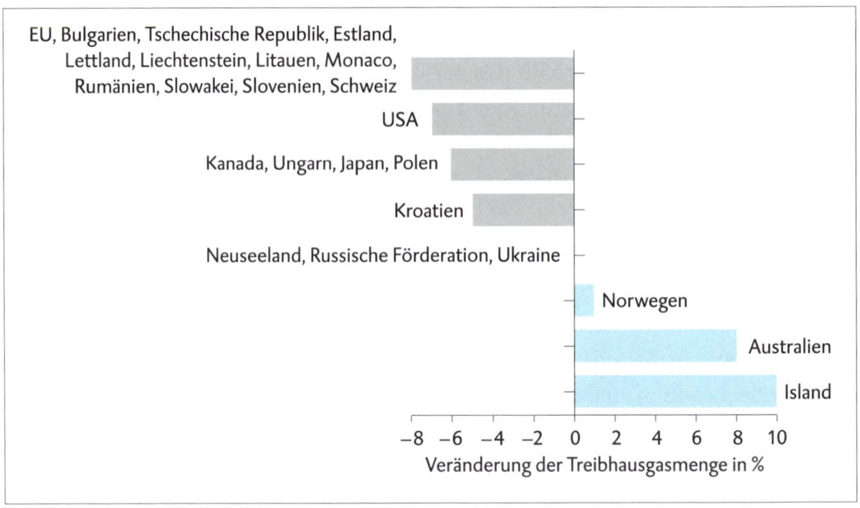

M 133: Kyoto-Protokoll: Reduktion bzw. Erlaubnis zur Erhöhung 2008–2012 im Vergleich zu 1990 in %

Damit dieses Ziel erreicht werden kann, hat man ein Emissionshandelssystem geschaffen, um den Ausstoß dort zu reduzieren, wo es am kostengünstigsten ist (vgl. S. 118). Die Wirksamkeit dieses Abkommens blieb jedoch gering, da sich der Hauptproduzent von CO_2 (USA) weigerte, das Abkommen zu ratifizieren. China als zweitgrößtem Produzenten wurde (als Schwellenland mit geringer Pro-Kopf-Emission) kein Klimaziel vorgegeben.

Eine Verbesserung der Situation wurde von der **Klimakonferenz 2009 in Kopenhagen** erwartet, da sogar die USA ihre Zustimmung signalisierten. Trotz großer Bemühungen der EU kam es jedoch nur zu einem unzulänglichen, rechtlich unverbindlichen Minimalkonsens. Darin wird die 2 °C-Grenze als globaler Konsens zum Klimaschutz festgeschrieben und tiefe Einschnitte bei den Emissionen weltweit gefordert. Allerdings werden keine konkreten Minderungsziele genannt, mit denen das Ziel erreicht werden soll. Denn es wurde keine Einigung erzielt, welches Land wie viel leisten müsse. Auch über die Finanzierungshilfen für Entwicklungsländer gab es keinen Konsens.

Der vom WBGU (Wissenschaftlicher Beirat der Bundesregierung zu Globalen Umweltfragen) erarbeitete **Budget-Ansatz** wurde von den meisten Teilnehmern als am gerechtesten empfunden. Darin werden v. a. eine Pro-Kopf-Aufteilung der noch erlaubten Emissionen und die Einrichtung einer Weltklimabank gefordert. 2010 soll in Mexiko ein rechtlich verbindliches Nachfolgemodell für das Kyoto-Protokoll beschlossen werden.

In Deutschland konnte die Freisetzung von Treibhausgasen seit 1990 nach Angaben des Umweltbundesamts deutlich vermindert werden. Von 1995 bis 2006 sanken die Gesamtemissionen um rund 18,4 %. 2007 wurde das Protokoll erstmals erfüllt.

Land	Anteil am weltweiten CO_2-Ausstoß in %	CO_2-Ausstoß in t pro Einwohner 2008	Selbst auferlegte Emissionsänderung 2008–2012 in %	Veränderungen CO_2-Ausstoß zu 1990 in %
China	22,2	5,3	keine	+166,5
USA	17,8	18,6	keine	+16,8
Indien	5,5	1,5	keine	+124,1
Russland	5,0	11,3	0	–23,1
Japan	4,1	10,3	–6	+8,5
Deutschland	2,4	9,4	–21	–17,0
Kanada	1,8	17,0	–6	+20,5
Großbritannien	1,7	8,9	–12,5	–6,8

Südkorea	1,6	10,8	keine	+81,8
Iran	1,5	7,5	keine	+98,5
Italien	1,4	7,9	−6,5	+5,6
Mexiko	1,4	4,1	keine	+13,5
Frankreich	1,2	5,9	0	−4,4
Australien	1,1	16,8	+8	+18,8
Polen	1,0	8,6	−6	−2,8
Weltweit	**100**	**4,7**		**+41,7**

M 134: CO_2-Emissionen 2008 in Mio. t und selbst auferlegte Emissionsänderungen laut Kyoto-Protokoll

4.6 Arbeitsmigration – ein Problem der Globalisierung

Erste Auslöser der weltweiten Arbeitsmigration waren die koloniale Plantagenwirtschaft und der Abbau von Bodenschätzen, wofür viele Arbeitskräfte gebraucht wurden.

Die am stärksten ausgeprägte Phase der **Arbeitsmigration** begann in den 1950er-Jahren zur Zeit des Wirtschaftswunders. Fremdarbeiter, in Deutschland überwiegend aus Südeuropa, in anderen europäischen Staaten meist aus den ehemaligen Kolonien, wurden bewusst angeworben, um den Mangel an Arbeitskräften zu decken.

Im Zuge des Ölbooms holten auch viele nahöstliche Länder Gastarbeiter ins Land, überwiegend aus Pakistan, Indien, Bangladesh und ärmeren arabischen Ländern. Dabei stieg in manchen Ländern, z. B. Kuwait, die Zahl der Arbeitsmigranten auf über den vierfachen Wert der einheimischen Bevölkerung.

In den letzten Jahren lässt sich die Arbeitsmigration im Zuge der Globalisierung weltweit beobachten: Ungefähr 500 000 Arbeitsuchende wandern jährlich in die USA ein, um von der dortigen Wirtschaft zu profitieren. Die meisten kommen (sehr häufig illegal) aus Mexiko. Große Wanderungsströme werden auch aus China, den Philippinen, Indien und Vietnam registriert. In Asien gibt es Millionen von Arbeitsmigranten. Die meisten davon leben in Singapur, wo ca. 30 % der Arbeitskräfte Ausländer sind. Den höchsten Ausländeranteil hat Dubai mit rund 85 %. Auch in Afrika ist Arbeitsmigration weit verbreitet. V. a. junge Männer aus den Sahelländern wandern in die Küstenstaaten nach Ghana, in die Elfenbeinküste und nach Senegal, um dort oft unter menschenunwürdigen Bedingungen auf Plantagen zu arbeiten.

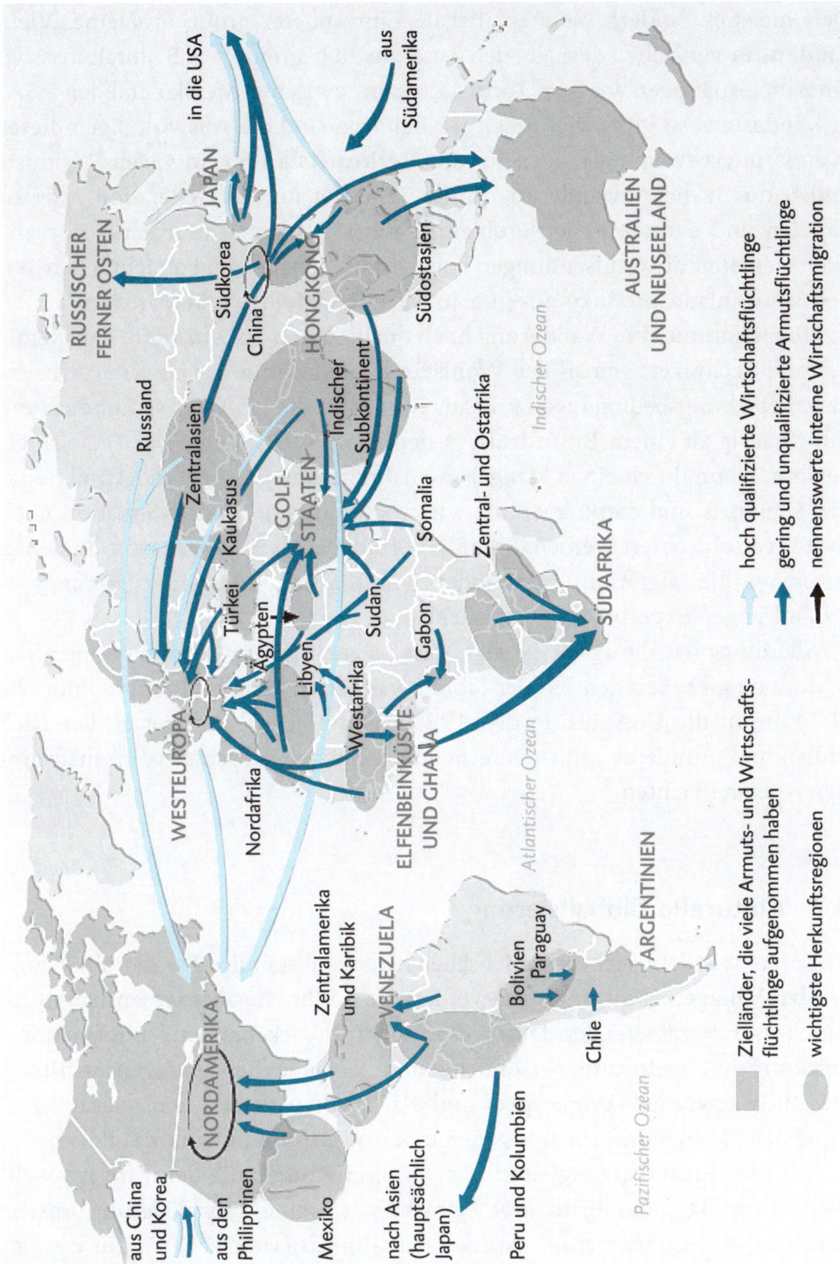

M 135: Wanderungsströme von Migranten

Den meisten Ländern bereiten illegale Einwanderer große Probleme. Viele **Zielländer** versuchen deshalb, den Zustrom zu begrenzen, z. B. durch massive Grenzbefestigungen wie den „Tortilla Curtain" zwischen Mexiko und den USA.

Mindestens so groß wie in den Gastländern sind die Auswirkungen dieser Wanderungsbewegungen auch für die **Herkunftsländer**. In vielen Regionen fehlen durch die Abwanderung große Teile der jungen Generation, was zu sozialen und ökonomischen Problemen führt. Andererseits machen in manchen Gebieten die Geldsendungen von Gastarbeitern einen beträchtlichen Teil des Bruttoinlandsprodukts aus (u. a. in Albanien, Moldau und Marokko).

Hinzu kommt eine Wanderung hoch qualifizierter Arbeitskräfte (Akademiker und Techniker) gemäß des Wohlstandsgefälles und der besseren Arbeits- bzw. Forschungsbedingungen z. B. aus Europa in die USA. Diese Entwicklung führt häufig zu einem **Braindrain** in den Herkunftsländern. Der Teufelskreis beginnt, wenn durch einen Mangel an qualifiziertem Personal die Attraktivität des Standorts und damit auch die wirtschaftliche und soziale Situation noch weiter verschlechtert werden. Braindrain findet auch in Phasen statt, in denen ansonsten die Migration unterbunden wird, da trotz aller Einwanderungsbeschränkungen Experten immer gesucht sind.

Allerdings hat die Praxis gezeigt, dass es auch positive Auswirkungen des Braindrain gibt: Seit den 1960er-Jahren wanderten viele qualifizierte indische IT-Kräfte in die USA aus. In den 1990ern kamen viele wieder zurück nach Indien und gründeten selbst Unternehmen, die der indischen Wirtschaft großen Nutzen brachten.

4.7 Kulturelle Globalisierung

Kulturen wandeln sich seit Menschengedenken ständig. Da die Welt zum **Global Village** geschrumpft ist, werden diese Prozesse aber wesentlich dynamischer und gravierender. Durch die moderne Verkehrs- und Informationsstruktur sind weltweite persönliche und virtuelle Begegnungen selbstverständlich geworden. Werbespots und Nachrichten verschaffen weltumspannend den gleichen Informationsstand und sind stil- und meinungsbildend.

Die „McDonaldisierung" und „Coca-Colonisation", die den Kindern weltweit schmeckt, könnte, neutral betrachtet, als eine Trivialisierung unserer Esskultur bezeichnet werden. Kritiker der Globalisierung sehen darin v. a. eine immer stärkere Ausbreitung der US-amerikanischen bzw. westlichen Kultur in andere Regionen, welche die dortigen gewachsenen Kulturen verdrängt und zerstört. So finden sich zahllose Beispiele aus der täglichen Lebenswelt (Film/

TV, Speisen, Getränke, Hygiene, Mode, Musik, Literatur, Bräuche, Technik, Architektur etc.) für eine Entwicklung in Richtung „McWorld". Andere Stimmen aber sehen gerade in dieser Tendenz die Ursache für eine Gegenbewegung, die sich in einer neuen starken Besinnung auf regionale und lokale Traditionen dokumentiert. Befürworter der Globalisierung empfinden den kulturellen Austausch sogar eher als Bereicherung.

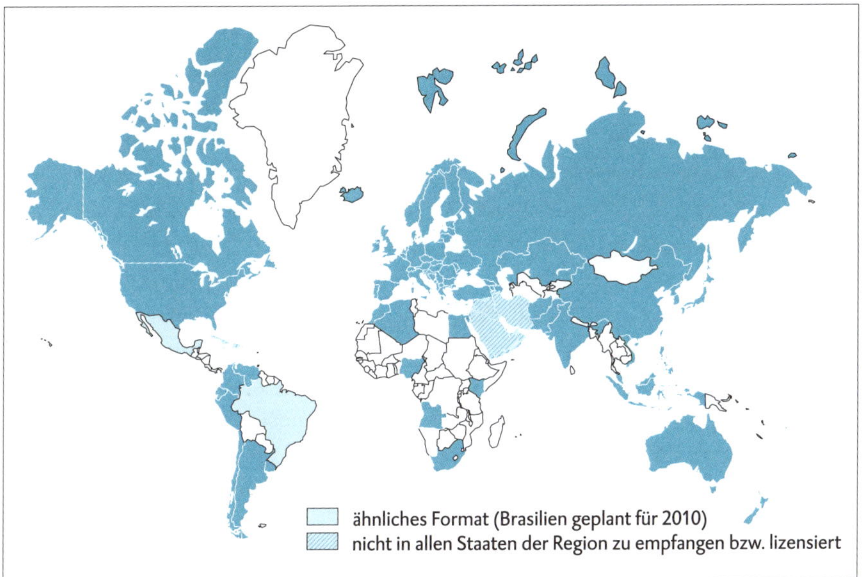

M 136: Verbreitung des Sendeformats „Wer wird Millionär", Stand Ende 2009

4.8 Global Governance

Viele Probleme nehmen globalen Charakter an. Um diesen politisch begegnen zu können, wird von mehreren Seiten eine **„Globalisierung der Politik"** gefordert. Da es eine Weltregierung nicht geben kann und darf, arbeiten verschiedenste politische und nicht-politische Organisationen an einer Lösung der wachsenden Probleme. Sicher ist, dass einzelne Nationalstaaten zu klein sind, um die Probleme in den Griff zu bekommen. Ein Erfolg versprechendes Projekt ist nach Meinung vieler Experten „Global Governance", ein „Regelungssystem", das die unterschiedlichsten Organisationen weltweit mit einbezieht. So unterschiedlich die daran beteiligten Gruppen sind, so unterschiedlich sind auch ihre Ansätze. Unter Global Governance versteht man ihnen zufolge:

- Konzepte für eine Weltordnungspolitik
- Gegenkonzept zum Wirtschaftsliberalismus
- Weltregieren ohne Weltregierung
- Internationale Politik
- Antwort auf die Globalisierung

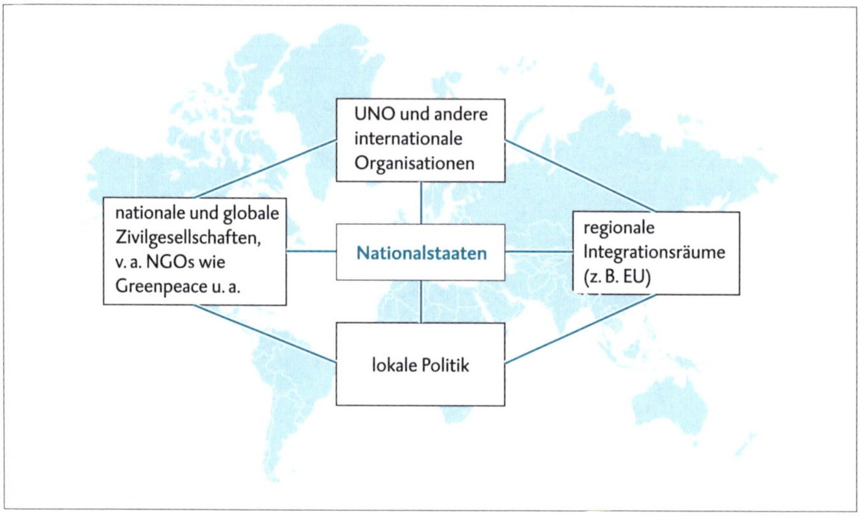

M 137: Eine Möglichkeit zur „Architektur“ von „Global Governance“

Wichtig ist, dass nicht die Funktion der einzelnen Nationalstaaten ersetzt werden soll, sondern dass die Koordinierung auf verschiedensten Ebenen zwischen den Staaten optimiert wird. Der einzelne Nationalstaat bleibt eine zentrale Regelungsebene, eingebettet in eine Kooperation zwischen den verschiedensten politischen und zivilen Organisationen weltweit.

Die „Architekten“ von Global Governance sehen sich häufig dem Vorwurf ausgesetzt, ihre **Entwürfe seien unrealistisch**. Denn praktisch könne es keine koordinierte globale Zusammenarbeit geben. In den letzten Jahren wurden diese Vorwürfe durch einige mächtige Staaten untermauert, die sich trotz internationalem Druck weigerten, von der UN ausgehandelte Verträge (z. B. das Kyoto-Protokoll oder das Statut des Internationalen Strafgerichtshofs) zu ratifizieren oder einzuhalten.

Die Veränderungen auf der politischen Weltbühne legen jedoch den Schluss nahe, dass sich die meisten Staaten ihrer Verantwortung zunehmend bewusst werden, nur durch eine einheitliche (Welt-)Politik die großen Probleme wie Klimawandel, Friedenssicherung oder Menschenrechte lösen zu können.

So positiv der Ansatz der Global Governance klingt, so schwerwiegend sind die noch **offenen Fragen**:

- Selbst wenn eine effektive Kooperation zustande käme, wer soll die Entscheidungen legitimieren?
- Wie kann eine Global Governance gleichzeitig effektiv und demokratisch arbeiten? Denn je größer eine Gesellschaft wird, desto schwieriger und langwieriger werden demokratische Entscheidungen.

Das derzeit **fortschrittlichste Modell** bildet die **Europäische Union**. Sie dient deshalb weltweit den Befürwortern der Global Governance gleichzeitig als Vorbild und politisches Laboratorium zugleich. Doch auch wenn die EU als positives Beispiel betrachtet werden kann, so muss bedacht werden, dass sich die europäischen Staaten näher sind als die verschiedensten Staaten weltweit.

gabe 37 Beschreiben Sie anhand von M 125 die Grundzüge des Welthandels und untersuchen Sie die regionalen Entwicklungen von 2007 zu 2008.

gabe 38 Interpretieren Sie die Karikatur (M 138).

M 138: Die Rolle der Politik in der Globalisierung

gabe 39
a Untersuchen Sie die Zwischenbilanz der führenden Klimasünder (M 134) auf dem Weg zur Erfüllung des Kyoto-Protokolls.
b Nennen Sie Ursachen für die vorbildlichen Ergebnisse mancher Staaten.
c Analysieren Sie die vorzeitige Zielerfüllung Deutschlands (S. 151).

gabe 40 Stellen Sie in einem systematischen Schaubild konkrete Beispiele für die einheitliche Weltkultur zusammen.

Aufgaben im Stil des Abiturs: Wirtschaftsstrukturen und -prozesse

Aufgabe 41 Die Grafik M 125 „Globale Handelsströme“ zeigt, dass besonders Russland und Brasilien bis 2008 zu den Gewinnern der Globalisierung gehören.

a Vergleichen Sie die Volkswirtschaften der beiden Länder.

b Die Weltwirtschaftskrise sorgte global für einen starken Rückgang der Bruttoinlandsprodukte: Deutschland –5 %, Russland –7,9 %, Brasilien +0,1 %. Erörtern Sie, weshalb sich Brasilien im Vergleich zu Deutschland und Russland als weniger anfällig für die Weltwirtschaftskrise erwiesen hat.

	Brasilien		Russland	
Bevölkerung (in Mio.)	191,9		141,8	
BIP (in Mrd. US-$)	1 979,6		1 676,6	
BIP/Kopf (kaufkraftbereinigt in $)	10 292		11 807	
BIP (Anteil nach Sektoren in %)	I 6,5 II 28,8 III 67,7		I 5,2 II 37,0 III 57,8	
Arbeitskräfte (Anteil nach Sektoren in %)	I 19,8 II 14,5 III 65,7		I 10,0 II 31,9 III 58,1	
Wachstum (in %)	2007: +5,7	2008: +5,1	2007: +6,5	2008: +5,6
Inflationsrate (in %)	+3,6	+5,7	+12,7	+14,1
Staatsverschuldung (in % des BIP)	58,6		6,4	
Import (in Mrd. US-$)	173,2 (+44 %)		267,1 (+34 %)	
davon in %	Erdöl	25,2	Erdöl	–
	Chem. Erzeugnisse	15,7	Chem. Erzeugnisse	3,2
	Maschinen	13,1	Maschinen	17,2
	Elektronik	10,2	Elektronik	10,5
	Elektrotechnik	7,4	Elektrotechnik	–
	Kraftfahrzeuge	6,8	Kraftfahrzeuge	18,0
	Medikamente	3,3	Medikamente	3,4
Export (in Mrd. US-$)	197,9 (+23 %)		468,0 (+33 %)	
davon in %	Mineral. Brennstoffe	8,3	Mineral. Brennstoffe	65,7
	Kraftfahrzeuge	7,9	Kraftfahrzeuge	–
	Maschinen	7,8	Maschinen	–
	Eisenerz	6,6	Eisenerz	–
	Eisen/Stahl	6,3	Metalle/Metallprodukte	12,0
	Ölsaaten (Soja)	14,8	Holz, Holzwaren	1,7
	Fleisch	6,9	Sonstige	19,6
	Zucker	5,0		
	Kaffee	3,1		
	Sonstige	33,3		

M 139: Wirtschaftsdaten von Brasilien und Russland

Lösungen

Reliefsphäre

ıfgabe 1 Bereits im Mesozoikum wurde der Granit-Pluton von der physikalischen Verwitterung angegriffen. Infolge einer Druckentlastung rissen Spalten und Klüfte auf. Entlang dieser Risse setzte dann eine intensive chemische Verwitterung ein. Es muss also ein feucht-heißes Klima geherrscht haben. Hydratation und Hydrolyse ließen den Feldspat im Granit zu Ton verwittern und zerstörten so den festen Kristallverbund des Gesteins. Es lösten sich zwiebelschalenartig die äußeren Schichten auf, die kantigen Granitblöcke rundeten sich. Der abfallende Verwitterungsgrus umhüllte die Blöcke (Wollsackverwitterung). Später haben Regen und Schichtfluten den Verwitterungsschutt abgetragen und die teilweise aufeinander liegenden Blöcke freigelegt. Nun sind sie der Insolationsverwitterung ausgeliefert, was zu Kernsprüngen führt und die Blöcke spaltet. An den Unterseiten im feuchten Schatten setzt sich in verminderter Weise die Hydratationsverwitterung fort.

ıfgabe 2 Da die Sahara eine heiß-trockene Wüste ist, wird anstehendes Gestein durch die extremen Temperaturschwankungen zwischen Tag und Nacht gesprengt. Der Prozess setzt sich auch bei den Gesteinstrümmern fort und zerkleinert diese zu Steinsplittern. Anfallendes Feinmaterial wird vom Wind ausgeblasen und andernorts als Wüstensand sedimentiert.

ıfgabe 3 Kalkstein ist meist von feinen Klüften und Rissen durchzogen. Mit dem einsickernden Regenwasser setzt die Kohlensäureverwitterung in diesen Klüften ein und verbreitert diese zu Rillen und schmalen, langgestreckten Hohlformen. Die dazwischenstehenden „Wände“ werden zu scharfkantigen Graten, ein Karrenfeld entsteht.

In den Hohlformen sammeln sich Sedimente, die eine Ansiedlung von Pflanzen ermöglichen. Die Pflanzen wiederum verstärken durch Huminsäuren die Verwitterung, vor allem in die Breite.

Aufgabe 4 Schräg zur Küstenlinie auflaufende Wellen biegen über der Schorre, die in etwa den Verlauf der Küstenlinie nachzeichnet, in eine küstenparallele Richtung. Das nennt man Wellenrefraktion oder Wellenbrechung. Der vorauslaufende Teil wird zuerst durch Grundberührung der radialen Umlaufbahnen abgebremst. Die Kreisbewegungen der Wasserteilchen werden ellipsenförmig, laufen zur Oberfläche hin vor, bis die Wellen schwerkraftbedingt brechen. Währenddessen laufen die anfangs zurückliegenden Wellenteile noch mit der alten Geschwindigkeit vor, bis auch ihre Wasserkreisel Grundberührung bekommen usw. So schwenken auch schräg herankommende Wellen in ein strandparalleles Auflaufen ein.

Aufgabe 5 Die Zickzackbewegung des Sedimenttransports am Strand wird als Strandversetzung bezeichnet. Schräg auflaufendes Wasser (Schwall) transportiert Sedimente im spitzen Winkel auf den Strand und setzt sie teilweise bis zum Höhepunkt der Bewegung am Strandwall ab. Die übrigen Sedimente werden vom Wasser, das im rechten Winkel von Strand zurückläuft, mitgerissen (Sog), bis der nächste Schwall sie wieder ein Stück weit seitwärts versetzt auf den Strand aufspült. So werden Sedimente mit der Zeit von Schwall und Sog gemäß der Strömungsrichtung am Strand entlang transportiert

Aufgabe 6 Freak Waves entstehen in den oberen Wasserschichten durch Windeinflüsse und Strömungen. Solche Monsterwellen türmen sich auf See bis 30 m hoch auf, sind in ihrer Bewegung aber relativ langsam.
Tsunamis werden durch Erschütterungen des Meeresbodens oder durch Rutschungen, z. B. am Kontinentalhang, ausgelöst. Sie breiten sich wie Wasserringe mit Geschwindigkeiten von über 500 km/h nach allen Seiten aus, wobei die gesamte Wassersäule von der Oberfläche bis zum Meeresboden in Bewegung gesetzt wird. Auf offener See sind diese Wellen kaum spürbar. An den Küsten können sie jedoch sehr hoch auflaufen und entwickeln durch Schwall und Sog größte Zerstörungskräfte.

Aufgabe 7 Unter den Gezeiten, der Tide, versteht man die im Rhythmus von 12 Stunden und 25 Minuten ablaufenden Wasserstandschwankungen der Meere, verursacht durch das Zusammenspiel von Anziehungskräften des Mondes und der Sonne und von den Zentrifugalkräften des rotierenden Systems Erde. Das bis zum Hochwasser auflaufende Wasser wird als Flut, das bis zum Niedrigwasser ablaufende Wasser als Ebbe bezeichnet. Besonders hoch ist der Tidenhub in Buchten und Trichtermündungen von Flüssen.

ufgabe 8 Als der Sturm Kyrill die Insel Sylt gegen 18 Uhr erreichte, herrschte Ebbe kurz vor absolutem Niedrigwasser. Das ablaufende Gezeitenwasser und die Wassermassen, die der Orkan herantrieb, neutralisierten sich nahezu.
Wäre der Sturm sechs Stunden später während der Flutphase eingetroffen, hätten sich Gezeitenhöchststand und Sturmhochwasser akkumuliert und es wäre zu einer schweren Sturmflut gekommen. Dies hätte auf der durch Erosionsprozesse bereits „angeschlagenen" Nordseeinsel eine sehr kritische Situation herbeigeführt: Bei einer solch starken Sturmflut wird nicht nur viel Sand abgetragen, auch die Kliffs werden unterspült. Man befürchtet sogar, dass die Insel durchbrechen könnte.

ufgabe 9 Litorale Serie an Steilküsten:

- Meerhalde
- Abrasionsplattform (Schorre) mit Strandgeröll
- Kliffhalde
- Kliff mit Brandungshohlkehle oder Brandungshöhle

fgabe 10 Die Nordsee ist Teil des Kontinentalschelfs, der während der Eiszeiten Akkumulationsraum des nordischen Inlandeises oder periglaziales Gebiet war, in das zahllose Gletscherbäche entwässerten und unzählige Sander aufschütteten. Durch den Meeresspiegelanstieg (marine Transgression) infolge des Abschmelzens der Gletscher wurde dieses Gebiet von Norden her überflutet. Als Großbritannien von Festland getrennt wurde, änderten sich die Strömungs- und Gezeitenverhältnisse in diesem Flachmeer.
Das Schelfmeer Nordsee ist gekennzeichnet durch einen flach abfallenden Meeresboden und eine Flachküste mit vorgelagerten Inseln und Sandbänken. Durch die Meeresspiegelschwankungen der Gezeiten entstand die temporär amphibische Landschaft des Watts. Bei Flut werden Schwebstoffe und Feinsedimente herantransportiert, die sich bei ablaufendem Wasser (Ebbe) absetzen, besonders im Lee von Inseln und Sandbänken. So entsteht der schlickhaltige Wattboden.

fgabe 11 Das flache Schelf bricht relativ abrupt an der Schelfkante zum steilen Kontinentalhang ab. Dieser ist oft mit mächtigen Sedimentschichten bedeckt. Werden diese aufgrund ihres Eigengewichts und/oder infolge von Erschütterungen oder starken Stürmen instabil, können sie als Trübeströme (submarine Schlammlawinen) abrutschen. Stehen Bohrinseln zu nahe an der Schelfkante, könnten sie bei solchen Ereignissen mitgerissen oder beschädigt werden.

Aufgabe 12 Die Küste im Raum Darß wurde von Meeresströmungen und Sedimenten zur Ausgleichsküste geformt. Der Inselkern besteht aus pleistozänem Material (von Sandern bedeckter eiszeitlicher Geschiebemergel). Zur See hin ist ein Kliff (Steilküste) ausgebildet. Veränderte Strömungsverhältnisse lagerten Sedimente um den Inselkern ab, besonders nördlich des Inselkerns im Strömungsschatten. Es bildeten sich Strandwälle mit Dünen und Lagunen. Letztere wurden durch neue Sedimentschichten immer wieder vom Meer abgetrennt (Stadien 1–7) und somit zu Strandseen, die nach und nach verlandeten (z. B. Heidensee). Das Kliff wurde zum toten Kliff und liegt jetzt in der Inselmitte. Der Sand wanderte durch Strandversetzung an der Westküste nach Norden. Etwa vor 300 Jahren bildete die aus Südwest kommende Strömung einen charakteristischen Haken aus.

Aufgabe 13 Unter Upwelling versteht man das meist saisonale Aufsteigen tiefer und kalter Wassermassen bis an die Meeresoberfläche. Ursache sind Winde, die das warme Oberflächenwasser von der Küste wegtreiben. Als Ausgleich steigt kaltes Tiefenwasser auf. Durch die Verlagerung der Wassermassen kommt es zu regionalen Veränderungen der Meeresoberflächentemperatur, was wiederum die atmosphärischen Druckgebilde beeinflusst, die mit verstärkten Winden zu Rückkopplungseffekten führen. Das aufsteigende kalte Wasser ist nährstoffreich, was in Upwelling-Regionen eine reiche Planktonentwicklung bedingt. Diese wiederum hat einen großen Fischreichtum zur Folge.

fgabe 14

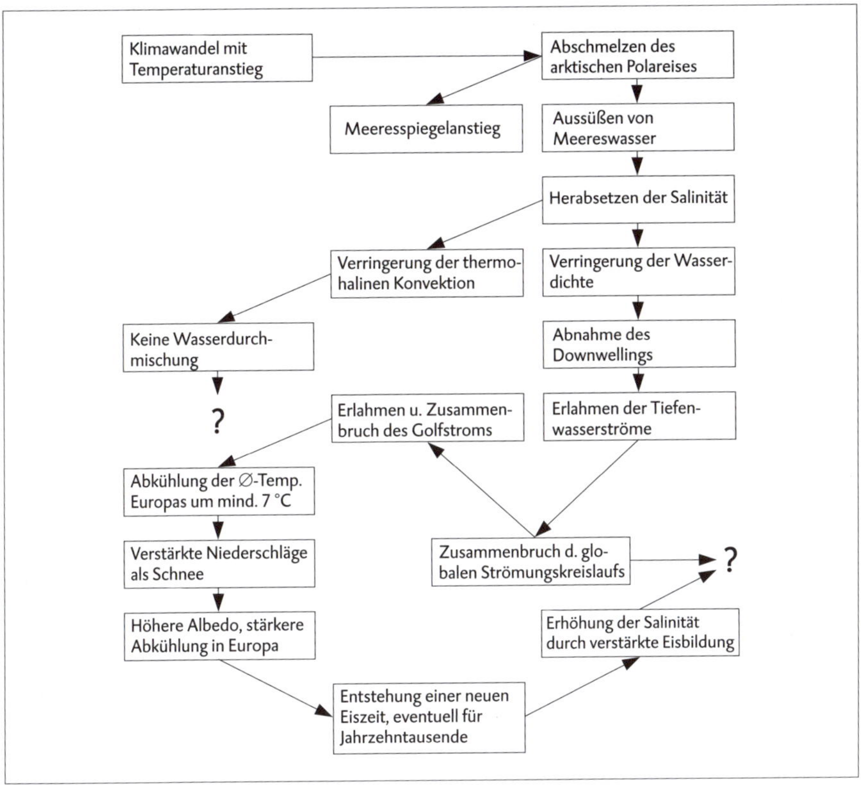

Hydrosphäre

fgabe 15 Individuelle Lösungen.

fgabe 16 **a** Hakkari, in 1 720 Meter Höhe südlich des Van-Sees gelegen, ist eine typische Klimastation im gebirgigen Südostanatolien. Die Station, auf gleicher geografischer Breite wie Athen gelegen, trägt sowohl mediterrane als auch deutlich kontinentale Züge. Die langen Winter (Nov.–März) sind kalt, mit Temperaturen deutlich unter 0 °C (Jan. –3 °C). In den Sommermonaten Juli/August steigt die Temperatur auf 24 °C, was in Anbetracht der Höhenlage sehr heiß ist. Die Monate Juni bis September sind arid, es fallen nahezu keine Niederschläge. Die Station liegt dann im Bereich des randtropischen Hochdruckgürtels. Ab Oktober erreichen die von Westen über das Mittelmeer heranziehenden Zyklone die Türkei. Sie regnen sich vor dem Taurusgebirge (Ararat 5 137m) ab. Die starken Niederschläge sammeln sich in den Höhenlagen ab November als Schnee. Regenreichster Monat ist der April mit 140 mm, die Gesamtniederschlagsmenge liegt bei 818 mm.

b Das Abflussregime des Euphrat bei Keban vor dem Staudammbau spiegelt die klimatischen Verhältnisse. Von Juli bis Februar hat der Fluss Niedrigwasser (1 km^3), im Sommer aufgrund der Aridität, im Herbst und Winter aufgrund der Bindung der Niederschläge als Schnee. Dass der Euphrat während der ariden Monate überhaupt Wasser führt, liegt an der Schneeschmelze im Hochgebirge. Im April kommen die höchsten Regenmengen und die Frühjahrsschneeschmelze zusammen, sodass mehr als die fünffache Wassermenge ungenutzt den Euphrat hinunterfließt und zu erheblichen Hochwassern führt. Während der Trockenzeit reicht die Wassermenge für eine Bewässerungslandwirtschaft nicht aus. Zu den jahreszeitlichen Schwankungen kommt noch eine starke langzeitliche Variabilität der Niederschläge und Abflussmengen. Die Staudämme am Euphrat haben eine regulierende Wirkung auf das Abflussregime. Die Kapazität der Stauseen reicht aus, um die hohen Abflussmengen im April und Mai zu speichern und für einen gleich bleibenden mittleren Abfluss über das ganze Jahr zu sorgen. Nun stehen auch während der Wachstumszeiten ausreichend Wasser für eine ausgedehnte Bewässerungswirtschaft und eine gesicherte Trinkwasserversorgung zur Verfügung. Der konstante Abfluss ermöglicht eine regelmäßige und umweltschonende Energiegewinnung, ferner kommt es infolge der ausbleibenden Hochwasser nicht mehr zu Überflutungsschäden. Der gleich bleibend hohe Abfluss erhöht und stabilisiert die Grundwasserpegel entlang des Flusses. Für die Fischwirtschaft ergeben sich neue Möglichkeiten. Zwar ist die erhöhte Verdunstung über den Stauseeflächen wegen des Wasserverlustes problematisch, andererseits dürften sich die großen Wasserflächen für das Regionalklima ausgleichend auswirken.

c Zwar könnte die Türkei kurzfristig die Schleusen in ihren Staumauern schließen und so die syrische Land- und Elektrizitätswirtschaft in Schwierigkeiten bringen, aber langfristig kann sie ihren Nachbarländern nicht das Wasser abdrehen oder umleiten. Doch bereits jetzt klagen die syrischen Anlieger, dass das Wasser des Euphrat stärker mit Düngesalzen und Pflanzenschutzmitteln belastet ist. Dieses Problem könnte sich weiter verschärfen bei einem stärkeren Ausbau der Bewässerungslandwirtschaft in der GAP-Region. Dann könnte sich auch die Abflussmenge nach Syrien infolge der Verdunstungs- und Versickerungsverluste deutlich reduzieren, wenn nicht für ein kluges, umweltbewusstes und Ressourcen schonendes Wassermanagement gesorgt wird. Ein weiterhin starkes Bevölkerungswachstum und eine Erhöhung des Lebensstandards gehen einher mit einem erhöhten Wasserbedarf. Die Bevölkerungszunahme ist besonders in Syrien (+3,1 %) und in der GAP-Region (+3,3 %) problematisch und wird das Verteilungsproblem zuspitzen.

gabe 17 a Die Nutzungsmöglichkeiten des Volta-Stausees sind:

- Energiegewinnung (Strom), dadurch Ansiedlung bzw. Ausbau von Industrien;
- Wasservorräte für Bewässerungsmaßnahmen;
- verbesserte Trinkwasserversorgung;
- Binnenfischerei;
- evtl. Binnenschifffahrt (für ca. 450 km ins Landesinnere) oberhalb und unterhalb der Staumauer (durch Steuerung der Wassermenge).

b Ökonomische Probleme eines Staudamm-Projektes:

- hoher Kostenaufwand für den Bau des Großprojektes;
- Zustrom ausländischen Kapitals mit der Folge einer hohen Verschuldung;
- Bindung von Kapital, Arbeitskräften und Technik auf ein bzw. wenige Großprojekte;
- Verlust anderer Landflächen, z. B. der Überschwemmungsgebiete, die häufig besonders ertragreiche landwirtschaftliche Nutzflächen sind.

Ökologische Probleme eines Staudamm-Projektes:

- mögliche Veränderungen des Regionalklimas;
- Absinken des Grundwasserspiegels in Räumen, die flussabwärts von der Staumauer liegen;
- Gefahr u. a. einer Bodenversalzung in Räumen, die durch Wasserrückstau weniger bewässert werden;
- Ausbreitung der Bilharziose bei unvorsichtigem Umgang mit Wasser bei „stehenden Gewässern" und Gefahr der Malaria-Infektion.

Soziale Probleme eines Staudamm-Projektes:

- Wegfall von landwirtschaftlichen Flächen, dadurch Verlust von Erwerbsmöglichkeiten im primären Sektor;
- Umsiedlung von Menschen;
- Veränderungen durch technische Entwicklungen.

Aufgabe 18

a Der Huang He und der Jangtsekiang sind sehr sedimentreiche Flüsse, sie führen riesige Mengen Schwemmlöss mit sich, Huang He bedeutet „Gelber Fluss". Wenn diese Flüsse aus dem Gebirge ins Tiefland eintreten, lässt ihre Transportkraft nach, zudem bremst die Vegetation am Ufer die Abflussgeschwindigkeit. Der Schwemmlöss setzt sich an den Rändern als Sinkstoff ab, regelmäßige Hochwasser erhöhen die Ufer durch Ablagerungen, es entstehen Wälle entlang der Hauptabflussrinne. Im Laufe der Zeit sedimentiert sich der Fluss selbst in die Höhe und fließt über dem Niveau des umgebenden Landes. Bricht bei einem starken Hochwasser der Fluss durch seine Dammufer, setzt er weite Gebiete unter Wasser und sucht sich eventuell ein neues Bett. Die Menschen nutzen seit Jahrtausenden den fruchtbaren Lössboden des Tieflandes zu intensivem Ackerbau (Reis und Gemüse). Um sich vor den regelmäßigen Hochwassern zu schützen, haben sie die natürlichen Uferdämme verstärkt und erhöht, sodass dem eingedeichten Fluss jegliche Rückhalteflächen und Überflutungsräume fehlen.

Die Gebiete am Mittellauf des Jangtsekiang liegen im Bereich starker Monsunregen (vgl. Klimastation Chungking). In den Monaten Mai bis Oktober fallen dort 85 % des Jahresniederschlags. Da weite Gebiete am Ober- und Mittellauf des Flusses entwaldet sind, fließen die Wassermassen oberflächlich ab (vgl. Abflusskurve) und es kommt zu Hochwassern mit verheerenden Überschwemmungen am Unterlauf.

b Für den Dammbau sprechen:

- Die Produktion umweltfreundlicher elektrischer Energie (Energiebasis in China ist die Steinkohle) für die Wirtschaftszentren am Mittel- und Unterlauf des Flusses;
- Abfangen der Hochwasserspitzen des Jangtse und Verhinderung von häufigen Überschwemmungskatastrophen am Unterlauf des Flusses;
- Sicherung der landwirtschaftlichen Nutzflächen im Tiefland;
- Verbesserung und Ausbau der Binnenschifffahrt bis Chungking;
- Sicherung der Wasserversorgung von Nordwestchina.

Gegen den Dammbau sprechen:

- Lage des Staudamms in einem erdbebengefährdeten Gebiet, ein Dammbruch würde eine riesige, vernichtende Flutwelle auslösen;
- Befürchtung, dass der Druck der Wassermassen selbst Erdbeben auslösen könnte;
- Extrem hohe Baukosten belasten die Devisenreserven, große finanzielle Mittel werden gebunden;

- Umsiedlung von 1,2 Mio. Menschen, Bau neuer Städte samt Infrastruktur;
- Verlust zahlreicher Kulturstätten;
- Verlust von landwirtschaftlichen Nutzflächen;
- Starke Sedimentation des Schwemmlösses im Stausee;
- Ausbleiben des fruchtbaren Schwemmlösses im Tiefland;
- Veränderungen des Klimas.

Atmosphäre

fgabe 19 Da die Albedo über Schnee bei 80 % liegt, wird der größte Teil der einfallenden Solarstrahlung direkt wieder reflektiert. Über großflächigen und lang andauernden Schneelagen sinken die Temperaturen merklich. Das könnte die Neigung zu weiteren Schneefällen verstärken und die Abschmelzphase deutlich hinauszögern.

fgabe 20 a) Bei einer trockenadiabatischen Abkühlung von 1 °C/100 m wird das Kondensationsniveau bei 700 m erreicht. Hier beträgt die Temperatur 15 °C, dabei entsprechen 12,8 g Wasserdampf pro m^3 einer relativen Luftfeuchtigkeit von 100 %, die Luft ist gesättigt.

b) Bei einer feuchtadiabatischen Temperaturabnahme von 0,6 °C/100 m liegt die Frostgrenze 2 500 m über dem Kondensationsniveau, also bei 3 200 m, die absolute Feuchte entspricht nur noch 4,8 g/m^3.

c) Am Gipfel herrschen –1,2 °C bei einer relativen Feuchte von 100 %.

d) Der Föhn hat bei 800 m eine Temperatur von 24,8 °C.

fgabe 21 Die Minimaltemperatur in Bombay beträgt 24,4 °C im Januar, das Maximum wird im Mai mit 30,1 °C erreicht. In den Monaten Juni bis September sinkt die Temperatur bis auf 27,3 °C, im Oktober steigt sie noch einmal leicht auf 28,7 °C an, um dann jahreszeitgemäß abzusinken. Die Amplitude ist mit 5,7 °C für diese Breitenlage sehr gering.
Die Monate November bis Mai sind arid, von Januar bis April liegt der Niederschlag unter bzw. bei 2 mm. Die Regenzeit beginnt im Juni und endet im Oktober jeweils sehr abrupt. Die Niederschläge sind extrem hoch: im Juni bereits 579 mm, das Maximum liegt im Juli bei 703 mm.
Während der Wintermonate liegt Bombay unter dem Einfluss des NO-Passats. Dieser weht vom Kältehoch über dem Hochland von Tibet Richtung ITC, die sich jahreszeitgemäß auf der Südhalbkugel befindet. Dieser an sich schon

trockene NO-Passat heizt sich, als Fallwind vom Himalaya kommend, trockenadiabatisch stark auf. So lassen sich die ungewöhnlich hohen Wintertemperaturen um 25 °C und die extreme Trockenheit erklären.
Im Juni hat sich die ITC weit nach Norden verlagert und der SO-Passat wird, wenn er den Äquator überschreitet, durch die Corioliskraft zum Südwest-Monsun umgelenkt. Auf seinem Weg über dem Indischen Ozean konnte er viel Feuchtigkeit aufnehmen, die sich nun über dem indischen Subkontinent abregnet. Da Bombay in Leelage am Fuße der Westghats liegt, addieren sich die Monsun- und Steigungsregen zu extremen Niederschlägen.
Die starke Bewölkung und die Verdunstung sorgen in den humiden Monaten für eine Abschwächung der Temperatur.

Aufgabe 22 a) Die Klimastationen ähneln sich in ihrer Niederschlagsverteilung und Niederschlagsmenge. Die Regenzeit dauert jeweils von Oktober/November bis März. Dazwischen liegt eine ausgeprägte Trockenzeit.
Im Temperaturverlauf unterscheiden sie sich grundlegend. Station B hat ihr Temperaturmaximum von ca. 25 °C während der Trockenzeit im Juli/August, im Nordsommer. Diese Station liegt auf der Nordhalbkugel.
Bei Station A liegt das Temperaturminimum bei ca. 19 °C im Juni/Juli, während der Trockenzeit. Die Temperaturen steigen bis Oktober um 10 °C an, dann wird der weitere Anstieg durch die Regenzeit verhindert. Erst im April sinken die Temperaturen wieder. Daraus folgt, dass diese Station auf der Südhalbkugel (Sonnenzenitstand im Nordwinter) liegen muss.

b/c) Station B liegt in den Subtropen im Mittelmeerklima (milde regenreiche Winter infolge der Südverlagerung des Polarfrontjets, trockenheiße Sommer infolge der Nordverlagerung der randtropischen Hochdruckzellen). (Heraklion/Kreta, 39 m, 35° 20'N/25° 11'O)
Station A gehört aufgrund der Temperaturwerte in die Tropen. Die sieben ariden Monate und eine Niederschlagssumme von ca. 600 mm verweisen auf die Trockensavanne. Die jahreszeitliche Verteilung der hygrischen Jahreszeiten entspricht genau dem Verlauf der ITC auf der Südhalbkugel. (Wankie/Zimbabwe, 782 m, 18° 22'S/26° 29'O)

Aufgabe 23 Individuelle Lösungen.

ufgabe 24 a) Die Ausgangsskizze zeigt die Polarfront, an der polare Kaltluft und subtropische Warmluft aneinander vorbeiströmen. Es hat sich bereits eine Wellenstörung gebildet. Die Luftmassen beginnen, gegeneinander vorzudringen und sich um das entstandene Tief zu drehen.

In der Folge baut sich ein Wolkenwirbel aus Warmfront und Kaltfront auf. An der Warmfront gleitet die leichte subtropische Warmluft auf die vorhandene Kaltluft auf. Dabei kommt es zur Kondensation und zur Bildung von Schichtwolken, aus denen ergiebige Niederschläge fallen. Im Warmluftsektor dringt die warme Luft keilförmig weit gegen die Kaltluft vor. Hier herrscht sonniges Wetter.

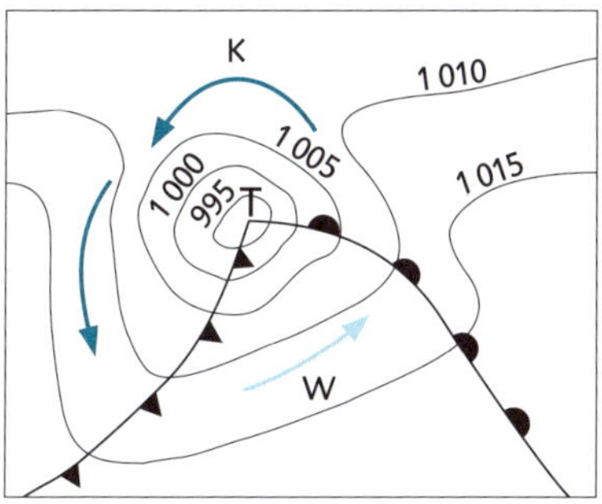

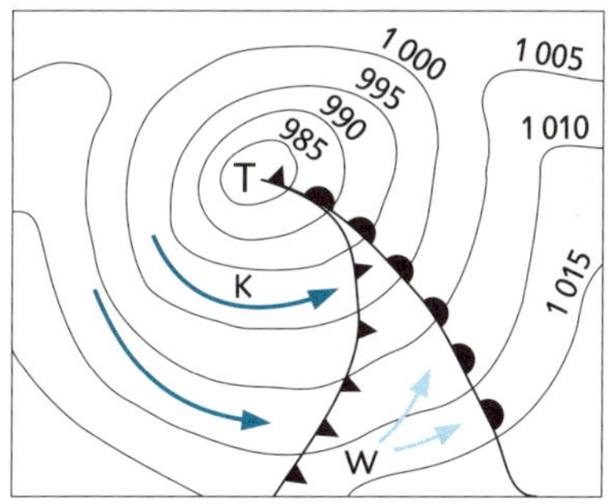

Da die nachrückende polare Kaltluft schneller und schwerer als die Warmluft ist, schiebt sie diese an der Kaltfront zusammen. Der Warmluftsektor wird zunehmend verengt. An der vorrückenden Kaltfront kühlt die hochgedrückte Warmluft ab und es kommt zur Kondensation mit Bildung von Cumulus- und Cumulonimbuswolken. Heftige Schauer und z. T. Gewitter sind die Folge.

Hat die Kaltfront die Warmfront eingeholt, spricht man von Okklusion. Die gesamte Warmluft ist hochgedrückt, es kommt zum Temperaturausgleich, überschüssige Luftfeuchte regnet sich ab. Die Zyklone löst sich dabei auf. Die auf der Nordhalbkugel gegen den Uhrzeigersinn drehenden Wolkenwirbel werden von der Westwinddrift nach Osten transportiert.

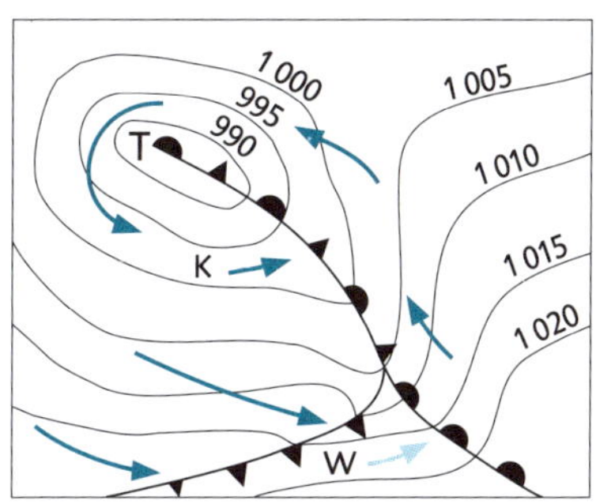

b) In das Tief über der südlichen Adria strömen Luftmassen gegen den Uhrzeigersinn ein, so auch aus nordöstlicher Richtung kontinentale Kaltluft vom Dinarischen Gebirge.
Die Kaltluft strömt über die Küstenkette. Da sie dabei um 200 m aufsteigen muss, kühlt sie feuchtadiabatisch um –1,2 °C ab. Es bilden sich Wolken, aus denen es an der Ostabdachung des Gebirges leicht schneit.
Die Kaltluft (–13,4 °C) strömt als Fallwind, Bora genannt, zum Tief über dem Mittelmeer. Dabei erwärmt sie sich zwar trockenadiabatisch auf –3,4 °C, sie ist aber dennoch erheblich kälter als die vorhandene Mittelmeerluft.
Die schwere Kaltluft schiebt sich unter die warme Mittelmeerluft. Diese kühlt in der Höhe und über der Kaltluft ab, wobei es infolge der Luftfeuchtigkeit (80 % bei 15 °C) rasch zur Kondensation mit Nebel und Wolkenbildung kommt. An der Küste sind auch heftige Gewitter möglich. Es fallen Niederschläge, bei entsprechend niedrigen Temperaturen an der Küste und auf den Inseln auch als Schnee.

Wirtschaftsstrukturen und -prozesse

Aufgabe 25 In einem Land kann sich der Anteil der Beschäftigten nach Sektoren deutlich vom Anteil am BIP unterscheiden.
Beim hoch entwickelten Industrieland Deutschland zeigt sich besonders am Anteil der Erwerbstätigen, dass bereits eine Tertiärisierung der Volkswirtschaft stattgefunden hat. Obwohl nur 25,5 % der Erwerbstätigen in der Produktion tätig sind, erwirtschaften sie 30 % des BIP, was zeigt, dass die deutsche Industrie überaus leistungsstark ist. Nur 2,1 % sind in der Landwirtschaft tätig und erwirtschaften nur 1 % des BIP. Daraus zu schließen, dass die Landwirtschaft in Deutschland bedeutungslos sei, wäre ein Trugschluss. Denn der Anteil des BIP sagt noch nichts über seine tatsächliche Höhe aus.
In Polen erwirtschaften 30 % der Erwerbstätigen in der Industrie einen entsprechenden Anteil am BIP. Auffallend ist, dass 17 % der Erwerbstätigen in der Landwirtschaft nur 5 % des BIP erwirtschaften. Dieses schlechte Verhältnis (3,4:1) lässt auf eine sehr leistungsschwache Landwirtschaft schließen als Folge veralteter Technik, geringer Investitionskraft, zu geringer Betriebsgröße. Ein tief greifender Strukturwandel steht hier an. Wahrscheinlich liegt auch eine versteckte Arbeitslosigkeit vor. Versteckte bzw. verdeckte Arbeitslosigkeit wird

statistisch nicht erfasst, weil die Arbeitskraft pro forma beschäftigt, jedoch kaum ausgelastet ist.
Beim Schwellenland Türkei liegt der Vergleichsfaktor ebenfalls zu hoch. Der tertiäre Sektor zeigt sich mit 63 % Anteil bei 45 % der Beschäftigten sehr leistungsstark (Tourismus), aber hinsichtlich der Beschäftigten noch deutlich entwicklungsfähig.

ufgabe 26 Besondere Wichtigkeit haben die folgenden Standortfaktoren:
A: Verkehr, Absatzmarkt, z. B. Nähe von Ballungszentren und evtl. Bäder- oder Urlaubsregionen
B: Agglomeration, Forschung/Entwicklung, Infrastruktur, Boden, Arbeitskräfte, Wirtschaftsförderung, Verkehr und Energie
C: Forschung/Entwicklung, Infrastruktur, Arbeitskräfte, Agglomeration, Bildung

ufgabe 27 Japanische Autos waren preiswerter, weil sie in der halben Zeit gebaut wurden (16,8 Arbeitsstunden – Westeuropa 36,2).
Das war eine Folge besserer innerbetrieblicher Organisation (Arbeitsgruppenanteil rund 100-mal höher als in Europa) und sorgfältiger Einarbeitung (380 Stunden in Japan, 46 in den USA). Das ist auch ein Grund für die höhere Qualität (ein Drittel weniger Montagefehler als in Europa). Die japanischen Mitarbeiter zeigten größeres Engagement (62 Verbesserungsvorschläge pro Mitarbeiter), in Europa und den USA dachte man nur wenig mit. Die positive Einstellung zur Arbeit dokumentierte sich auch in den nur halb so hohen Fehlzeiten in japanischen Werken.

fgabe 28 Im Smart-Werk wurde das Konzept der Lean Production perfektioniert. Simultaneous Engineering, Modulbauweise und die territoriale Integration der Zulieferer ermöglichen eine Automontage in nur acht Stunden. Verzögerungen infolge von Lieferproblemen sind nahezu ausgeschlossen, da die vormontierten Module nicht mehr transportiert werden müssen.

fgabe 29 Im Zuge des Job-Enlargement braucht die Industrie Mitarbeiter, die komplexe Aufgaben übernehmen, mitdenken und in sich selbst organisierenden Teams eigenverantwortlich arbeiten. Dazu sind Team- und Kommunikationsfähigkeit Voraussetzung.

Aufgabe 30 Zahlreiche Arbeitsfelder in Produktion und Verwaltung wurden ausgelagert, weil diese Bereiche in den Firmen entweder nicht genügend ausgelastet waren oder weil spezialisierte Firmen diese Tätigkeiten preiswerter und besser abwickeln können. So haben sich im Zuge der Tertiärisierung diversifizierte Dienstleister etabliert.

Aufgabe 31 Dell ist in der Lage, Computer durch eine kostengünstige Produktion und Vermarktung preisgünstig anzubieten. Eine wichtige Rolle spielt dabei E-Commerce. Die Kommunikation zwischen dem Kunden und der Firma Dell erfolgt online. Mit der elektronischen Bestellung werden Informationen direkt an die Zulieferer einzelner Baukomponenten und an die Endmontage bei Dell übermittelt. Durch diese administrative und personelle Verschlankung können Kosten und Personal eingespart werden. Zudem wird durch den direkten Kontakt zwischen Kunden und Hersteller der Zwischenhandel umgangen, diese erhebliche Kostenersparnis steigert Dells Gewinne und verbilligt das Produkt.
Dell verkauft Computer, stellt sie aber nicht selbst her, sondern montiert nur die einzelnen Bauelemente, die von verschiedenen spezialisierten Zulieferern an die Endmontage geliefert werden. Die Produktionstiefe bleibt sehr gering. Die Firma verlagert durch dieses Outsourcing Kosten und Risiken auf die Zulieferer. Diese liefern natürlich just in time, was bei einer Zulieferentfernung von maximal 15 Minuten keine Probleme verursacht. Dell verringert so seine Lagerkosten und verkürzt die Durchlaufzeiten der Computer.
Die Fima erreicht eine hohe Kundenzufriedenheit durch die Individualität des Produktes. Der Kunde kann sich seinen neuen Computer nach den eigenen Wünschen und Bedürfnissen am Bildschirm seines PCs zusammenstellen. Die Bestellabwicklung erfolgt online zu jeder beliebigen Zeit von zu Hause aus, geliefert wird innerhalb von fünf Tagen.

Aufgabe 32 a) Der Personenverkehr in Deutschland ist von 1995 bis 2007 um ca. 22 % von 906 auf 1 106 Mrd. Personenkilometer (Pkm) gestiegen. Während der Anteil des ÖPNV stagnierte, konnten alle anderen Verkehrsträger zulegen, die Bahn um 34 % von 59 auf 79,3 Mrd. Pkm, der Luftverkehr um 135 % und der Individualverkehr konnte seinen Anteil um 19,6 % auf 885,4 Mrd. Pkm steigern.
Das Transportaufkommen im Güterverkehr hat sich bis 2008 um ca. 110 % gesteigert. Innerhalb Deutschlands spielt der Luftfrachtverkehr keine nennenswerte Rolle. Die Pipelines sind mit 15 Mrd. Tonnenkilometer (tkm) ausgelastet, die Binnenschifffahrt stagniert bei 64 Mrd. tkm. Durch neue Transporttechnologien konnte die Bahn trotz verringertem Strecken-

netz ihr Transportaufkommen um ca. 62 % steigern, von 72 auf rund 117 Mrd. tkm.
Auf der Straße rollten 2008 70,7 % des gesamten Güterverkehrs. Per Lkw wurden 2008 474 Mrd. tkm transportiert, dieser Anteil ist um 93 % seit 1995 gestiegen.
Vergleicht man die Zuwachszahlen im Personenverkehr mit denen des Güterverkehrs, wird deutlich, dass die Überlastung der Verkehrswege ihre Ursache im Gütertransport hat.

b) Das rasant angewachsene Verkehrsaufkommen hat verschiedene Ursachen: Beim Personenverkehr sind die Suburbanisierung, die mit einem erhöhten Pendleraufkommen verbunden ist, und der gestiegene Lebensstandard, der ein mobiles Freizeitverhalten ermöglicht, die wichtigsten Aspekte. Der Güterverkehr ist bis an die Belastungsgrenze angestiegen durch den allgemein stark entwickelten Welthandel, das Just-in-time-Liefersystem und die Osterweiterung der EU. Deutschland mit seinem guten Straßennetz in der Mitte des Wirtschaftsraums wurde zum Transitland für den Verkehr aus allen Richtungen.
Zu den wichtigsten ökologischen Folgen zählen die starken Belastungen durch Emissionen – der Verkehr hat einen Anteil von 18,8 % am CO_2-Ausstoß – und durch Feinstaub. Erheblich sind auch die Lärmbelastung und der Flächenbedarf durch den notwendigen Ausbau der Verkehrswege. Alle Umweltbelastungen müssen von der Allgemeinheit ertragen und die Gegenmaßnahmen vom Steuerzahler finanziert werden. Die Entwicklung von intelligenten, umweltverträglichen Verkehrssystemen ist daher unerlässlich.

fgabe 33 Geeignete Indikatoren sind z. B. BIP pro Kopf, Durchschnittseinkommen pro Kopf, durchschnittliche Steigerung des BIP pro Kopf , Anteile der Bevölkerung an bestimmten Ausbildungsabschlüssen, Alphabetisierungsrate, Zu- und Abwanderungsraten etc.

fgabe 34 Die Entstehung räumlicher Disparitäten im europäischen Wirtschaftsraum kann wie folgt beschrieben und veranschaulicht werden:

- Die Entstehung und Veränderung der europäischen Raumstrukturen wurden geprägt durch die zunehmende Industrialisierung (z. B. Entstehung von Industriebetrieben, Mobilität durch Verkehrssysteme) seit dem 18. Jh.

- Der Ausbau des Verkehrsnetzes (z. B. Eisenbahn-, Kanal- und Straßenbau) ermöglichte die Entwicklung städtischer Regionen und Verdichtungsräume.
- Fern der Hauptverkehrsverbindungen gelegene Räume blieben landwirtschaftlich geprägt (z. B. Süditalien, Portugal).
- Die zunehmende Tertiärisierung gegen Ende des 20. Jh. vollzog sich hauptsächlich in den städtischen Verdichtungsräumen, die durch eine hohe infrastrukturelle Ausstattung, ein großes Bildungsangebot und Arbeitsplätze gekennzeichnet sind.
- Diesen Aktivräumen stehen Passivräume gegenüber, die ohne die erwähnte Ausstattung zu Abwanderungsgebieten werden.

Aufgabe 35 Für den Wirtschaftsraum Nordsee ist im Bereich regenerativer Energiequellen die Nutzung der Windenergie von Bedeutung. Aufgrund der günstigen Windverhältnisse über dem Meer arbeiten die Offshoreanlagen sehr viel ertragreicher als vergleichbare Anlagen auf dem Land. Da die ökologischen Auswirkungen dieser Energienutzung als gering eingestuft werden, wurde der Bau von weiteren Windparks in der Nord- und Ostsee beschlossen.
Erprobt werden derzeit auch Gezeitenkraftwerke, die die mechanische Energie der Gezeitenströmung nutzen, sehr effizient arbeiten und im Gegensatz zu den Windkraftanlagen das Landschaftsbild nicht beeinträchtigen.

Aufgabe 36 Vorteile des Massentourismus auf Mallorca:

- große wirtschaftliche Bedeutung der Einnahmen durch den Tourismus (ca. 80 % des BIP)
- Arbeitsplätze in verschiedenen Branchen, die direkt (Gastronomie, Hotels, Serviceleistungen) oder indirekt (Baugewerbe) mit dem Tourismus verbunden sind
- Ausbau und Entwicklung der städtischen Regionen und der ländlichen Räume durch Investitionen in die Infrastruktur

Nachteile:

- zunehmende Bebauung und Zersiedelung der Landschaft durch Hotel- und Freizeitanlagen wie Golfplätze oder Yachthäfen
- hoher Wasserverbrauch durch den Tourismus, was zu Nutzungskonflikten mit der Landwirtschaft führt
- Überlastung der Infrastruktur durch den Massentourismus
- Verschärfung regionaler Disparitäten zwischen den Küstenbereichen und dem Landesinneren der Insel

- Erhöhung der Lärm- und Abfallbelastung
- soziale Probleme durch Überfremdung (Verhältnis Touristen – Einheimische derzeit ca. 10 : 1)
- erhöhte Immobilienpreise durch ausländische Investoren

ufgabe 37 Der Verlauf der Welthandelsströme zeigt, dass drei Viertel des gesamten Handels zwischen Europa, Asien und Nordamerika stattfinden, wobei Nordamerika weitaus mehr importiert als exportiert und Asien die Rolle des großen Exporteurs innehat. Die europäische Handelsbilanz ist ziemlich ausgeglichen. Afrika, Lateinamerika, Nahost und Russland bilden periphere Räume im Welthandelsgeschehen. Von 2007 zu 2008 hat der Welthandel um 15 % zugenommen. Regional gibt es aber große Unterschiede: Die Entwicklung für Nordamerika, Japan und Großbritannien ist unterdurchschnittlich, sodass man schon von Stagnation sprechen kann. Einen starken Aufschwung verzeichneten Russland, Indien, China und Brasilien. Diese Schwellenländer werden als Wirtschaftsmächte immer bedeutender. Auch Afrika nimmt deutlich stärker am Welthandel teil, allerdings auf sehr niedrigem Niveau.

ıfgabe 38 Ein Politiker mit Aktentasche wird per Fußtritt von der Globalisierung aus der Ökonomie (halb geöffnete Tür) befördert.

Die Karikatur zeigt deutlich, wer bei der Globalisierung das Sagen hat. Mitsprache oder Regulierung seitens der Politiker ist von den Akteuren der Globalisierung nicht erwünscht. Die transnationalen Konzerne operieren nur zu ihrem Vorteil. Dabei ist es ihnen egal, ob dies den politischen Interessen eines Landes, besonders eines kleinen, entspricht oder zuwiderläuft.

fgabe 39 a) Die Zwischenbilanz zeigt, dass einige Länder wie Japan noch weit vom Ziel entfernt sind bzw. das Kyoto-Protokoll anscheinend ignorieren (z. B. USA, China, Indien, Südkorea, Australien). Zu den größten Klimasündern gehören logischerweise die Staaten mit besonders starker Wirtschaft (z. B. Deutschland, Japan). Bei China und Indien kommen geringe Umweltauflagen und eine große Bevölkerung hinzu. Die Emissionen der USA und Australiens dokumentieren einen rücksichtslosen Umgang mit Energieressourcen (z. B. Autos mit sehr hohem Verbrauch, Energieverschwendung bei schlecht isolierten Gebäuden durch Klimaanlagen und Heizungen). Es ist zu hoffen, dass mit dem seit 2009 amtierenden Präsidenten Obama eine neue Umwelt- und Energiepolitik in den USA beginnt.

b) Eine teils starke Senkung der CO_2-Emissionen verzeichneten einige EU-Staaten (z. B. Großbritannien, Frankreich, Polen) und Russland. Bei den osteuropäischen EU-Staaten dürften die EU-Richtlinien bezüglich des Umweltschutzes sowie Hilfen zur Umstellung auf umweltverträglichere Produktion und Energiegewinnung gegriffen haben. In Russland wurden zahlreiche veraltete, unrentable Industrieanlagen stillgelegt und Kohlekraftwerke mit hohem CO_2-Ausstoß durch effizientere, sauberere Anlagen ersetzt.

c) Deutschland hatte sich verpflichtet, seinen Ausstoß an Treibhausgasen um 21 % zu reduzieren. Das war angesichts der bereits bestehenden Umweltauflagen ein sehr ehrgeiziges Ziel. Auch 2008 wurde das Kyoto-Protokoll erfüllt. Möglich wurde das durch vielfältige Maßnahmen, z. B. Förderung alternativer Energien und Förderung energiesparender Maßnahmen bei Neu- und Altbauten. Bei weiterer Absenkung der Emissionen können die freien Kontingente verkauft werden.

Aufgabe 40

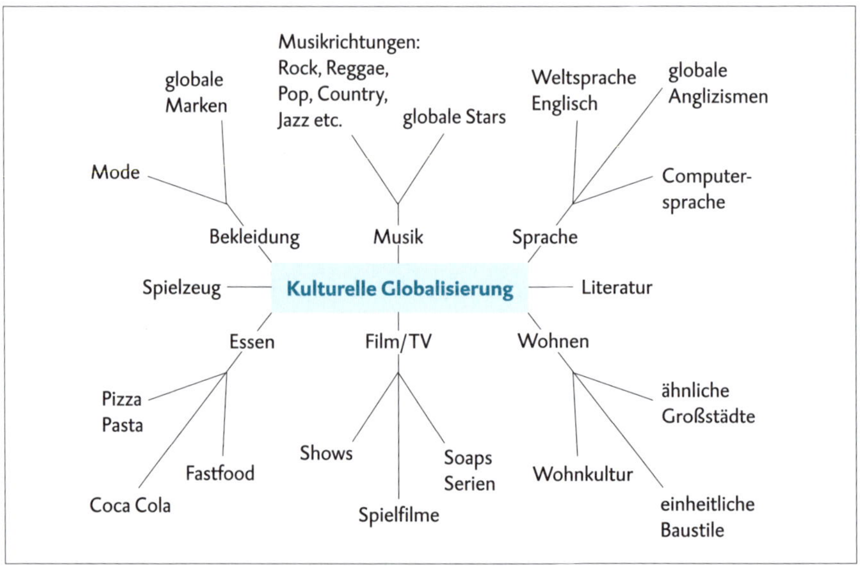

ufgabe 41 a) Betrachtet man das BIP/Kopf, verfügen Brasilien (10 292 US-$) und Russland (11 807 US-$) über eine vergleichbar starke Volkswirtschaft mit ähnlichen Wachstumsraten und mit jeweils deutlich positiver Handelsbilanz.

Auch beim Anteil des primären Sektors an der Wertschöpfung liegen beide Staaten dicht beieinander. Betrachtet man jedoch den Anteil der Arbeitskräfte in diesem Sektor, zeigen sich deutliche Unterschiede. In Brasilien erwirtschaften knapp 20 % der Erwerbstätigen nur 6,5 % des BIP (ca. 129 Mrd. US-$), in Russland erwirtschaften 10 % der Arbeitnehmer einen Wert von 87 Mrd. US-$. Brasiliens Landwirtschaft erzielt mit ihren Exporten von Ölsaaten, Fleisch, Zucker und Kaffee etwa ein Drittel aller Exporteinnahmen. Diese Produkte werden auf effizienten Großbetrieben angebaut, die übrige Landwirtschaft ist eher arbeitsintensiv und technisch rückständig, geprägt durch eine kleinbäuerliche Struktur. Beide Länder können sich mit Nahrungsmitteln nahezu selbst versorgen.

In Russland, einem traditionellen Industrieland, arbeiten 32 % der Bevölkerung im sekundären Sektor, mit einem Anteil am BIP von 37 %. Der hohe Importanteil von Investitionsgütern (Maschinen, Kraftfahrzeuge und Elektronik haben einen Anteil von 45,7 %, rund 122 Mrd. US-$) bei fehlenden Exporten in diesen Branchen zeigt, dass sich Russlands Industrie in einem Umstrukturierungs- bzw. Erneuerungsprozess befindet und stark auf Bergbau und Schwerindustrie (siehe Exportprodukte) ausgerichtet ist.
Brasilien dagegen verfügt über eine leistungsstarke Auto- (VW) und Maschinenbauindustrie und kann einen Teil des südamerikanischen Marktes mit versorgen. Die Industrie muss zwar ebenfalls viele Investitionsgüter (ein Drittel aller Importe) einführen, scheint aber selbst ausgesprochen produktiv zu sein, 14,5 % der Erwerbstätigen erwirtschaften 28,8 % des BIP. Zwar exportiert Brasilien große Mengen von Eisenerz, verarbeitet aber seine Erze auch selbst und exportiert Halbfertigprodukte (Eisen und Stahl).

Brasilien ist stark auf den Import von Erdöl und chemischen Erzeugnissen angewiesen (Importanteil 40,9 %), was den Haushalt belastet.
Insgesamt scheint Brasiliens Volkswirtschaft stärker diversifiziert und vor allem auf den Binnenmarkt orientiert zu sein, der Exportanteil entspricht nämlich nur 10 % des gesamten BIP.

Bei Russland sind es 28 %, hier sind die Exportorientierung und zugleich die Exportabhängigkeit der Wirtschaft ungewöhnlich hoch: Mineralische Brennstoffe (Erdöl, Gas und Kohle) machen 65,7 % des Exportwertes aus, hinzu kommen weitere 12 % aus Bergbauprodukten. Russland ist also völlig von den Preisschwankungen auf dem Weltmarkt abhängig. In Zeiten globaler Hochkonjunktur konnte Russland gewaltige Summen einnehmen, investieren und seine Schulden nahezu komplett abbauen.

b) Infolge der Weltwirtschaftskrise sank die Nachfrage nach Bergbauprodukten drastisch und es kam zu einem Preisverfall besonders bei Erdöl und Erdgas. Da Russland nahezu völlig von diesen wenigen Produkten abhängig ist, kam es zu einem Rückgang des BIP um –7,9 % von 2008 zu 2009. Zum Glück konnte der Staat in den Jahren zuvor Rücklagen bilden und so die Krise für die Bevölkerung abfedern. Trotzdem ist die Inflationsrate recht hoch.

Auch beim Exportweltmeister Deutschland mit seinen Schlüsselindustrien Fahrzeug- und Maschinenbau führte die globale Krise zu einem starken Wirtschaftseinbruch von –5 % des BIP.

Brasiliens Wirtschaft konnte sich mit einer minimalen Steigerung von 0,1 % gut behaupten. Hier haben sich die geringere Einbindung Brasiliens in den Weltmarkt und seine Konzentration auf den eigenen großen Binnenmarkt positiv ausgewirkt.

Stichwortverzeichnis

Quellennachweis

Umschlagbild: © European Space Agency. All rights reserved.

M 4: Hartmut Leser, Diercke Wörterbuch Allgemeine Geographie, dtv/Westermann, Auflage 2001, S. 379
M 5: nach Press, F./Siever, R., Allgemeine Geologie. Einführung in das System Erde. Heidelberg: Spektrum Akademischer Verlag, 1995, verändert
M 6: Press, F./Siever, R., Allgemeine Geologie. Einführung in das System Erde. Heidelberg: Spektrum Akademischer Verlag, 1995, S. 372
M 9: nach Press, F. /Siever, R., Allgemeine Geologie. Einführung in das System Erde. Heidelberg: Spektrum Akademischer Verlag, 1995, S. 375
M 13: nach Press, F./Siever, R., Allgemeine Geologie. Einführung in das System Erde. Heidelberg: Spektrum Akademischer Verlag, 1995, S. 376/377
M 14, M 15, M 17, M 21: Wilhelmy, H., Geomorphologie in Stichworten, Hirt Stichwortbuch 1972, Bd. III, Exogene Morphodynamik, S. 120, 119, 115, 131. Gebrüder Borntraeger, Berlin-Stuttgart, http://www.borntraeger-cramer.de
M 22: Wagenbreth, O./Steiner, W., Geologische Streifzüge. Deutscher Verlag für Grundstoffindustrie, Leipzig 1982, S. 47
M 23: Leser, Hartmut, Diercke Wörterbuch Allgemeine Geographie, dtv/Westermann 2001, S. 134
M 27: nach Goudie, A., Physische Geographie. Heidelberg: Spektrum Akademischer Verlag 2002, S. 180
M 29: nach: Timer; http://de.wikipedia.org/w/index.php?title=Datei:Ekman_spirale.svg &filetimestamp=20070208111915
M 31: Hempel, G./Hempel, I./Schiel, S., Faszination Meeresforschung. Bremen: Hauschild Verlag 2006, S. 21
M 34: Wagenbreth, O./Steiner, W., Geologische Streifzüge. Deutscher Verlag für Grundstoffindustrie, Leipzig 1982, S. 44
M 35: Naturstoff Wasser, Vereinigung Deutscher Gewässerschutz e.V., Bonn 2000, www.vdg-online.de
M 37: © World Resource Institute, PAGE 200 (Daten von 1995)
M 38: BMZ (Hg.): Überlebensfrage Wasser. Bonn 1995
M 39: Barandat, Jörg: Wasser. Regionaler Konfliktstoff weltweiter Bedeutung. Hamburger Beiträge zur Friedensforschung und Sicherheitspolitik. Heft 96. Hamburg: Institut für Friedensforschung und Sicherheitspolitik 1995 (Zahlen bis 2000)
M 40: © World Resource Institute, World Resources 1990–1991
M 41: Statistisches Bundesamt, Statistisches Jahrbuch 2009, Tab. A.12.2: Naturgas, Rohöl und Elektrizität 2007
M 42: © SWBreckle
M 43: Daten 1975–2000: UN; Daten 2007: www.NationMaster.com
M 44: © Struck; Struck, Ernst: Das Südost-Anatolien-Projekt (GAP): Die Bewässerung und ihre Folgen. In: Geographische Rundschau 46, 2/1994, S. 88–95
M 50, M 51, M 74: © Bernhard Mühr, www.klimadiagramme.de
M 61: Lauer, Wilhelm, Klimatologie. Westermann Schulbuchverlag GmbH, Braunschweig 1993, S. 76 (Die Wolkengattungen in ihren Stockwerken)
M 63: Bauer, Jürgen/Englert, Wolfgang, Physische Geographie. Hannover: Schroedel Verlag 2001, S. 92

M 64: Lauer, Wilhelm, Klimatologie. Braunschweig: Westermann Schulbuchverlag GmbH ^{3}1999, S. 109 und 130
M 66: nach Haversath, Johann-Bernhard: Geographie heute. Sammelband Wetter und Klima. Seelze: Friedrich Verlag 2000
M 68: nach H. Flohn
M 70: Lauer, Wilhelm, Klimatologie. Braunschweig: Westermann Schulbuchverlag GmbH ^{3}1999, S. 109 und 130
M 77: Weischet, Wolfgang, Einführung in die Allgemeine Klimatologie. Physikalische und meteorologische Grundlagen. 6. überarb. Aufl., unveränderter Nachdruck. © 2002 Stuttgart, Berlin: Gebrüder Bornträger, S. 63 und 228
M 81: Wiedersich, Bertold, Das Wetter: Entstehung, Entwicklung, Vorhersage. Stuttgart: Thieme Verlagsgruppe 1996, S. 38
M 90, M 92: www.staedtebauliche-klimafibel.de, Zugriff März 2010, verändert
M 92: Wittig, Rüdiger/Streit, Bruno: Ökologie. Stuttgart: Eugen Ulmer Verlag 2004, verändert
M 94: Lawrence Berkeley National Laboratory
M 97: verändert nach Nefiodow, Leo. A., Der sechste Kondratieff – die großen Märkte des 21. Jahrhunderts. In: Thomas, Hans und Nefiodow, Leo. A. (Hg.), Kondratieffs Zyklen der Wirtschaft. Herford: Verlag Busse Seewald GmbH 1998
M 98: Daten bis 1990: eigene Zusammenstellung; Daten 2008: Fischer Weltalmanach 2010
M 99: Bähr, J., Bevölkerungsgeographie. Stuttgart: Ulmer 42004 (UTB 1249)
M 100: Fischer Weltalmanach 2010
M 104: Ludwig Schätzl, Wirtschaftsgeographie der europäischen Gemeinschaft. Paderborn: Schöningh 1993 (UTB)
M 105: Fraedrich, W./Barth, K./Kistler, H./Lamberty, M.: Der asiatisch-pazifische Raum. München: Bayerischer Schulbuch-Verlag 2001
M 108: Kulke, Elmar: Wirtschaftsgeographie Deutschlands. Gotha: Klett-Perthes Verlag, 1998, S. 163
M 109: www.dresden.de/wirtschaft
M 110, M 111, M 114, M 125: © dpa – infografik
M 112: Lehner, C./Vossen, J.: Das Güterverkehrszentrum Regensburg. In: Praxis Geographie 33 (2003), Heft 5, S. 28–32
M 113: Baratta, Mario von/Borcherding, Marit/Brandner, Sybille: Der Fischer Weltalmanach 1998
M 115: Ludwig Schätzl, Wirtschaftsgeographie. Paderborn: Schöningh
M 116: Hamburg Port Authority Anstalt des öffentlichen Rechts (Werte für 1985 – 2008), ISL Institute of Shipping Economies and Logistics, 2004 (Prognose für 2015), Planco Consulting Essen, Planco-Seeprognose, 2007 (Prognose für 2025)
M 117: Hafen Hamburg Marketing e. V.
M 118: © Behörde für Stadtentwicklung und Umwelt, Amt für Umweltschutz Hamburg
M 119: http://www.mallorca.de/tourismus/touristenzahlen.php5, Zugriff am 10.03.10
M 120: Norbert von der Ruhren: Wasserprobleme auf der Ferieninsel Mallorca. In: Materialien Handbuch Geographie, Bd. 7 Europa: Köln 2002
M 122: Daten 1930–2000: HM Treasury U.K.; Daten 2000–2010: UNCTAD
M 123: OECD 1997
M 124: ergänzt und überarbeitet nach WTO International Statistics
M 126, M 127: WTO
M 128, M 129: WTO International Trade Statistics 2008
M 130: Daimler Geschäftsbericht 2008; http://ar2008.daimler.com/reports/daimler/annual/2008/gb/German/7530/daimler-weltweit.html, Zugriff am 10.03.10

M 131: http://www1.bpb.de/wissen/K7SK3O,0,0,B%20estand_an_ Ausl%E4ndischen_ Direktinvestitionen_%28ADI%29.html, Zugriff 10.03.2010. Daten: UNCTAD; Lizenz: Creative Commons by-nc-nd/3.0/de, Bundeszentrale für politische Bildung
M 133: www.atmosphere.mpg.de/enid/3__Wie_Klimawandel_verhindern_/-_Kyoto_Protokoll_2av.html, Zugriff am 10.03.10. Daten: UNFCCC 2003
M 134: UNFCCC 2009: National Greenhouse gas inventory data for the period 1990–1997; ergänzt mit Daten von CDIAC (Carbon Dioxide Information Analysis Center)
M 135: © Le Monde Diplomatique, Atlas der Globalisierung, TAZ Verlag, Berlin, 2006
M 136: Quelle: bestätigt durch Sony Pictures Television, Lizenz: Creative Commons by-nc-nd/3.0/de, Bundeszentrale für politische Bildung 2010, www.bpb.de
M 138: © ccc/Gerhard Mester
M 139: eigene Zusammenstellung nach Instituto Brasileiro de Geografia e Estatística, Ministerium für wirtschaftliche Entwicklung Russlands, CIA World Factbook

Wir danken allen Rechteinhabern für die Abdruckerlaubnis.
Der Verlag hat sich bemüht, die Urheber der abgedruckten Bilder und Texte ausfindig zu machen. Wo dies nicht gelungen ist, bitten wir diese, sich ggf. an den Verlag zu wenden.

Ihre Meinung ist uns wichtig!

Ihre Anregungen sind uns immer willkommen. Bitte informieren Sie uns mit diesem Schein über Ihre Verbesserungsvorschläge!

Titel-Nr.	Seite	Vorschlag

Bitte hier abtrennen

Lernen • Wissen • Zukunft
STARK

Zutreffendes bitte ankreuzen!

Die Absenderin/der Absender ist:

- ☐ Lehrer/in in den Klassenstufen: ______
- ☐ Fachbetreuer/in
  Fächer: ______
- ☐ Seminarlehrer/in
  Fächer: ______
- ☐ Regierungsfachberater/in
  Fächer: ______
- ☐ Oberstufenbetreuer/in
- ☐ Schulleiter/in
- ☐ Referendar/in, Termin 2. Staatsexamen: ______
- ☐ Leiter/in Lehrerbibliothek
- ☐ Leiter/in Schülerbibliothek
- ☐ Sekretariat
- ☐ Eltern
- ☐ Schüler/in, Klasse: ______
- ☐ Sonstiges: ______

Unterrichtsfächer: (Bei Lehrkräften!)

______

STARK Verlag
Postfach 1852
85318 Freising

19-V1T_GW
Bitte ausfüllen und im frankierten Umschlag an uns einsenden. Für Fensterkuverts geeignet.

Kennen Sie Ihre Kundennummer?
Bitte hier eintragen.

Absender (Bitte in Druckbuchstaben!)

Name/Vorname

Straße/Nr.

PLZ/Ort/Ortsteil

Telefon privat

Geburtsjahr

E-Mail

Schule/Schulstempel (Bitte immer angeben!)

Bitte hier abtrennen

(Bitte blättern Sie um)

Geschichte

Geschichte 1 – Baden-Württemberg –
Die Entwicklung der politischen Kultur im Kaiserreich und in der Weimarer Republik · Die Zerstörung der Demokratie durch den Nationalsozialismus .... Best.-Nr. 84761
Geschichte 2 – Baden-Württemberg
Deutschland seit 1945 · Die bipolare Welt .... Best.-Nr. 84762
Geschichte 1 – Bayern
Vom 19. Jahrhundert bis zum Ende des Nationalsozialismus .... Best.-Nr. 94781
Geschichte 2 – Bayern
Deutschland seit 1945 · Europäische Einigung
Weltpolitik der Gegenwart .... Best.-Nr. 94782
Geschichte 1 – NRW
Vom 19. Jahrhundert bis zum Ende des Nationalsozialismus .... Best.-Nr. 54761
Geschichte 2 – NRW
Deutschland und Europa nach dem Zweiten Weltkrieg .... Best.-Nr. 54762
Geschichte 1 – Deutschland vom 19. Jahrhundert bis zum Ende des Nationalsozialismus .... Best.-Nr. 84763
Geschichte 2 – Deutschland seit 1945 · Europäische Einigung
Weltpolitik der Gegenwart .... Best.-Nr. 84764
Methoden Geschichte .... Best.-Nr. 94789
Abitur-Wissen Die Antike .... Best.-Nr. 94783
Abitur-Wissen Das Mittelalter .... Best.-Nr. 94788
Abitur-Wissen Die Französische Revolution .... Best.-Nr. 947810
Abitur-Wissen Die Ära Bismarck: Entstehung und Entwicklung des deutschen Nationalstaats .... Best.-Nr. 94784
Abitur-Wissen Imperialismus und Erster Weltkrieg Best.-Nr. 94785
Abitur-Wissen Die Weimarer Republik .... Best.-Nr. 47815
Abitur-Wissen
Nationalsozialismus und Zweiter Weltkrieg .... Best.-Nr. 94786
Abitur-Wissen
Deutschland von 1945 bis zur Gegenwart .... Best.-Nr. 947811
Kompakt-Wissen Abitur Geschichte Oberstufe .... Best.-Nr. 947601
Lexikon Geschichte .... Best.-Nr. 94787

Kunst

Abitur-Wissen Malerei, Plastik, Architektur (G8) . Best.-Nr. 949618
Abitur-Wissen Malerei (G9) .... Best.-Nr. 94961
Abitur-Wissen Analyse und Interpretation (G9) .. Best.-Nr. 94962

Wirtschaft/Recht

Wirtschaft – Markt und Preise,
Die Zukunft der Sozialen Marktwirtschaft .... Best.-Nr. 84851
Betriebswirtschaft .... Best.-Nr. 94851
Abitur-Wissen Volkswirtschaft .... Best.-Nr. 94881
Abitur-Wissen Rechtslehre .... Best.-Nr. 94882
Kompakt-Wissen Abitur Volkswirtschaft .... Best.-Nr. 948501

Politik

Abitur-Wissen Internationale Beziehungen .... Best.-Nr. 94802
Abitur-Wissen Demokratie .... Best.-Nr. 94803
Abitur-Wissen Sozialpolitik .... Best.-Nr. 94804
Abitur-Wissen Die Europäische Einigung .... Best.-Nr. 94805
Abitur-Wissen Politische Theorie .... Best.-Nr. 94806
Kompakt-Wissen Abitur Politik/Sozialkunde .... Best.-Nr. 948001
Lexikon Politik/Sozialkunde .... Best.-Nr. 94801

Ethik

Ethische Positionen in historischer Entwicklung ... Best.-Nr. 94951
Abitur-Wissen Philosophische Ethik .... Best.-Nr. 94952
Abitur-Wissen Glück und Sinnerfüllung .... Best.-Nr. 94953
Abitur-Wissen Freiheit und Determination .... Best.-Nr. 94954
Abitur-Wissen Recht und Gerechtigkeit .... Best.-Nr. 94955
Abitur-Wissen Religion und Weltanschauungen .. Best.-Nr. 94956
Abitur-Wissen Politische Ethik .... Best.-Nr. 94958

Religion

Katholische Religion 1 – gk .... Best.-Nr. 84991
Katholische Religion 2 – gk .... Best.-Nr. 84992
Abitur-Wissen GK ev. Religion
Der Mensch zwischen Gott und Welt .... Best.-Nr. 94973
Abitur-Wissen GK ev. Religion
Die Verantwortung des Christen in der Welt .... Best.-Nr. 94974
Abitur-Wissen Glaube und Naturwissenschaft ..... Best.-Nr. 94977
Abitur-Wissen Jesus Christus .... Best.-Nr. 94978
Abitur-Wissen Die Frage nach dem Menschen ..... Best.-Nr. 94990
Abitur-Wissen Die Bibel .... Best.-Nr. 94992
Abitur-Wissen Christliche Ethik .... Best.-Nr. 94993

Erziehungswissenschaft

Erziehungswissenschaft NRW GK/LK .... Best.-Nr. 54941
Erziehungswissenschaft .... Best.-Nr. 94941

Pädagogik/Psychologie

Grundwissen Pädagogik .... Best.-Nr. 92480
Grundwissen Psychologie .... Best.-Nr. 92481

Sport

Bewegungslehre · Sportpsychologie .... Best.-Nr. 94981
Trainingslehre .... Best.-Nr. 94982

Bestellungen bitte direkt an:
STARK Verlagsgesellschaft mbH & Co. KG · Postfach 1852 · 85318 Freising
Tel. 0180 3 179000* · Fax 0180 3 179001* · www.stark-verlag.de · info@stark-verlag.de
*9 Cent pro Min. aus dem deutschen Festnetz, Mobilfunk bis 42 Cent pro Min.
Aus dem Mobilfunknetz wählen Sie die Festnetznummer: 08167 9573-0

STARK

19-VIT_GW